高等院校创新创业教育系列教材

TRIZ
创新原理与应用

主　编　袁晓明

副主编　何　冰

参　编　刘存飞　施东凌　张宗进　胡　滨　周航启
　　　　李鹏佳　王　煜　郑　泽　周庄丁　肖浩阳
　　　　高鸿发　张睿聪　温　赞　徐新宇　张志康

本书根据学生的学习和思维特点,简要、清晰、系统地介绍 TRIZ 理论的内容,并通过引入工程和生活实例等,降低 TRIZ 问题分析工具和问题解决工具的应用难度,力求培养学生的创新思维和分析能力。本书共分为 4 篇 19 章的内容,第 1 篇为创新原理概述篇,包括 1~3 章,内容分别为绪论、创新思维与创新方法、TRIZ 概述;第 2 篇为问题分析篇,包括 4~10 章,内容分别为技术系统进化理论、系统的功能分析、因果链分析、理想解分析、资源分析、特征转移、TRIZ 创新分析工具;第 3 篇为问题求解篇,包括 11~18 章,内容分别为科学效应知识库、功能导向搜索、技术系统裁剪、矛盾及发明原理、技术矛盾解决理论、物理矛盾解决理论、物-场分析及其解法、发明问题解决算法;第 4 篇为应用拓展篇,包括第 19 章,内容为专利战略。

本书适合作为高等院校工科类、文科类和理科类专业创新创业课程教材,也可供有关科研技术人员和企业设计开发人员参考。

图书在版编目(CIP)数据

TRIZ 创新原理与应用 / 袁晓明主编. -- 北京:机械工业出版社,2024.9. --(高等院校创新创业教育系列教材). -- ISBN 978-7-111-76761-9

Ⅰ. G305

中国国家版本馆 CIP 数据核字第 20243XW693 号

机械工业出版社(北京市百万庄大街 22 号　邮政编码 100037)
策划编辑:徐鲁融　　　　　责任编辑:徐鲁融
责任校对:闫玥红　陈　越　封面设计:王　旭
责任印制:刘　媛
唐山三艺印务有限公司印刷
2024 年 12 月第 1 版第 1 次印刷
184mm×260mm・20.75 印张・1 插页・411 千字
标准书号:ISBN 978-7-111-76761-9
定价:68.00 元

电话服务　　　　　　　　　网络服务
客服电话:010-88361066　　机　工　官　网:www.cmpbook.com
　　　　　010-88379833　　机　工　官　博:weibo.com/cmp1952
　　　　　010-68326294　　金　书　网:www.golden-book.com
封底无防伪标均为盗版　　　机工教育服务网:www.cmpedu.com

前言

在如今日新月异的社会中，创新被认为是推动民族进步和社会发展的不竭动力，大众也经常谈及创新，但如何理解创新、如何进行创新，还需要进一步研习。创新是人类特有的认识能力和实践能力，是人类主观能动性的高级表达形式，是引领发展的第一动力。创新的重要性使得人们努力提高创新能力，而通过学习创新技法，能够快速提升创新能力，因而推广普及创新技法对于提升人们的创新能力有着重要的意义。

阅读和使用本书，应首先大致了解创新和 TRIZ 的大致发展过程。1912 年，美籍奥地利经济学家约瑟夫·熊彼特在他的德文著作《经济发展理论》中首次提出了"创新"的概念，然而直到 20 世纪 30 年代，熊彼特对创新的开创性研究才引起西方学术界的极大轰动，至此"创新"一词才逐渐在全世界范围推广。20 世纪 90 年代，我国把"创新"一词引入了科技界，形成了"知识创新""科技创新"等各种提法，进而发展到社会生活的各个领域，使创新无处不在。在创新向全球蔓延的背景下，苏联工程师、科学家根里奇·阿奇舒勒于 1956 年创立了发明问题解决理论（俄文缩写为 TRIZ）。TRIZ 是一种基于逻辑的创新方法，它有一套严谨的逻辑推理过程，经过严谨的分析和运用特有的问题解决工具，最终能够获得解决问题的方法。在近 70 年的发展历程中，一批批研究 TRIZ 的大师在 TRIZ 之父阿奇舒勒的基础上接续发展和补充相关知识，使得 TRIZ 由解决问题的工具转变为知名公司创新的平台。由于 TRIZ 具有准确、高效、通用的特点，激发了越来越多的创新学者投入到 TRIZ 学习中，进而再一次推动了 TRIZ 的发展，目前 TRIZ 仍然处于快速发展阶段，每隔一段时间就会有人发表相关的成果。

TRIZ 虽然在我国起步晚，但政府、高校和企业都大力支持，本世纪初，我国少数大学和企业的一些专家学者开始关注 TRIZ，逐步开展了相关的研究和应用工作，并陆续发表论文、出版专著。在 TRIZ 研究与应用方面走在前列的高校有清华大学、上海交通大学、复旦大学、河北工业大学等，企业有中兴通讯股份有限公司、华为技术有限公司等。

本书根据学生的学习和思维特点，简要、清晰、系统地介绍 TRIZ 理论的内容，并通过引入工程和生活实例等，降低 TRIZ 问题分析工具和问题解决工具的应用难度，力求培养学生的创新思维和分析能力。本书具有以下特点：

1) 适用性强：本书在编写过程中同时进行了授课试用，综合多轮试用的学生反馈，为更加适应学生认知规律，最终确定为现有的 4 篇 19 章的结构，并在最新一轮的试用中取得非常好的效果。本书既适合作为课程教材，也适合本科生和研究生自学使用。

2）实例丰富：本书尽量多地编入应用实例，一些实例是编者结合授课和科研经历进行修改和提炼而最终确定，不仅力求保证实例的准确性，同时尽量让实例清晰、易读、好理解。

3）注重知识的精炼和衔接：TRIZ 自身的知识体系较为庞大，需要科学地组织和安排才能更好地为学生讲解和吸收，本书在经典 TRIZ 知识基础上合理增加内容。本书的学习不仅能使学生具备利用 TRIZ 工具分析问题和解决问题的基本能力，而且能为学生奠定学习现代 TRIZ 的基础。

4）设置思考题：本书每章末尾均设置了思考题，便于学生巩固知识、提高能力。

5）设置"思政拓展"模块：本书在每章章末设有"思政拓展"模块，以二维码的形式链接了拓展视频，让学生学习课程知识之余，了解北斗卫星导航系统、"彩云号"硬岩掘进机、"天鲲号"自航绞吸挖泥船、"蛟龙号"载人潜水器等中国创造的历程，体会其中蕴含的创新精神，将党的二十大精神融入其中，树立学生的科技自立自强意识，助力培养德才兼备的高素质人才。

本书由袁晓明任主编，何冰任副主编，刘存飞、施东凌、张宗进、胡滨、周航启、李鹏佳、王煜、郑泽、周庄丁、肖浩阳、高鸿发、张睿聪、温赟、徐新宇、张志康参与编写。

本书的编写参考了大量 TRIZ 领域的相关文献，在此对相关作者表示衷心的感谢！本书虽然经过多人多次审查，但限于编者知识水平，不足之处在所难免，恳请读者批评指正。

编　者

目录

前言

第 1 篇 创新原理概述篇

第1章 绪论

1.1 什么是创新 002
  1.1.1 创新的定义及重要性 002
  1.1.2 产品设计过程 004
1.2 问题及其解决原理 006
  1.2.1 问题的定义 007
  1.2.2 问题的分类 007
  1.2.3 问题的来源 009
  1.2.4 问题解决的一般原理 009
  1.2.5 问题解决的一般过程 010
思考题 011

第2章 创新思维与创新方法

2.1 典型创新思维简介 013
  2.1.1 创新思维的表现形式 013
  2.1.2 发散思维 014
  2.1.3 收敛思维 016
  2.1.4 发散思维和收敛思维的关系 017
2.2 常见的创新方法简介 017
思考题 020

第3章 TRIZ概述

3.1 创新的规律性 021
3.2 TRIZ 创新原理概述 021
  3.2.1 TRIZ 内容 022
  3.2.2 经典 TRIZ 024
  3.2.3 现代 TRIZ 025
3.3 TRIZ 解决问题的基本原理 028
3.4 TRIZ 体系结构 029
3.5 TRIZ 中的基本概念 031
  3.5.1 功能 031
  3.5.2 技术系统 032
  3.5.3 发明创新的级别 034
思考题 037

第2篇 问题分析篇

第4章 技术系统进化理论

4.1 什么是技术系统进化理论 041
    4.1.1 技术系统进化定律 041
    4.1.2 技术系统介绍 041
    4.1.3 技术系统进化简介 042

4.2 技术系统进化曲线 043
    4.2.1 技术系统进化S曲线 043
    4.2.2 技术系统进化多指标曲线 045
    4.2.3 技术系统进化S曲线族 046

4.3 技术成熟度预测 049
    4.3.1 技术成熟度预测S曲线法 049
    4.3.2 技术成熟度预测专利分析法 051

4.4 技术系统进化定律的内涵 054
    4.4.1 完备性定律 054
    4.4.2 能量传递定律 055
    4.4.3 协调性定律 056
    4.4.4 提高理想度定律 056
    4.4.5 子系统不均衡进化定律 058
    4.4.6 向超系统进化定律 059
    4.4.7 向微观级进化定律 059
    4.4.8 提高动态特性定律 060

4.5 技术系统进化定律的应用 061
    4.5.1 技术系统进化定律与S曲线关系 062
    4.5.2 系统进化多维S曲线的应用 063

思考题 065

第5章 系统的功能分析

5.1 功能分析概述 067
    5.1.1 功能概述 067
    5.1.2 功能分解 071
    5.1.3 功能价值分析 074
    5.1.4 功能分析 076

5.2 组件分析 077
    5.2.1 组件概述 077
    5.2.2 组件分析方法 077

5.3 相互作用分析 079
    5.3.1 相互作用分析的方法 079
    5.3.2 相互作用分析的注意事项 080

5.4 建立功能模型 081

	5.4.1 功能模型的图形化表示	081
	5.4.2 建立功能模型的注意事项	082
	5.5 功能分析应用实例	082
	思考题	085

第6章 因果链分析

6.1 因果链分析概述	087
6.2 原因类型	088
6.2.1 初始原因	088
6.2.2 中间原因	089
6.2.3 末端原因	091
6.2.4 关键原因	091
6.2.5 冲突区域和关键问题	092
6.3 因果链分析的步骤	092
6.4 因果链分析应用实例	093
思考题	100

第7章 理想解分析

7.1 理想化	103
7.2 理想度水平	104
7.3 理想解与最终理想解	105
7.4 理想解分析的过程	107
思考题	108

第8章 资源分析

8.1 资源分析概述	110
8.2 资源分类	111
8.2.1 发明资源的分类	111
8.2.2 资源形式	112
8.3 资源分析方法	116
8.3.1 资源列表	116
8.3.2 资源搜索方向	117
8.3.3 资源选择原则	118
8.4 资源分析应用实例	118
思考题	120

第9章 特征转移

9.1 特征转移概述	122
9.2 特征转移的应用场景	123
9.3 特征转移的步骤	125
9.4 特征转移的实例	125
9.5 特征转移细则	127
9.5.1 多步特征转移	127
9.5.2 过程作为替代系统	128

	9.5.3　物理系统的集成和特征转移	128
	9.5.4　活泼和惰性特征的集成	129
	思考题	130

第10章　TRIZ创新分析工具

10.1	九屏幕法	131
	10.1.1　九屏幕法概述	131
	10.1.2　九屏幕法的运用	132
	10.1.3　应用实例	132
10.2	聪明小人法	133
	10.2.1　聪明小人法概述	133
	10.2.2　聪明小人法的运用	133
	10.2.3　应用实例	134
10.3	金鱼法	134
	10.3.1　金鱼法概述	134
	10.3.2　金鱼法的运用	135
	10.3.3　应用实例	135
10.4	STC 法	136
	10.4.1　STC 法概述	136
	10.4.2　STC 法的运用	136
	10.4.3　应用实例	137
	思考题	137

第3篇　问题求解篇

第11章　科学效应知识库

11.1	知识库与科学效应	141
11.2	How to 模型概述	144
11.3	How to 模型与科学效应知识库的运用	146
11.4	科学效应知识库应用实例	147
	思考题	150

第12章　功能导向搜索

12.1	功能导向搜索概述	152
12.2	功能导向搜索的步骤	153
12.3	功能导向搜索应用实例	154
	思考题	156

第13章　技术系统裁剪

13.1	裁剪概述	157
	13.1.1　裁剪的含义	157
	13.1.2　裁剪的重要作用	160
13.2	裁剪组件的选择	160
	13.2.1　是否裁剪目标组件的判断方法	160

	13.2.2 选择裁剪组件的方法	161
	13.2.3 判断是否裁剪组件的其他因素	163
13.3	裁剪规则	164
13.4	功能再分配	166
13.5	裁剪的步骤	167
13.6	渐进的裁剪与激进的裁剪	168
13.7	技术系统裁剪应用实例	169
思考题		173

第14章 矛盾及发明原理

14.1	矛盾概述	175
	14.1.1 矛盾的概念	175
	14.1.2 基于 TRIZ 的矛盾分类	175
14.2	发明原理	176
	14.2.1 发明原理的由来	176
	14.2.2 40 个发明原理	177
	14.2.3 40 个发明原理详解	177
	14.2.4 发明原理归类	185
思考题		185

第15章 技术矛盾解决理论

15.1	技术矛盾概述	188
	15.1.1 技术矛盾的概念	188
	15.1.2 工程参数	189
15.2	39 个通用工程参数简介	189
	15.2.1 39 个通用工程参数	189
	15.2.2 39 个通用工程参数解释	190
	15.2.3 39 个通用工程参数分类	194
15.3	阿奇舒勒矛盾矩阵	195
15.4	技术矛盾解决步骤	196
15.5	技术矛盾解决理论应用实例	196
思考题		198

第16章 物理矛盾解决理论

16.1	物理矛盾概述	199
	16.1.1 物理矛盾的含义	199
	16.1.2 物理矛盾的描述格式	200
	16.1.3 关键子系统	200
	16.1.4 常见物理矛盾	201
16.2	分离原理	201
	16.2.1 空间分离原理	202
	16.2.2 时间分离原理	203
	16.2.3 条件分离原理	205

16.2.4	整体与部分分离原理	206
16.2.5	用分离原理解决物理矛盾的一般步骤	208

16.3 技术矛盾与物理矛盾之间的对应关系　　208
 16.3.1　技术矛盾与物理矛盾的转化　　208
 16.3.2　分离原理与发明原理的关系　　209

16.4 物理矛盾解决理论应用实例　　210
思考题　　213

第17章 物-场分析及其解法

17.1 物-场模型　　215
 17.1.1　物-场模型的构成　　215
 17.1.2　物-场模型的分类　　216

17.2 物-场分析的解法与流程　　217
 17.2.1　物-场分析的一般解法　　217
 17.2.2　物-场分析的76个标准解　　219
 17.2.3　物-场分析流程　　219

17.3 物-场分析76个标准解的具体内容　　220
 17.3.1　第1类标准解　　220
 17.3.2　第2类标准解　　224
 17.3.3　第3类标准解　　231
 17.3.4　第4类标准解　　233
 17.3.5　第5类标准解　　238

17.4 物-场分析及其解法应用实例　　242
思考题　　244

第18章 发明问题解决算法

18.1 发明问题解决算法内容　　246
 18.1.1　发明问题解决算法概述　　246
 18.1.2　发明问题解决算法流程　　246

18.2 发明问题解决算法各步骤详细解释　　247
 18.2.1　问题分析与描述　　247
 18.2.2　分析问题模型　　249
 18.2.3　定义理想解确定物理矛盾　　251
 18.2.4　利用扩展物质和场资源　　252
 18.2.5　使用知识库、标准解、发明原理　　253
 18.2.6　重新定义问题　　254
 18.2.7　原理解评价判断　　255
 18.2.8　原理解的归纳与应用　　256
 18.2.9　分析问题的解决过程　　256

18.3 发明问题解决算法应用实例　　256
 18.3.1　问题分析与描述　　257
 18.3.2　分析问题模型　　258

18.3.3	定义理想解确定物理矛盾	260
18.3.4	利用扩展物质和场资源	260
18.3.5	使用知识库、标准解、发明原理	261
18.3.6	原理解评价判断	262
思考题		262

第4篇 应用拓展篇

第19章 专利战略

19.1	专利与专利战略	265
19.2	基于TRIZ的基本专利策略	266
19.3	基于初始原因识别和因果链分析的专利规避	269
19.4	基于初始原因识别和因果链分析的专利布局	270
思考题		271

附录

附录A	科学效应和现象详解（100个）	273
附录B	功能与科学效应对应表	293
附录C	知识效应库	302
C.1	物理效应指南	302
C.2	化学效应指南	309
C.3	几何效应指南	311
C.4	效应的技术功能	313
附录D	阿奇舒勒矛盾矩阵（见文后插页）	

参考文献

第1篇　创新原理概述篇

创新是历史进步的动力、时代发展的关键。在全球新一轮科技革命和产业变革中，谁掌握科技创新的主动权，谁就能占据未来发展的制高点。只有通过重大科技突破和项目实施，促进产业技术升级，推动产业结构向更高端、智能化、绿色化发展，我们才能在激烈的国际竞争中立于不败之地。

创新是我国的重要发展理念和发展战略。习近平总书记在党的十八届五中全会上提出的创新、协调、绿色、开放、共享"五大发展理念"，把创新提到首要位置，指明了我国发展的方向和要求。习近平总书记在党的二十大报告中强调，必须坚持科技是第一生产力、人才是第一资源、创新是第一动力，深入实施科教兴国战略、人才强国战略、创新驱动发展战略，开辟发展新领域新赛道，不断塑造发展新动能新优势。

人才是创新发展的不竭动力。高校作为国家战略科技力量的重要组成部分，是教育、科技和人才的关键交汇点，加快发展新质生产力，推动科技成果转化，培育面向未来的创新型人才，是高校服务国家战略的重要着力点，也是自身高质量内涵式发展的必然要求。

作为本书的第一部分内容，本篇围绕创新原理相关概念和应用，分为如下三章。

第1章绪论：主要介绍本书涉及的一些基本概念、基础知识和作为高校课程应具有的地位和作用。

第2章创新思维与创新方法：主要概括介绍典型创新思维和常见的创新方法。

第3章TRIZ概述：简要介绍创新的规律性、TRIZ创新原理概述、TRIZ解决问题的基本原理和TRIZ理论体系。

第1章 绪　　论

1.1 什么是创新

1.1.1 创新的定义及重要性

创新是指以现有的思维模式提出有别于常规或常人的见解，利用现有的知识和物质，在特定的环境中，为满足社会需求，改进已有事物或创造新的事物，包括但不限于产品、方法、元素、路径、环境等，并能获得一定有益效果的行为。

1. 创新是在新的体系里引入"新的组合"

美籍经济学家熊彼特（J. A. Schumpeter）提出"创新是生产函数的变动"，即在新的体系里引入"新的组合"，它包括5种情况：①引进一种新的产品或提供一种产品的新质量；②采用一种新的生产方法；③开辟一个新的市场；④获得一种原料或半成品的新的供给来源；⑤实行一种新的组织形式。

2. 创新的本质是一种破坏性技术

创新的本质是一种破坏性技术。破坏性技术产品具有以下特征。

1）只要出现带有明显的品质缺陷，则无法被现有市场的主流产品客户认同，具有典型的灰天鹅特质。

2）由于无法被市场认同，因此很难在现有市场成功销售。能被何种市场接受尚不可知，需要开发。

3）开发出的市场初期规模不大，与现有市场并不重合。

4）产品利润率并不高，可能还面对激烈的竞争，企业失败的机率比较大。

3. 破坏性技术产品的关键优点

破坏性技术产品具有以下几个非常关键的优点。

1）通过延续性技术改进，产品会在不久的将来达到市场主流产品所具备的品质。

2）改进的产品后期可以进入主流市场与优秀企业的产品展开竞争。

3）产品的改进发展过程中，行业中会形成一个适合其需要的全新产业链。

创新已经成为企业获得竞争力、赢得发展的必由之路，在企业发展的过程中非常重要。通过分析历史可以知道，创新的脚步稍作停歇，失败就会接踵而至。唯有创新、加速创新、持续不断地创新，才是企业成功的保证，才能让企业不再重蹈失败的覆辙。但传统的创新方法效率低下，据统计，一个在商业上取得成功的产品需要 3000 个原始想法。如此低的效率在其他领域是不可接受的，但在创新领域却是非常平常的，因为创新通常被认为是非常困难的。

4. 创新的阻碍

基于基本国情，政府、企业、高校及科研院所都在以各种方式鼓励创新，但如何创新却没有标准答案。是什么阻碍了创新？目前普遍认为思维的惰性、有限的时间、有限的知识和资源、折中的倾向、重复解决问题、试错法等因素是创新道路上的潜在"杀手"。

（1）思维的惰性　研发人员往往只关注自己领域的发展，存在自身知识的局限性，对自己领域以外的事情知之甚少，从而形成了思维定式。正所谓隔行如隔山，人们遇到问题只会从自己熟悉的领域中寻找答案，很少去自己不熟悉的领域中寻找解决方案，而问题的最佳解决方案有可能就存在于其中，这就会造成解决问题的成本过高、时间过长，而且解决方案也不是最优解。有人曾经发现一个规律：在一个专业领域中研究得越深，就越难从这个领域中跳出来。此外，折中的倾向也是工程师陷入这种思维的惰性，也就是惯性思维的表现。

（2）解决错误的问题　有的问题没有经过系统的思考，就被研发人员想当然地认定是需要解决的问题，但在项目进行中才显现出来是难以解决的问题。然而，有一些非常聪明的解决方案却是通过巧妙地解决原始问题之外的另外一个问题，达到项目目标的。有的项目在技术方面取得了突破，但由于解决的是客户并不关心的问题，因此无法将其转化为收益，从而造成了浪费。

（3）重复解决问题　某个工程师遇到的新的技术难题，可能已被其他工程师解决过；某个企业遇到的新的技术难题，可能已被其他企业解决过；某个行业遇到的新的技术难题，可能已被其他行业解决过……由于知识储备的局限性，工程师有时并不知道其他工程师、企业或行业已经具备的解决方案，也无法将其引入自己的问题解决过程，而是重复解决已有答案的问题，从而造成研发效率低下。

（4）试错法　与高校及科研单位的研发过程不同，企业研发过程对时效性的要求非常高。如果不能比竞争对手更快地解决问题，那么一个企业就很难在市场中处于有利地位。而造成这个局面的一个重要原因就是试错法，一次又一次地做尝试，直到找到合理的解决方案为止。这种方法不但浪费时间，而且浪费资源，造成开发成本过高，并且得到的解决方案也不一定理想。伟大的发明家爱迪生在发明灯丝的时候曾经做过1000多次实验，现在看来，这并不是一种明智的做法。

5. 现代 TRIZ 理论的解决方法

以上各种创新方法都具有明显的缺陷，要想提高研发效率，就必须有新的方法论来指导创新。现代 TRIZ 理论为产品创新提供了一系列方法和手段，可以利用以下几种方法来战胜这些创新的"杀手"。

1）利用分析工具识别深层次的问题，确定真正需要解决的关键问题，而不是解决初始问题。

2）利用经过客观分析和统计证明的技术系统进化趋势来预测产品未来的发展，提高产品研发的成功率。

3）毫不妥协地解决工程问题而不是采用折中的方式，这样往往可以产生突破性的解决方案。

4）合理利用工具帮助人们突破思维的惰性。

需要指出的是，现代 TRIZ 理论创新方法不能代替科学、智慧、行业知识等。相反，它可以被视为一个智慧的倍增器，或者可以让想创新的普通人产生创新性想法，让本来就善于产生创新想法的人产生更多的创新想法。它作为一个激发器和过滤器，使创新过程更多产、高效。

1.1.2 产品设计过程

产品设计是一个复杂的过程，针对设计的复杂性，形成的设计过程也不是简单的顺序过程，经过多年的研究，人们已提出多个设计过程模型。英国开放大学的 Cross 将这些模型归为描述型模型（Descriptive Models）与规定型模型（Prescriptive Models）两类设计过程模型。前者对设计过程中可行的活动进行描述，后者规定设计过程所必需的活动。

1. 描述型产品设计过程模型

描述型产品设计过程模型既适用于新设计，也适用于变型设计。该模型描述了产品设计的一般过程，即问题分析、概念设计、技术设计和详细设计四个阶段。

1）问题分析是根据用户需求，通过问题分析、定义（或重新定义）待设计的对象和子系统，确定各种设计约束、标准及可用资源等。

2）概念设计是产品创新的核心环节,要对多个所定义的问题产生原理解,并按照一定的原则进行评价,选定一个或几个可行的原理解进入后续设计。

3）技术设计是要完成产品的总体结构设计,确定总体设计方案设计过程中要考虑之前确定的设计约束。如果概念设计选定的方案在技术设计阶段无法实现,则应回到概念设计或问题分析阶段,重新开始设计。如有几个可行方案,还需确定一个最终方案。

4）详细设计是根据总体设计方案,按照生产工艺要求完成全部生产图样及技术文件。

2. 规定型产品设计过程模型

规定型产品设计过程模型由以下七个阶段组成。
1）阐明并精确规定设计任务。
2）确定产品功能及总体结构。
3）寻求产品设计的解决原理及对应的功能结构。
4）将产品分解为可实现的模块。
5）进行主模块结构设计。
6）进行产品总体结构设计。
7）拟订制造及使用说明。

规定型产品设计过程模型对每一阶段都规定了需完成的任务及特定的工作结果。其中阶段2）和阶段3）共同构成描述型产品设计过程模型中的概念设计阶段。在概念设计与技术设计之间插入模块的划分过程,把模块化思路贯彻到设计中。

3. 设计过程模型的区别

描述型产品设计过程模型和规定型产品设计过程模型有明显的区别。前者并没有特别规定任务如何完成,例如,并没有明确规定采用什么方法得到待设计产品的原理解,而只是说明应该提出原理解,设计者可以尽情发挥。后者规定设计者必须如何做,例如,确定产品功能及总体结构阶段规定设计者必须确定待设计产品的功能结构,而不能用其他方法,虽然设计者不能尽情发挥,但这种工作阶段设计已被众多经验证明是合理的。

4. 企业新产品开发设计的一般过程

企业进行新产品开发时,产品设计的一般过程涵盖产品从原始设计到产品样机,最终到定型生产的各个设计环节。具体而言,产品开发设计过程包括任务规划阶段、概念设计阶段、技术设计阶段、详细设计阶段和定型生产阶段。

（1）任务规划阶段　该阶段要进行需求分析、市场预测或需求预测、可行性分析，根据企业内部的发展目标、现有设备能力及科研成果等，确定包括功能、性能（设计）参数及约束条件的设计目标，明确详细的设计要求以作为设计、评价和决策的依据，制订设计任务书（Product Design Specification，PDS）。该阶段是对产品创新影响较大的阶段，很大程度上决定了要设计一个什么样的产品。

（2）概念设计阶段　该阶段是产品创新的核心环节，其核心任务是设计产品功能原理。首先将系统总功能分解为若干复杂程度较低的分功能，直至最简单的功能元。通过各种方法求得各个功能元的多个解，并组合功能元的解（多解）。然后根据技术、经济指标对已建立的各种功能结构进行评价、比较，从中求得最佳功能原理。

（3）技术设计阶段　该阶段要将功能原理方案具体化为产品结构草图，以便进一步完成技术和经济分析，修改薄弱环节。主要工作包括组件布局排列、运动副设计、人-机-环境的关系确定，以及组件的选材、结构尺寸设计等，再进行总体优化、设计，确定产品装配草图。该阶段在设计过程中，由于资源的限制，有可能会形成发明问题。以上三个阶段涉及的创新活动都属于技术创新的范畴。

（4）详细设计阶段　该阶段又称为施工设计阶段。在装配草图的基础上，进行组件、零件的分解设计、优化计算等工作，通过模型试验检查产品的功能和组件的性能，并加以改进，完成全部生产样图，进行工艺设计，编制工艺规程文件等有关技术文件。该阶段涉及的创新活动主要属于工艺创新的范畴。

（5）定型生产阶段　该阶段通过用户试用进行设计定型，同时为了批量生产，需要进行生产设施规划与布局设计，最后将设计投入生产制造。该阶段的创新主要属于管理创新的范畴，但是在生产线设计实现上，可能需要进行生产系统的创新设计。

如上设计过程虽然看似是顺序完成的，但是在具体设计的每个环节，如果不能得到满意的结果，都需要返回到上一阶段或更靠前的阶段。例如，技术设计的结果不能满足要求时，需要重新进行技术设计，或者返回到概念设计阶段重新进行方案的选择或功能原理的求解。

1.2　问题及其解决原理

创新是一个复杂的过程，需要不断地解决各阶段出现的问题。在模糊的前期阶段，主要面对如何产生创新设想及创新设想如何选择的问题；在产品开发阶段，主要面对如何把选定的创新设想变成真实产品的问题，在开发的各个阶段问题又各不相同；在商品化阶段，主要面对如何进行商业化运作使产品充分产生效益的问题。

本节主要介绍问题的定义、分类及解决问题的一般过程和原理。

1.2.1 问题的定义

关于问题的定义，在不同的时期，不同的领域也并不相同。佐藤允一在其著作《问题解决术》一书中认为"问题就是目标与现状的差距，是必须要解决的事情"。简而言之，问题就是期望状态与当前状态相比较所存在的距离。该定义体现了问题动态发展的特性，适用于任何类型的问题。如图1-1所示，当前状态与期望状态之间存在距离L，L即为问题。

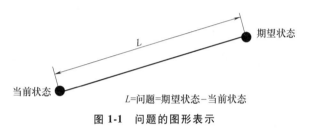

图 1-1　问题的图形表示

1.2.2 问题的分类

人们在生活中会遇到形形色色的问题，不同的分类标准可以得出不同的问题类型。

1. 原因导向型问题与目标导向型问题

佐藤允一在1984年根据问题产生的来源将问题划分为发生型问题、探索型问题和假设型问题三类。

（1）发生型问题　发生型问题是指已经发生或能够预先确定必然发生的问题，即期望状态与当前状态已经明确的问题。从设计角度而言，发生型问题是指设计方案实施的结果没有达到设计目标或有异常情况产生。如图1-2所示，该类问题又可以分为未达问题和逃逸问题，前者是指期望的目标没有达到；后者是指随着时间的推移，系统状态逐渐偏离期望状态。解决该类问题的关键在于确定产生问题的根本原因。

图 1-2　发生型问题的两种类型

（2）探索型问题　探索型问题是指虽然目前未发生问题，但若提高目标值或水平，则问题将会发生。该类问题可以理解为当前状态明确并且满足当前要求，期望状态是根据当前状态主观创造的高于现有水平的状态。从设计角度而言，探索型问题是在设计方案实施结果成功达到原定设计目标后，出于改善弱点、加强优点的目的而人为提高设计目标所导致的问题。

（3）假设型问题　假设型问题也是目前未发生的问题，它是由设定了至今所没有的、全新的目标而引起的问题。该类问题可以理解为因为当前状态与预计的期望状态之间的距离太大，导致当前状态与期望状态关系模糊，当前状态对解决问题的可借鉴程度可忽略不计，即该类问题是当前状态与期望状态都不明确的问题。从设计角度而言，假设型问题是出于产品或工艺开发，或者防范未来潜在风险的目的，人为设定的问题，由于存在较大不确定性，现有设计方案很难作为研究起点。

如图1-3所示，按照问题解决的关键点，以上三类问题又可以归结为两类。

（1）原因导向型问题　原因导向型问题是指期望状态与当前状态都明确，以确定问题发生的原因为关键点的问题。发生型问题就是原因导向型问题，其解决的关键就是要通过问"为什么"找到问题产生的根本原因，从问题发生的点入手，消除问题发生的条件，以使问题得以解决。

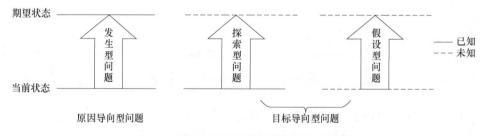

图1-3　原因导向型问题和目标导向型问题

（2）目标导向型问题　目标导向型问题是指期望状态需要首先进行设计才能产生问题的问题。探索型问题和假设型问题都属于目标导向型问题，如何创造性地产生期望状态本身就是一个困难问题。一般通过构思"如何改善（加强）……""如果……则……"提出改善点或创意，然后形成问题。

创新就是要解决以上两类问题，即在因果分析基础上解决原因导向型问题；通过技术和市场预测，解决预测未来产品的问题，实现目标导向型问题的解决。

2. 通常问题与发明问题

Savransky在2000年按照解决问题的困难程度将工程问题分为通常问题与发明问题两类。解决通常问题一般不具有创新性，创新设计就是要解决发明问题。

（1）通常问题　通常问题是指所有解决问题的关键步骤及用到的知识均为已知

的，解决该类问题只需要按照传统经验和做法，按部就班地完成。

（2）发明问题　发明问题是指对于问题的解，至少有一个关键步骤是未知或解的目标不清楚，或者有相互矛盾的解的需求。所谓关键步骤，是指如果缺少此步骤，则问题不能得到解决。那些应用常规经验和做法无法解决，或者会导致矛盾发生的问题就是发明问题。

1.2.3　问题的来源

1. 问题来源的三个途径

1）人类生存活动中必然会遇到的问题。例如，人们要解决如何进食的问题，所以设计出刀子、叉子、筷子；人们要解决如何将衣服清洗干净的问题，所以设计出了洗衣粉、肥皂等。

2）别人给出的问题。在企业进行设计工作时，问题的来源大都属于这种。

3）基于一定的目的由设计者主动发现的问题。例如，存储工具的发展与完善，从磁盘到 U 盘，再到移动硬盘的过程就是设计者主动发现问题的过程。

2. 发现问题的六种方式

在发现和提出问题的过程中，可以从工作、生活中接触的环境和事物出发，采用自问自答的方式进行，这里提出六种方式。

1）是否存在一种合理的需求未被满足？

2）产品是否存在缺陷，无法实现全部功能？

3）产品在实现功能的过程中是否带来负面效应？

4）在特殊的场合，产品功能是否能够正常发挥？

5）对于特殊人群，产品功能是否能够正常发挥？

6）是否可以将产品用在其他地方？

1.2.4　问题解决的一般原理

人们解决问题是基于知识和经验的，问题的解不是凭空产生的，而是自觉或不自觉地应用了类比原理和过程。虽然心理学上有"顿悟"之说，但是"顿悟"也不是凭空产生的，其本质是在某种场景下发现了需解决的问题与某个类比物之间的相似性，进而从类比物中找到了问题的解。

如图 1-4 所示，问题解决的类比原理是四步经过两次类比的过程。

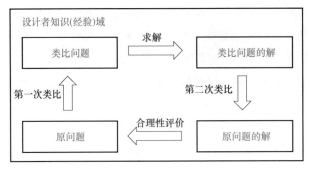

图 1-4　问题解决的类比原理

1）根据个人或团队的知识和经验去类比所定义的问题，把问题转化为个人或团队知识（经验）域中的问题。例如，对于传动系统需要调速的问题，机械工程师和电气工程师首先会想到各自领域中常见的调速问题。如果问题比较复杂，设计者会首先对问题进行分解，然后再对分解后的分问题进行类比分析。

2）应用设计者熟悉的领域知识（经验）去求解转化后的问题。这一步往往是比较容易实现的，因为领域问题的解往往是设计者比较熟悉的，一般属于通常问题。例如，对第1）步提出的调速问题，机械工程师一般都会想到齿轮系调速原理，而电气工程师一般都会想到电动机调频调速原理。

3）根据类比问题的解的原理，类比得出原问题的解。例如，采用齿轮系调速原理完成原问题的调速设计，最直接的解是寻找一个参数相近（类比原则）的已有变速器设计，根据实际要求，做变型设计。

4）把得到的解按照原问题的约束进行评价。例如，如果上述调速问题有空间、重量等方面的约束，则可以用它们来评价得到的解是否合理。

1.2.5　问题解决的一般过程

从问题的定义看，解决问题本质上就是改变系统的当前状态到期望状态的过程。如图 1-5 所示，问题解决过程一般包括问题发现、初始问题定义、问题分析（最终问题定义）、问题解决四个步骤，其中，问题解决可以按照图 1-4 所示原理经两次类比完成。

（1）问题发现　在设计的不同阶段面临的问题是不同的，一般在设计开始阶段，问题主要来自两方面：一是用户需求，即从市场调研或用户反馈得到的关于某种产品的具体特性要求或对现有产品不满意的指标；二是设计者或企业领导者产生了某种设想，需要通过设计来实现。从问题定义的角度而言，问题发现也就是明确设计对象期望的状态。

（2）初始问题定义　初始问题定义是明确当前状态与期望状态的差距。因为设计

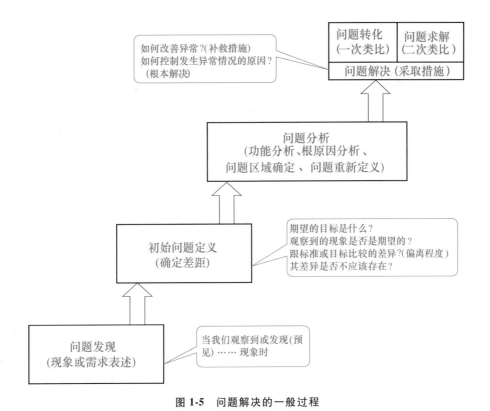

图 1-5　问题解决的一般过程

对象往往是一个系统,初始问题反馈的信息往往是针对整个系统的,但是真正引起问题的原因可能只是系统中的某个局部子系统,因此该步骤主要是在系统层次上定义问题。

(3) 问题分析　问题分析是为了确定问题产生的原因,在对系统进行分解的基础上,缩小问题涉及的区域,最终确定导致系统问题发生的子系统,重新在子系统层次上定义问题。

(4) 问题解决　按照图 1-4 所示问题解决的原理经过两次类比实现问题转化和具体问题的求解。

思考题

【分析题】

1. 创新的定义是什么?
2. 问题解决的一般过程是什么?
3. 产品设计有哪些过程?
4. 创新、创造与设计三者的区别在哪里?
5. 问题的来源有哪些途径?

思政拓展：

　　破解星载原子钟、导航芯片、星间链路等"不可能"，历经160余项核心关键技术和世界级难题的攻克、500余种核心器部件国产化研制的突破，中国北斗闪耀着三种轨道混合星座、短报文通信等独有的中国智慧火花。扫描下方二维码了解中国北斗卫星导航系统，体会其中蕴含的创新精神。

科普之窗
北斗：想象无限

科普之窗
北斗：北斗之路

科普之窗
北斗：时空文明

第2章 创新思维与创新方法

2.1 典型创新思维简介

2.1.1 创新思维的表现形式

美国哈佛大学第26任校长陆登庭(Neil L. Rudenstine)曾经说过"一个成功者和一个失败者的差别并不在于知识和经验,而在于思维方式"。创新就是要改变传统的思维方式,实现思维的创新。

创新思维是指以新颖独创的方法解决问题的思维过程。创新思维能突破常规思维的界限,以超常规甚至反常规的方法、视角去思考问题,提出与众不同的解决方案,从而产生新颖的、独到的、有社会意义的思维成果。

创新思维有如下众多表现形式。

(1)抽象思维 抽象思维也称为逻辑思维,是认识过程中用反映事物共同属性和本质属性的概念作为基本思维形式,在该概念的基础上进行判断、推理,进而反映现实的一种思维方式。

(2)形象思维 形象思维是用直观形象和表象解决问题的思维,其特点是具有形象性。

(3)直觉思维 对一个问题未经逐步分析,仅依据内因的感知迅速地对问题答案做出判断、猜想、设想。对未来事物的结果有"预感""预言"等都是直觉思维的体现。

(4)灵感思维 灵感思维是在对疑难百思不得其解之中,突然对问题有"灵感"和"顿悟"的思维过程,它不是一种简单逻辑或非逻辑的单向思维运动,而是逻辑性与非逻辑性相统一的理性思维整体过程。

(5)发散思维 发散思维是指从一个目标出发,沿着多种不同的途径去思考,探求多种答案的思维。

(6)收敛思维 收敛思维是指在解决问题的过程中,尽可能利用已有的知识和经验,把众多的信息和解题的可能性逐步引导到条理化的逻辑序列中去,最终得出一个合乎逻辑规范的结论的思维方式。

(7)分合思维 分合思维是一种把思考对象在思想中加以分解或合并,然后获得一种新的思维产物的思维方式。

(8)逆向思维 逆向思维是对司空见惯的似乎已成定论的事物或观点反过来思考的一种思维方式。

(9)联想思维 联想思维是指在人脑记忆表象系统中,由某种诱因导致不同表象之间发生联系的一种没有固定思维方向的自由思维活动。

正确认识和培养创新思维,有助于创新实践,本节主要介绍创新思维中最常用的发散思维和收敛思维。

2.1.2 发散思维

1. 概述

发散思维又称为辐射思维、放射思维、扩散思维或求异思维,是指大脑在思维时呈现的一种扩散状态的思维模式,它表现为思维视野广阔,思维呈现出多维发散状。例如,日常工作生活中的一题多解、一事多写、一物多用等方式都可以培养发散思维能力。发散思维是通过对传统的思维对象的属性、关系、结构等进行重新组合获得新观念和新知识,或者寻找出新的可能属性、关系、结构的创新思维方法。

发散思维方式是指个体在解决问题过程中常表现出发散思维的特征,表现为个人的思维沿着许多不同的方向扩展,使观念发散到多个有关方面,最终产生多种可能的答案而不是唯一正确的答案,因而容易产生有创意的新颖观念。

2. 发散思维的特点

(1)流畅性 流畅性是发散思维最基本的要求,我们说某人的思维流畅,则是指他对所遇到的问题在短时间内就能有多种解决的方法。流畅性的表现包括在短时间内对某事物的用途、状态等做出准确的判断、提出多种处理方法等。流畅性是发散思维的"量"的指标,衡量的是思维发散的速度。思维的流畅性是可以训练的,并有着较大的发展潜力。

(2)变通性 心理学家蒙德·波诺把思维分为直达思维和旁通思维两种。他认为直达思维是程式化的逻辑思维,旁通思维要对各种事物提出新看法。直达思维努力把一个孔眼挖得更深,旁通思维则试图多处钻孔,旁通思维指的是发散思维的变通性,是横向思维,以灵活性为基础,实现思维的扇状扩张。变通性是发散思维的"质"的指标，衡量的是思维发散的灵活性。

（3）独创性　独创性是发散思维的本质，是发散思维的目的。思维能力使人们突破常规和经验的束缚，并对事物做出新奇的反应，促使人们获得创造性的成果。

运用发散思维，要求人们想得快、想得多、想得新、想得奇，这是许多科学家的共同特点。

3. 发散思维的方法

（1）一般方法

1）材料发散法：以某个物品为材料，以其为发散点，设想该材料的多种用途。

2）功能发散法：以某事物的功能为发散点，设想出获得该功能的各种可能性。

3）结构发散法：以某事物的结构为发散点，设想出利用该结构的各种可能性。

4）形态发散法：以某事物的形态为发散点，设想出利用某种形态的各种可能性。

5）组合发散法：以某事物为发散点，尽可能多地把该事物与别的事物相组合形成新事物。

6）方法发散法：以某种方法为发散点，设想出利用此方法的各种可能性。

7）因果发散法：以某事物发展的结果为发散点，推测出造成该结果的各种原因，或者由原因推测出可能产生的各种结果。

（2）假设推测法　假设的问题不是任意选取的，还是有所限定的，所涉及的都应当是与事实相反的情况，是暂时不可能的或是现实不存在的事物对象和状态。由假设推测法得出的观念可能大多是不切实际的、荒谬的、不可行的，但这并不重要，重要的是有些观念在经过转换后，可以成为合理的、有用的思想。

（3）集体发散思维　发散思维不仅需要用上我们自己的大脑资源，有时候还需要用上我们身边的无限资源，集思广益。集体发散思维可以采取不同的形式，如常戏称的"诸葛亮会"以及在设计方面常采用的"头脑风暴"。

4. 发散思维的形式

发散思维形式很多，常见的发散思维形式如下。

1）换位思考：站在对方的立场上体验和思考问题。

2）质疑思维：质疑思维就是指对每一种事物都提出疑问，这是许多新事物、新观念产生的开端。质疑思维又分为条件质疑、过程质疑和结果质疑。例如，由质疑思维引发，伽利略在比萨斜塔做出了著名的自由落体实验。

3）立体思维：思考问题时跳出点、线、面的限制，更多维度考虑问题。例如，由立体思维发展出立体农业。

4）平面思维：平面思维指人的各种思维线条在平面上聚散交错，也就是哲学意义上的普遍联系。联系和想象是平面思维的核心。

5）侧向思维：侧向思维是从问题相距较远的事物中获得启示，从而解决问题的思维方式。例如，DNA 双螺旋结构的发现就是侧向思维的结果。

6）逆向思维：逆向思维是指相反于通常的思考方法，从相反的方向思考问题。例如，跑步机的发明就是基于让"地面"运动而人相对静止的逆向思维的结果。逆向思维分为结构逆向、功能逆向、状态逆向和结果逆向。

7）平行思维：平行思维是为了解决较大型问题，需要从不同的方向寻求互不干扰、互不矛盾，即平行的方法来解决问题的一种思路，如六顶思考帽法。

8）组合思维：从某一事物出发，以此为发散点，尽可能多地将该事物与另一（些）事物连接成具有新价值的事物的一种思路，如集成创新。

2.1.3 收敛思维

1. 收敛思维的概念

收敛思维也称为集合思维、求同思维，它是相对于发散思维而言的。收敛思维与发散思维的特点正好相反，它的特点是以某个思考对象为中心，尽可能运用已有的经验和知识，将各种信息重新进行组织，从不同的方面和角度，将思维集中指向这个中心点，从而达到解决问题的目的。这就好比凸透镜的聚焦作用，使不同方向的光线集中到一点。

2. 收敛思维的特点

（1）目的性　这是思维活动的出发点和归宿，没有目的的思维是散乱的，是无效的，当然也谈不上聚合了。

（2）聚合性　以集合思维为特点的收敛性思维具有"向心性"，其思维方式是以某个思考对象为中心，从不同的方向将思维指向这个中心，以找到解决问题方法。

（3）客观性　在思维过程中，无论是思维的原料或思维的产品，它们尽管往往是以概念化形式表现出来的，但却是客观的，是能够经受实践检验的。

（4）选择性　多样化的丰富信息是思维活动的基础，要达到思维目标，就必须对大脑中存储的信息进行筛选，保留有用的，去掉无用的。

3. 收敛思维的形式

（1）目标确定法　日常遇到的大部分问题比较明确，很容易找到问题的关键，只要采用适当的方法，问题便能迎刃而解。但有的问题并不是非常明确，很容易产生似是而非的感觉，把人们引入歧途。

目标确定法要求我们准确地确定搜寻的目标，进行认真的观察并做出判断，找出其中关键的现象，围绕目标进行收敛思维。

目标越具体越有效，不要确定那些各方面条件尚不具备的目标，这就要求人们对主客观条件有一个全面、正确、清醒的估计和认识。目标也可以分为近期的、远期的、大的、小的目标。开始运用目标确定法时，可以先选小的、近期的目标，熟练后再逐渐扩大搜寻范围。

创新首先要有一个待实现的目标，只有目标明确，才能够按照既定的目标，寻找各种资源（发散思维过程），最终选择能够实现目标的资源和途径。

（2）求同思维法　如果有一种现象在不同的场合反复发生，而在各场合中只有一个条件是相同的，那么这个条件就是导致这种现象发生的原因，寻找这个条件的思维方法就称为求同思维法。求同思维法在分析问题发生的原因时是非常有效的一种思维方法。

2.1.4　发散思维和收敛思维的关系

如果把解决问题的思路比喻成道路的话，思维的角度和方向就变得举足轻重。发散思维以不同的思维方向、路径和角度去探求解决问题的多种不同答案，正受到人们的关注和重视，并成为创造性思维方法的重要组成部分。与此同时，收敛思维以其理性、逻辑、集聚、合围的特点，给发散思维方式既带来"张力"，又提供"合力"。因此，发散思维和收敛思维如同一个钱币的两面，既对立又统一，具有互补性，不可偏废。发散思维中想象和联想自由驰骋，收敛思维使想象和联想回到现实。没有发散思维，就很难达到新颖、独特，而没有收敛思维，任何新颖独特的设想也难以具有现实性的品格。因此，为了达到一种平衡，创造性解决问题，应训练发散思维与收敛思维并举。

2.2　常见的创新方法简介

创新思维方法分为直觉方法和逻辑方法。直觉方法是通过激发人脑中沉睡的思维过程进而产生创新设想的方法，如试错法、635法、核检表法、六项思考帽法、形态分析法等。逻辑方法由基于历史、机械和哲学的方法构成，是在科学和工程原理以及大量已有创新应用和解决方案的基础上，对问题进行系统化的描述、分析和求解，如公理设计法、反求设计法、发明问题解决理论（TRIZ）等。下面对常见的创新方法进行介绍。

1. 试错法

试错法是一种随机查找解决方案的方法，自古以来，它一直被用于解决发明问题，例如，爱迪生发明灯泡采用的就是试错法。人们尝试使用一种方法、装置、物质或工艺来解决问题，如果找不到解决问题的方案，就会进行第 2 次尝试，然后是第 3 次、第 4 次……直至找到问题的解决方案。问题解决者的大多数尝试通常遵循其所熟悉的同一方向。

2. 635 法（头脑风暴法的优化）

头脑风暴法虽要求参与者严禁评判，自由奔放地提出设想，但有的人对于当众说出见解犹豫不决，有的人不善于口述，有的人见别人已发表与自己的设想相同的意见就不发言了。而 635 法可弥补这种缺点。具体做法是每次会议有 6 人参加，坐成一圈，要求所有人在 5 分钟内在各自的卡片上写出 3 个设想（故名"635 法"），然后由左向右传递给相邻的人；每个人接到卡片后，在第二个 5 分钟再写 3 个设想，然后传递出去；如此传递 6 次，半小时完成，可产生 108 个设想。例如，德国的奔驰公司就会运用 635 法发展自己的产品。

3. 检核表法

检核表法是奥斯本 1941 年提出的，检核表即"检查一览表"或"检查明细表"。检核列出有关问题，形成检核表，然后逐一核对讨论，从而发掘出解决问题的大量设想。奥斯本的检核表是针对某种特定要求制订的，主要用于新产品的研制开发。检核表法的设计特点之一是多向思维，用多条提示引导人们进行发散思考。奥斯本检核表法中有九个问题，就好像有九个人从九个角度帮助思考。可以把九个思考点都试一试，也可以从中挑选一两条集中精力深入思考。检核表法使人们突破不愿提问或不善提问的心理障碍，逐项检核的过程能够驱使人们扩展思维，突破旧的思维框架，开拓创新的思路，有利于提高创新的成功率。

检核表法的基本做法：第一步，选定要改进的产品或方案；第二步，面对一个需要改进的产品、方案或问题，从表 2-1 所列的九个角度提出一系列的问题，并由此产生大量的思路；第三步，对第二步提出的思路进行评估。

4. 六顶思考帽法

六顶思考帽法是被誉为"创新思维之父"的英国著名学者爱德华·德·博诺博士

表 2-1 奥斯本的检核表法

检核项目	含义
能否他用	现有事物有无其他的用途
能否借用	能否引入其他的创造性设想
能否改变	现有事物能否做些改变
能否扩大	现有事物可否扩大适用范围
能否缩小	现有事物能否在体积、长度、重量、厚度等方面向变小的方向改变
能否替代	现有事物能否用其他材料替代
能否调整	现有事物能否改变排列顺序、位置、时间等变量
能否颠倒	现有事物能否从不同角度颠倒过来用
能否组合	能否进行原理、材料、部件、形状等的组合

开发的"平行思维"工具，强调的是"能够成为什么"，而非"本身是什么"，是寻求一条向前发展的路，而不是争论谁对谁错，避免将时间浪费在互相争执上。平行思维也称为水平思维，是将我们的思维从不同侧面和角度进行分解，分别进行考虑，而不是同时考虑很多因素。作为一种象征，帽子的价值在于它指示了一种规则。帽子的一大优点是可以轻易地戴上或摘下，同时帽子也可以让周围的人看见。正是由于这些原因，爱德华·德·博诺选择帽子作为思考方向的象征性标记，并用六种颜色代表六个思考的方向，它们是白色、红色、黑色、黄色、绿色和蓝色。白色代表中性和客观，白色思考帽思考的是客观的事实和数据。红色代表情绪、直觉和感情，红色思考帽提供的是感性的看法。黑色代表冷静和严肃，黑色思考帽意味着小心和谨慎，它指出任一观点的风险所在。黄色代表阳光和价值，黄色思考帽是乐观、充满希望的积极的思考。绿色是草地和蔬菜的颜色，代表丰富、肥沃和生机，绿色思考帽指向的是创造性和新观点。蓝色是冷色，也是高高在上的天空的颜色，蓝色思考帽是对思考过程和其他思考帽的控制和组织。

5. 形态分析法

形态分析法（Morphological Analysis，MA）是一种构建和研究包含在多维、非量化复杂问题中的关系全集的方法，是由美籍瑞士天体物理学家和天文学家弗里茨·兹威基（Fritz Zwicky）在 20 世纪 30 年代早期提出的。在第二次世界大战中，他加入了美国火箭研制小组，应用形态分析法，在一周内提出了 576 个不同的火箭设计方案。这些方案几乎包括了当时所有可能的火箭设计方案。战后证实，这些设计方案就包括了美国一直想得到的德国巡航导弹 V1 和 V2 的设计方案。在文献中出现较多的形态学分析工具是形态学矩阵。形态学矩阵左边第一列列出了设计对象的所有需完成的项目

(如功能元),每个项目的同一行中右侧的每个元素是实现该项目的某种可能途径。从右侧每一行取一个元素组合到一起就是一个可能的系统设计方案。若系统有 3 个项目需完成,每个项目有 5 种实现途径或方案,组合后系统共有 5×5×5 = 125 种可能方案。当然并不是每种组合都是可行的,需要检验哪些是可能的、可行的、实用的和值得关注的配置等,以在形态学域确定"解空间"。

思考题

【分析题】
1. 什么是创新思维?
2. 举例典型创新思维在日常生活有哪些应用?
3. 常见创新方法的应用有哪些?

思政拓展:

扫描下方二维码了解无人驾驶技术,体会其中蕴含的创新精神。

科普之窗
中国创造:无人驾驶

第3章 TRIZ概述

TRIZ 是"发明问题解决理论"拉丁文的首字母缩写,其英文全称是 Theory of Inventive Problems Solving,缩写为 TIPS。TRIZ 是苏联发明家根里奇·阿奇舒勒(G. S. Altshuler,1926—1998)及其领导的一批研究人员,自 1946 年开始,在分析和研究世界各国约 250 万份专利的基础上,提取专利中所蕴含的解决发明问题的原理及其规律性之后建立起来的一种创新方法。

3.1 创新的规律性

研究表明,创新是有规律可循的,TRIZ 依据如下三个重要发现。
1) 问题及其解在不同的工业部门及不同的科学领域重复出现。
2) 技术系统进化模式在不同的工业部门及不同的科学领域重复出现。
3) 一个领域的发明经常采用另一不相关领域中所存在的效应。

这些发现表明:多数创新或发明不是全新的,而是一些已有原理或结构在本领域的新应用,或者"移植"到另一领域的应用。

3.2 TRIZ 创新原理概述

TRIZ 是以分析大量专利为基础总结出的概念、原理与方法,这些原理与方法的应用解决了很多产品与过程创新中的难题,对创新设计具有指导意义。

3.2.1 TRIZ 内容

1. TRIZ 的起源

每个技术系统（如产品和生产工艺等）都是针对各自技术功能的，可谓五花八门，它们之间是否有联系以及有怎样的联系，是值得深入探索的问题。

自 1946 年以来，以苏联科学家阿奇舒勒为首的专家，经过对约 250 万份专利的研究发现：一切技术问题在解决过程中都有一定的模式可循，可对大量好的专利进行分析并将其解决问题的模式抽取出来，为人们进行学习并获得创新发明的能力提供参考。经多年搜集、分析、比较、归纳和提炼，专家们建立了一整套体系化的、实用的发明问题解决方法，即 TRIZ，TRIZ 的来源如图 3-1 所示。

图 3-1　TRIZ 理论

2. TRIZ 基本思想

TRIZ 基本思想：大量发明创造所包含的基本问题和矛盾是相同的，只是技术领域不同，将已有发明所涉及的有关知识进行提炼和重新组织，形成一种系统化的理论知识，用来指导后来者的发明、创新和开发。TRIZ 的基本思想让人们思考问题时突破片面和惰性的制约，避免传统创新过程带来的盲目性和局限性，明确指出解决问题的方法和途径。

3. TRIZ 核心

TRIZ 理论的创始人阿奇舒勒坚信，发明创新的基本原理是客观存在的，这些原理不仅能被确认，还能形成一种理论，掌握该理论不仅能提高发明的成功率，缩短发明的周期，还可使发明具有可预见性。解决发明创新问题的理论核心就是技术系统进化理论，即技术系统如同生物系统一样，一直处于进化之中，解决技术矛盾是进化的推动力，进化速度随技术系统一般矛盾的解决而降低，令其产生突变的唯一方法是解决阻碍技术系统进化的更深层次、更关键和更核心的矛盾。

4. TRIZ 工具

TRIZ 是专门研究创新和概念设计的理论,通过建立一系列的普适性工具,帮助设计者尽快获得满意的概念解。由于 TRIZ 将产品创新的核心(产生新工作原理)过程具体化,并提出了一系列规则、算法与发明创新原理供研究人员使用,它已成为一种较为完善的创新设计理论。TRIZ 及其工具不仅在苏联得到广泛的应用,而且在欧、美、日的很多企业,如波音、通用、克莱斯勒、摩托罗拉等公司的新产品开发中也同样得到了较好的应用,并取得了可观的经济效益。

5. TRIZ 目标

TRIZ 成功地揭示了发明创新的内在规律和原理,致力于澄清和强调系统中存在的矛盾,其目标是完全解决矛盾,获得最终的理想解。它不是采取折中或妥协的做法,而是基于技术的发展演化规律研究整个设计与开发过程。实践证明,运用 TRIZ,可大大加快发明创造进程并且能得到高质量的创新产品。

6. TRIZ 内涵

国际著名 TRIZ 专家 Savransky 给 TRIZ 进行了如下定义:TRIZ 是一种基于知识的、面向人的解决发明问题的系统化方法论。TRIZ 包含如下内涵。

1) TRIZ 是一种基于知识的方法。这种知识包括:①解决发明问题需要的启发式知识,这些知识是从世界范围约 250 万份专利中抽象出来的,在抽象过程中采用为数不多的基于产品进化理论的客观启发式方法;②自然科学的知识;③技术领域的知识,包括技术本身,以及与该技术相似或相反的技术。

举例来说,埃及金字塔建设中,人们在建设塔基的时候,会在四周挖沟灌水,利用水的水平面特性来确保塔基水平。在现代生活中,人们还是会沿用这样的方法,装修房间时,可以利用 U 形管两管的水平面一致的原理使不同地点的瓷砖在同一高度。跨越几千年,跨越不同领域,用同一个原理解决看似不相关的问题,这就是效应知识库的"威力"。

2) TRIZ 是面向人的方法,而不是面向机器的。TRIZ 本身是基于将系统分解为有益和有害功能的实践,这些分解取决于人对问题和环境的认识,其本身就有随机性。类似计算机这样的机器在问题解决过程中仅起支持作用,为处理这些随机问题的设计者提供一定的工具和方法,而不能完全代替他们的作用,人的中心地位是肯定的。

3) TRIZ 是系统化的方法。运用 TRIZ 解决问题的过程就是一个系统化的、能方便应用已有知识的过程。这一点将在后面的章节进行介绍。

4) TRIZ 是发明问题解决理论。TRIZ 研究人类进行发明创造、解决技术难题过程中所遵循的科学原理和法则，并将这些原理和法则用于解决实际设计工作中所遇到的新问题。本书后续章节将采用许多实际案例进行讲解。

3.2.2 经典 TRIZ

1. 发展阶段

TRIZ 自 1946 年被创立以来，主要经历了以下几个发展阶段。

（1）创立阶段　这个时期主要是创新和完善 TRIZ 体系，并在苏联有少量应用，但外界很少有人知道这个理论。在这个时期形成的主要理论有 40 条发明创新原理、发明问题解决算法（ARIZ）、最终理想解、科学效应库、物-场模型、标准解和进化法则等。

（2）传播阶段　20 世纪 90 年代苏联解体后，大量的科学家移民到了其他国家，并创办了一系列的公司（如 Invention Machine），开发基于 TRIZ 的软件系统，并为一些公司提供咨询服务。这个时候，苏联以外的工程师们才开始接触这个理论，少量的公司在这个时候引入 TRIZ，如 1995 年开始应用 TRIZ 的宝洁公司（P&G）和 1998 年开始应用 TRIZ 的三星公司。

（3）应用阶段　从 2005 年开始，更多世界知名的大公司开始引入 TRIZ，并在公司内部推广，如通用电气公司、西门子公司、飞利浦公司、英特尔公司等。中国的企业，特别是一些国有大型企业也开始积极行动起来，利用 TRIZ 培训自己的员工，解决项目中的难题。

2. 解决问题的步骤

阿奇舒勒将解决工程问题的方法与其他学科（如数学、化学等）中解决问题的步骤进行了类比，并且开发出了一系列利用 TRIZ 解决工程问题的步骤。

与常规的直接试错解决问题的方法不同，在利用 TRIZ 的时候，首先要将问题转化为问题的模型，然后利用 TRIZ 中解决问题的工具找到解决方案的模型，即遇到此类问题所采用的通用的解决方案，最后将解决方案的模型转化为具体的解决方案。具体分为以下五个步骤。

1）明确具体问题：对需要解决的问题有一个清楚的定义。

2）将具体问题转化为 TRIZ 问题的模型：利用 TRIZ 解决问题的工具时，需要将具体问题转化为相应的模型。TRIZ 中可以运用的模型有技术矛盾、物理矛盾、物-场模型及功能化（How-to）模型。需要指明的是，问题的模型建立后，与具体的问题不再相关，这个模型是通用的 TRIZ 问题模型。

3）找到相应的 TRIZ 工具：每一种模型都有相应的工具来对应解决问题，见表 3-1。例如，解决技术矛盾的工具是 40 条发明创新原理构成的矛盾，对应物-场模型的工具是一般解法和标准解。

表 3-1 经典 TRIZ 工具

问题模型		工具	特点
功能化（How-to）模型		效应知识库	集合了大量专利实现不同功能的原理所含的效应，为获得跨领域的解提供支持
物-场模型		一般解法和 76 个标准解	用于组件间作用或场变换的过程中出现的问题，标准解描述的是通过物-场变换解决问题的途径
矛盾模型	物理矛盾	4 条分离原理	用于在系统参数改进过程中，对同一对象提出相反要求的情况
	技术矛盾	40 条发明创新原理	用于在系统参数改进过程中，不同子系统间有矛盾要求的情况

4）获得 TRIZ 解决方案模型：TRIZ 问题的模型经过 TRIZ 工具处理后，会得到一系列的解决方案模型，例如，从矛盾矩阵查到的是发明创新原理，从标准解系统中得到的是解决方案的物-场模型。TRIZ 解决方案模型仍然与具体的问题无关。

5）确定具体解决方案：根据项目的实际情况，将解决方案模型转化为需要的具体解决方案。

3.2.3 现代 TRIZ

1. 发展阶段

自从 1946 年阿奇舒勒提出了 TRIZ 以来，该理论一直在演变，它的发展大体上经历了四个阶段，目前仍然处于发展之中，如图 3-2 所示。

（1）正确地解决问题 这一阶段即经典 TRIZ 阶段，代表工具是解决矛盾、发明问题解决算法（ARIZ）、技术系统进化法则和标准解等。这些工具大多是解决问题的工具，即遇到问题后如何用常规思维想不到的方法去解决问题，突破思维惯性，提出创新的解决方案。但这些工具在运用的时候并不完美，最突出的问题是直接解决表面问题并不奏效，即对问题不加以分析就去解决往往效果不佳。这个缺点是经典 TRIZ 与生俱来的。前面提到，经典 TRIZ 起源于专利分析，而从宏观上看，一个专利只有两部分，即需要解决的问题和相应的解决方案。一般是先抛出一个技术难题，并对这个技术难题进行描述，然后陈述针对这个问题的解决方案。因此，专利并没有体现问题分

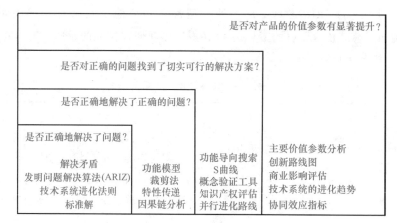

图 3-2　TRIZ 发展的四个阶段

析的环节，这也导致经典 TRIZ 中并没有什么分析问题的工具。但在实际解决问题的过程中，分析问题过程是至关重要的，甚至比解决问题更为重要。

（2）找到正确的问题并解决　在解决实际问题的过程中，人们发现如果将问题进行全面分析，就可能发现一些并不显而易见的问题或产生一系列新问题，而解决其中的某个问题，即使不是最开始遇到的那个问题，同样可以达成项目目标（即解决问题产生的状态）。在这个阶段，一些分析问题的工具开始流行。阿奇舒勒的弟子们将来自其他领域的分析问题工具引入 TRIZ，大大弥补了 TRIZ 在分析问题上的不足。代表性的分析问题的工具有功能分析、因果链分析、特性转移等。将这些工具与 TRIZ 中解决问题的工具相结合，从多个方面寻求突破口，可以获得更多的解决问题的途径。

（3）找到切实可行的解决方案　这一阶段是苏联解体后，大批的 TRIZ 学者移民到其他国家，并将 TRIZ 引入到企业后发展起来的。一些大企业在应用中发现，利用 TRIZ 工具找到一些解决问题的想法并不是一件很困难的事情，但这些想法却不一定能付诸实践。企业需要的不是浮在空中的想法，而是可以真正解决问题的方案，因此一些可以产生切实可行解决方案的工具应运而生。代表性的解决问题的工具有功能导向搜索、矛盾解决理论、76 个标准解等。当人们利用 TRIZ 产生的解决方案刚好是其他企业的专利时，解决方案是不能实施的，但 TRIZ 发展出来的专利战略却可以对已有的专利进行合理的规避。这样，新的解决方案的原理与竞争专利基本类似，却不会侵犯原有的专利，因而解决方案是切实可行的。功能导向搜索可以找到其他领域成熟的解决方案，并以此形成本领域的解决方案，而且风险更小，成功率也更高。

（4）提升产品价值参数　这一阶段即 TRIZ 的商业化应用阶段，这一阶段是 TRIZ 在一些大企业中获得广泛的应用，并且产生一系列成果后的必然阶段。一个企业，特别是公司的管理层更关心产品是否可以迅速满足市场需求，然后将这些产品销售给客户变成利润，而不是解决某个技术问题。过于强调技术而忽视市场需求的解决方案，并不能开发出针对某个特定市场需求的产品。因此人们又陆续开发出一些新的工具，更加关注客户的需求及产品的规划。代表性的工具有主要价值参数（Main Parameter of Value，MPV）分析和技术系统的进化趋势等。主要价值参数是指影响客户购买决策的参数。主要价值参数分析用于解决如何发现并满足客户需求的问题，包括如何发掘客户的潜在需求，即客户有实际需要，但限于自己的惯性思维而意识不到或无法用语言表达出来的需求。技术系统的进化趋势以经典TRIZ中的进化法则为框架，在近些年被广泛深入地研究，内容更加充实，每条进化法则下都有子趋势，因而具有更强的实操性。利用这些进化趋势，企业可以根据进化规律布局下一代或几代产品，从而获得竞争优势。

在上述TRIZ发展的每个阶段，人们都试图为新发展出来的理论体系起一个名字，以示与旧理论体系的不同，如20世纪80年代的设计创新技术、2000年左右的TRIZ plus及最近的创新学科，但这些名字都没有被广泛接受，大多数人还是沿用其原有的名字——TRIZ。本书所介绍的TRIZ体系是现代TRIZ，与经典TRIZ相比已有大幅扩充。这个理论体系是在许多世界知名公司中应用后沉淀下来的，被证明是一套比较有效的理论体系，对于一些不太常用的工具则进行一定删减。

2. 解决问题的步骤

发展到现在，现代TRIZ体系已经成为一个创新平台，利用它可以解决技术问题，产生创新的解决方案；可以规避或增强专利，进行专利布局；可以用于新产品规划布局；可以进行环保设计解决产品生产与产品回收的矛盾等。但无论哪种应用，其解决问题典型过程都可分为三个步骤，如图3-3所示。

（1）问题识别 这一阶段的重点是对技术系统进行全面分析并识别出正确的问题。这些需要解决的问题都是深层的、潜在的问题，而不是初始问题。这些问题在开始时通常并不是显而易见的。问题识别阶段的输出是一系列关键问题的集合，解决这些关键问题，同样能够达到初始的项目目标。这里所讲的关键问题指的是后续要用TRIZ去解决的问题。

（2）问题解决 在问题识别阶段确定了一系列关键问题，在此阶段，可以将上一阶段分析出的关键问题转化为TRIZ中的问题模型，然后运用相应的TRIZ工具找到解决方案模型，最后将其转化为具体解决方案。这一阶段的输出是大量技术解决方案。

（3）概念实施 在本阶段，基于创新项目的技术和业务需求，对问题解决阶段中开发的所有解决方案进行实际可行性的评估。评估标准通常包括技术实施的难易程度和成本的限制、上市时间的要求等方面。所有的解决方案必须符合可接受的主要价值参数。如有必要，选择综合得分最高的解决方案并推荐用于进行进一步的评估或进一步的开发。这个过程需要筛选最佳的解决方案，合理分配宝贵的资源和时间。

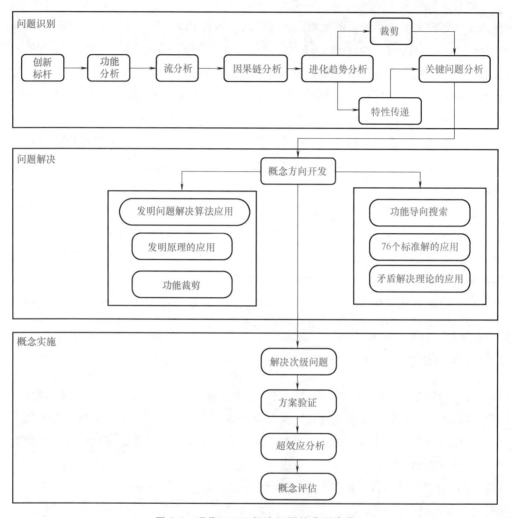

图 3-3 现代 TRIZ 解决问题的典型步骤

3.3 TRIZ 解决问题的基本原理

　　TRIZ 解决问题的原理如图 3-4 所示。在利用 TRIZ 解决问题的过程中，设计者首先将待设计产品的领域问题表达成 TRIZ 问题，然后利用 TRIZ 中的工具，如发明原理、标准解等，求出该 TRIZ 问题的普适解或称为模拟解（Analogous Solution）的问题的解。TRIZ 集成了各领域解决同类问题的知识和经验，突破了个人知识的局限性，另外通过系统化解决问题的流程，避免思维惯性。

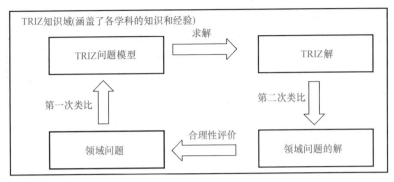

图 3-4 TRIZ 解决问题的原理

TRIZ 中直接用于解决系统问题的模型有三种，见表 3-1。对于系统改进过程中的同一个问题，一般可以同时转化为三类问题并分别求解。

3.4 TRIZ 体系结构

TRIZ 体系结构如图 3-5 所示，分为概念层、分析方法层、问题解决方法层和系统化方法层。

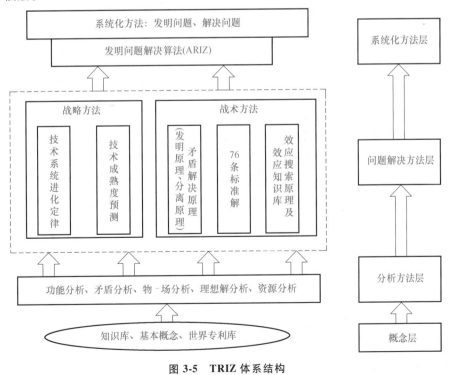

图 3-5 TRIZ 体系结构

TRIZ分析方法层包含的分析工具有功能分析、矛盾分析、物-场分析、理想解分析和资源分析,这些工具用于问题模型的建立、分析和转换。

(1) 功能分析　　功能是系统存在的目的。功能分析的目的是从完成功能的角度而不是从技术的角度分析系统、子系统、组件。功能分析一般与技术系统裁剪联合使用,即研究每一个功能是否为必需功能,若是必需功能,系统中的其他组件是否可完成其功能。设计中的重要突破、成本或复杂程度的显著降低往往是功能分析及裁剪的结果。

(2) 矛盾分析　　在系统改进过程中,出现了不期望的结果,这就是矛盾。当技术系统某一参数或子系统的改进导致另外某些参数或子系统的恶化,这就是技术矛盾。当对同一对象提出相反的要求,这就是物理矛盾。TRIZ中建立了标准的矛盾分析过程和解决工具。

(3) 物-场分析　　阿奇舒勒认为发明问题解决的功能都可由两种物质及作用在其间的场来描述。

(4) 理想解分析　　在利用TRIZ解决问题之初,首先抛开各种客观限制条件,通过理想度来定义问题的最终理想解(Ideal Final Result,IFR),以明确理想解所在的方向和位置,保证在问题解决过程中沿着此目标前进并获得最终理想解,从而避免了传统创新设计方法中缺乏目标的弊端,提升了创新设计的效率。

(5) 资源分析　　发现系统或超系统中存在的资源是系统改进过程中的重要环节。一个理想的设计方案不引入或引入尽可能少的资源。

TRIZ的问题解决方法层主要是各种基于知识的工具,包括解决具体技术问题的战术方法和解决技术系统长期发展问题的战略方法。其中,战术方法包括矛盾解决原理(发明原理和分离原理)、标准解和效应搜索原理及效应知识库,战略方法包括技术成熟度预测和技术系统进化定律(合称为技术系统进化理论)。这些工具是在积累人类创新经验和研究大量专利的基础之上发展起来的。

(1) 矛盾解决原理　　矛盾解决原理包括发明原理和分离原理。发明原理是解决技术矛盾时系统方案的抽象化描述,阿奇舒勒总结了40条发明原理。分离原理是解决物理矛盾时系统方案的抽象化描述。

(2) 标准解　　对于用物-场模型表达的问题,TRIZ中总结了76条用于解决问题的物-场变换规则,称为标准解。

(3) 效应搜索原理及知识库　　运用各种物理、化学和几何效应可以实现期望的功能,使问题的解决方案更加理想,而要实现这一点必须开发出一个大型的知识库。

(4) 技术系统进化理论　　技术系统进化理论描述的是技术系统演化的规律性,包括技术系统进化定律和技术成熟度预测,前者描述了技术系统演化过程中在系统功能、结构等方面演化的规律性;后者描述了在核心技术不变的前提下,技术系统性能提高的过程满足S曲线。

TRIZ 中建立了系统化分析、解决问题的过程，也就是发明问题解决算法（Algorithm for Inventive-Problem Solving，ARIZ）。该算法采用一套逻辑过程逐步将初始问题程式化，并特别强调矛盾与理想解的程式化，一方面技术系统向着理想解的方向进化，另一方面如果一个技术问题存在矛盾需要解决，该问题就变成了一个发明问题。应用 ARIZ 取得成功的关键在于没有理解问题的本质前，要不断地对问题进行细化，一直到确定了物理矛盾。对于该过程及物理矛盾的求解，现已有软件支持。

3.5 TRIZ 中的基本概念

3.5.1 功能

1. 功能的定义

19 世纪 40 年代，美国通用电气公司的工程师迈尔斯首先提出功能（Function）的概念，并把它作为价值工程研究的核心问题。他将功能定义为"起作用的特性"，顾客买的不是产品本身，而是产品的功能。自此"功能"思想成为设计理论与方法中最重要的概念，功能分析（Functional Analysis）也起源于此。关于功能的定义还有很多种，如"功能是对象满足某种需求的一种属性""功能是指产品能够提供的活动机会""功能是向顾客表明产品在使用过程中的物质运动形态"等。由上述定义可以看出，功能是系统存在的目的，是对产品具体效用的抽象化描述，体现了顾客的某种需要，应当是产品开发时首先考虑的因素。

一个系统的总功能通常用黑箱模型表达，如图 3-6 所示，输入、输出为能量流、物料流和信息流，即产品的功能是对能量、物料和信息的转换。一般用"动词+名词"的形式描述一个功能。动词为主动动词，表示产品所完成的一个操作，名词代表被操作的对象，是可测量的，如分离枝叶、照明路面。

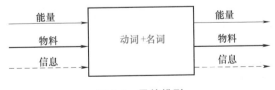

图 3-6 黑箱模型

功能实现原理的通用性是 TRIZ 的重要发现，可以通过定义功能寻找其他领域或行业已经解决的同类问题。

2. 功能的分类

(1) 按照系统功能的主次分类

1) 主要功能：是对象建立的目的（用途），即设计对象就是为实现这一功能而创建的，如小汽车的载客与载货功能。

2) 附加功能：是赋予对象新的应用功能，一般与主要功能无关，如汽车上加的音响、空调等。

3) 潜在功能：技术系统并不总按照指定用途使用，而是会偶尔执行即时功能，如警察用汽车设置路障。

正常实现产品的主要功能是客户对产品的最低要求。附加功能有"锦上添花"之意，附加功能实现程度可以较低，对客户满意度影响较小。当附加功能的实现程度达到市场中同功能产品的性能时，附加功能会转变为主要功能。例如，手机引入的照相功能在早期就是附加功能，但当其拍照性能接近或达到市场中数码相机的性能时，手机便会替代数码相机，原来的附加功能变成主要功能。

(2) 按照子系统（或组件）的功能与系统的主要功能的关系分类

1) 基本功能：与产品的主要功能实现直接有关的子系统的功能，是系统执行部分的功能。

2) 辅助功能：为更好实现基本功能服务的功能，即服务于其他子系统的功能。辅助功能也是与主要功能相关的。

(3) 按照产品与用户的交互关系分类

1) 实用功能：是用户通过操作产品才能实现的功能，一般涉及物质、能量、信息的变换。

2) 外观功能：也称为美学功能，是指产品的形态、色彩、材质、装饰等直接体现出的标识、提示和装饰等功能，如卫生间的图形标识的功能。外观功能会引起人对产品的直接心理和感官体验。

3) 象征功能：是比外观功能更加抽象的功能，是产品在使用情境下的象征意义，例如，鸽子象征着和平，Louis Vuitton 象征着时尚，还象征着奢侈、身份、地位和财富等。

3.5.2 技术系统

1. 技术系统、子系统和超系统

技术系统是以实现功能为目的，不同组件相互作用、相互影响而共同组成的整体。

一个复杂的系统还可细分为子系统，子系统是以实现基本功能为目的的更小的系统。技术系统要与外界有物质、能量、信息的交换，因此技术系统是在一个更大的系统中发挥作用，这个更大的系统称为超系统。超系统组件是指与技术系统有直接作用的系统外组件。关于技术系统、子系统和超系统将在第4章详细介绍。

2. 技术系统提出的意义

TRIZ认为能够执行一个主要或基本功能的产品、过程和技术等都可以定义为系统，它们都是为满足特定需求或目的而设计的。把研究对象视为实现功能的系统，是TRIZ中重要观点，奠定了TRIZ研究的理论基础。

1）在研究系统的过程中，为了表达各部分之间的关系，建立了物-场模型，并用于表达系统组件间作用存在的问题，提出了标准解法。

2）基于系统的观点，提出了矛盾的概念和矛盾解决理论，即出于改进系统的目的对系统任何组成部分的改变，都可能对其余部分或整体产生负面影响，这就是矛盾。

3）总结了实现某一主要功能的不同技术系统进化的规律性和同一技术系统进化的规律性，建立了技术系统进化理论。

3. 技术系统进化 S 曲线

实现某一功能的技术系统，其进化的结果表现为代表功能实现程度的特性参数随时间的变化。对产品而言就是关键性能的提升。基于某一核心技术（实现功能的原理）的产品，其性能提高的过程可用S曲线描述，如图3-7a所示。新系统开始于实现主要功能的一个新原理的出现，由于只有有限的资金投入和人员参与，系统性能提升缓慢；一旦取得技术突破，使得新系统进入了市场，其良好的前景吸引大量人员、资金的注入，产品进入性能快速提升阶段；任何实现功能的原理都有固有的技术极限，当系统性能提升到功能原理接近其固有的技术极限时，系统性能提升的速度降低，直至停滞，或者被基于新原理的新系统替代，开始一条新的S曲线，如图3-7b所示。实现同一特性参数的不同技术系统的进化过程表现为S曲线族。

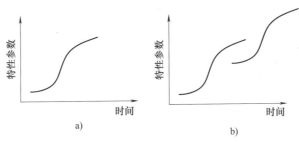

图 3-7 技术系统进化 S 曲线

4. 技术系统的界定

技术系统是人造物，如投影仪、激光笔、手机、桌椅等。这些人造物都有一个名称，系统名称的概括程度直接决定了系统包含的变体数量。例如，人造光源、LED 光源和单色光 LED 三个名称直接决定了系统包含的产品内容和变体数量是不同的，人造光源就至少包含了基于燃烧原理的照明、白炽灯、荧光灯和 LED 灯等多个技术系统。系统的主要功能是通过一定执行原理实现的，通常，一种功能能够通过不止一种方法实现。这种情况下，每个实现原理对应一个系统。例如，飞机、直升机和滑翔机的主要功能——飞行是相同的，但实现原理是不同的，因此它们分属于不同的技术系统，有各自的进化 S 曲线。系统的主要功能描述的抽象程度越高，实现同一功能的解就越多。

总之，要根据自己的研究目的，选择合理的系统名称及功能描述。根据系统实现的原理，界定技术系统的范围。

3.5.3 发明创新的级别

发明在创新过程中占有重要的地位。阿奇舒勒通过研究把发明分为五个级别，在普通设计人员采用试错法产生最初的工作原理，到最终选定工作原理的过程中，所产生工作原理的个数决定解的级别。产生高级别的解或发明需要更多的知识，发明创新的级别还与问题的难易程度、知识来源等有密切的关系。发明创新的五级描述如下。

第 1 级：多数为参数优化类的小型发明，一般是对通常的设计或对已有系统的简单改进。这一类发明并不需要任何相邻领域的技术或知识，解决问题主要凭借设计人员自身掌握的知识和经验，不需要创新，只涉及知识和经验的应用。例如，为更好地保温，将塑钢窗加厚（图 3-8）；用承载量更大的重型卡车替代轻型卡车，以实现运输成本的降低（图 3-9）。该类发明创造或发明专利占所有发明创

图 3-8　加厚塑钢窗

超重卡　　　重卡　　准重卡　　轻卡　　微卡　　皮卡

图 3-9　重型卡车及轻型卡车

造或发明专利总数的 32%。

第 2 级：通过消除一个技术矛盾来对已有系统进行少量改进。解决这一类问题主要采用行业内已有的理论、知识和经验。解决这类问题的传统方法是折中法。例如，为抵御配电柜的起火风险，改进出带灭火装置的配电柜（图 3-10）；为减轻斧头的重量，设计出斧头的空心手柄（图 3-11）。该类发明创造或发明专利占所有发明创造或发明专利总数的 45%。

图 3-10 带灭火装置的配电柜

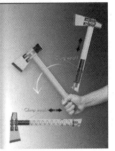

图 3-11 斧头的空心手柄

第 3 级：对已有系统进行根本性改进。解决这一类问题主要采用本行业以外的已有方法和知识。例如，汽车变速箱用自动传动系统代替机械传动系统（图 3-12），进而改善传动性能；为计算机配置鼠标（图 3-13），进而大大提高计算机使用的方便程度；在电钻上安装离合器，进而保护电钻使用者不受伤害并提高电钻使用寿命。该类发明创造或发明专利占所有发明创造或发明专利总数的 18%。

图 3-12 汽车变速箱　　　　　　　　图 3-13 鼠标

第 4 级：采用全新的原理完成对已有系统基本功能的创新。解决这一类问题主要是从科学的角度而不是从工程的角度出发，充分利用科学知识、科学原理实现新的发明创造。这类发明创造包括第一台内燃机的出现（图 3-14）、集成电路的诞生（图 3-15）、充气轮胎的问世等。该类发明创造或发明专利占所有发明创造或发明专利总数的 4%。

第 5 级：罕见的科学原理催生出一种新系统的发明、发现。解决这一类问题主要是依据自然规律的新发现或科学的新突破。这类发明创造包括计算机、形状记忆合金

图 3-14 内燃机

图 3-15 集成电路

（图 3-16）、蒸汽机（图 3-17）、激光、灯泡的首次发明。该类发明创造或发明专利占所有发明创造或发明专利总数的 1%。

图 3-16 形状记忆合金制成的汤匙

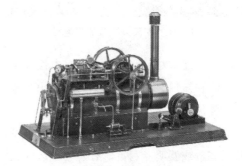

图 3-17 世界上最小的蒸汽机

需要注意的是：发明创新的级别越高，发明时所需的知识和资源就越多，因此就要投入更多的研发力量。已有发明级别会随社会的发展和技术的进步动态变化。同时，发明级别的划分在一定程度上打破了发明的壁垒，人人都可以进行发明创新。

人们所面临的 95% 的问题，都可以利用某学科的已有知识解决。第 4、5 级的发明虽然只占人类发明总量的不足 5%，却决定了人类社会科技进步的方向。因此，企业遇到技术问题时，可以先在行业内寻找答案；若找不到答案，再向行业外拓展，寻找解决方法。若想实现创新，尤其是重大的发明创造，就要充分挖掘和利用行业外的知识。

虽然高级别发明对于推动技术进步具有重大意义，但其数量却相当稀少。平时人们遇到的绝大多数发明都属于第 1~3 级，较低级别的发明能起到不断完善技术的作用。对于第 1 级发明，阿奇舒勒认为不算是创新。而对于第 5 级发明，他认为如果一个人在旧的系统还没有完全失去发展希望时就提出一个全新的技术系统，则成功之路和被社会接受的道路会是艰难和漫长的。因此在原来的基础上改进系统是更好的策略。所以，他建议将这两个级别排除在外，TRIZ 工具对于其他三个级别的发明作用更大。一般来说，第 2、3 级称为"革新（Innovative）"，第 4 级称为"创新（Inventive）"。

发明创新级别划分与对比见表 3-2。

表 3-2 发明创新级别划分与对比

级别	发明创新程度	比例	对系统的改变	知识来源	试错法求解的试错次数数量级
1	简单的解	32%	量变	个人知识	10^1 级
2	少量改进	45%	局部质变、解决矛盾	个人知识与部门知识	10^2 级
3	根本性改进	18%	根本性改变	行业内的知识	10^3 级
4	全新的概念	4%	创造了新系统	跨行业跨学科的知识	10^4 级
5	新发现造就的发明	1%	新发现	所有已知的知识和新知识	10^5 级

由表 3-2 可以归纳总结出以下规律。

1）发明创造的级别越高，所需要的知识就越多，这些知识所处的领域范围就越宽，搜索有用知识所需的时间就越长，采用传统试错法求解，试错次数就越多，试错法的时间成本和机会成本就越高。因此发明人或企业最需要的是进行有目的、有指导性的创新。

2）95% 的发明创造是基于行业内的知识，只有 5% 的发明创造是利用行业外及整个社会的知识。因而，企业遇到一般的技术矛盾或问题时，基本都能够在本行业内寻找到答案，也就是说，只要找到正确的创新方法，一个企业将自己打造成有竞争力的创新型企业是完全可以实现的。学习和推广创新方法，是有利于企业发展的，也是符合企业利益的。

3）第 3~5 级的发明创造或发明专利才会涉及技术系统的关键技术和核心技术。比例高达 77% 的第 1、2 级的发明创造处于低水平状态，一般来说使用价值不大，而这一部分发明创造的提出者绝大多数是非职务发明人，他们为发明创造贡献自己的热情，投入大量人力、物力和财力，但由于技术水平所限，注定收益不高，这就是有些发明人"越搞发明越穷"的原因之一。然而，这与他们的发明方向和发明方法有着不可分割的联系。让发明人，尤其是非职务发明人掌握正确的发明创新方法、找准发明方向、提高发明创新级别，是 TRIZ 的魅力所在。需要注意，任何一种方法都不是万能的，都有一定的局限性，TRIZ 只适用于第 2~4 级专利。

思考题

【分析题】

1. 什么是创新思维？
2. TRIZ 理论的核心是什么？

3. 经典 TRIZ 工具有哪些?
4. 利用 TRIZ 解决问题有哪几步?
5. 如何理解系统的功能。
6. 为什么要对发明创新划分级别?
7. 相对于传统的创新理论,TRIZ 创新原理的独特优势是什么?

思政拓展:

扫描下方二维码了解散裂中子源技术,体会其中蕴含的创新精神。

科普之窗
中国创造:散裂中子源

第2篇　问题分析篇

在设计研发过程中，经常会遇到不清楚或定义不正确的需要解决的问题，对于设计问题而言，系统中的问题往往不是问题的根源。如果只解决表面问题而不去深究产生问题的根本原因，不仅不能根治问题，而且可能在解决过程中产生无法预料的新问题。因此准确认识问题是解决问题的前提。

1. 问题描述方法

首先，正确描述要解决的问题，描述问题时应注意以下三点。

1) 所描述的是一个需要解决的问题本身，而不是描述问题的原因产生的后果或者描述这个原因的解决方法。例如，"因为手机电池蓄电性能不好，所以手机销量不好"这种问题描述掺杂了主观的猜想，导致很难对销量不好这个结果进行深入探究。

2) 所描述的问题应能对工作环境产生真实的影响，即描述的问题应是真正需要解决的问题，描述问题而不是简单地罗列问题。例如，"手机坏了可能是因为手机屏幕不亮了、手机电池坏了或者手机电路板坏了"这种问题描述没有深入探究手机坏了的真正原因，只是简单地罗列产生问题的原因。

3) 所描述的问题是一个实实在在的、具体的问题，而不是笼统或含糊的。例如，"空调质量不过关"这种问题描述就过于笼统。

2. 问题分析方法

在完成问题描述之后，就需要进行问题分析，分析问题是为了更好地把问题与TRIZ方法结合起来。为了利用TRIZ方法解决问题，首先需要把问题转换为TRIZ问题，转换成TRIZ问题需进行以下分析。

(1) 应用技术系统进化理论分析　分析反映进化过程中系统要素之间、系统与环境之间的显著的、稳定的、重复的交互作用。技术系统进化理论将在第4章进行介绍。

(2) 功能分析　系统的总功能需要是明确具体的，在明确总功能的前提下，对技术系统的功能进行分解，得到功能模型，在功能模型中明确产生问题的原因。系统的功能分析将在第 5 章进行介绍。

（3）因果链分析　问题的原因往往隐藏在表象的背后，关键原因分析是找到导致问题发生的根源，即在功能模型中确定最终导致系统问题的组件及其间的作用，改变这些作用并改进技术系统。因果链分析将第 6 章进行介绍。

（4）理想解分析　理想解分析是为了突破问题本身，重新审视现有系统的目的，并在更高层次上提出系统改进目标。最终理想解分析将在第 7 章进行介绍。

（5）资源分析　解决系统存在的问题的关键是发现能够解决问题的资源。资源分析将在第 8 章进行介绍。

（6）特征转移　特征转移是一种通过将具备类似主要功能的其他系统的某个特性传递到本系统，以解决某个问题或者提高系统的性能。特征转移将在第 9 章进行介绍。

（7）TRIZ 创新分析工具　除了上述分析方法，TRIZ 还提供了一些克服思维惯性的思维工具，如九屏幕法、聪明小人法、金鱼法、STC 法（尺寸-时间-成本法）等，这些都可以作为独立的工具使用，将在第 10 章分别进行介绍。

需要说明的是，有些书籍把九屏幕法、聪明小人法、金鱼法与 STC 法作为 TRIZ 中的问题求解工具，本书将它们归类为分析工具主要基于以下观点：这些工具的目的主要在于分析系统中的问题，是分析问题的一种手段。

第4章 技术系统进化理论

4.1 什么是技术系统进化理论

TRIZ 中的技术系统进化理论是阿奇舒勒的一个巨大贡献。研究发现，技术系统的进化并不是随机的，而是遵循一定规律。被实验证实过的规律是人们从大量技术系统的进化历程中发现的，这些规律应用在系统研发中能有效降低盲目试错的风险。

4.1.1 技术系统进化定律

技术系统进化理论是解决发明创造问题的理论核心，即技术系统如同生物系统一样一直处于进化之中。阿奇舒勒阅览、分析了大量专利之后，在1975年首次提出八条技术系统进化定律，并将它们划分为如下三个方面。

（1）静力学定律　静力学定律阐述了技术系统稳定执行功能所需的条件，决定了系统生命周期的起点，包括完备性定律、能量传递定律、协调性定律三条定律。

（2）运动学定律　运动学定律描述了技术系统进化的宏观表现，决定系统进化的总方向，包括提高理想度定律、子系统不均衡进化定律、向超系统进化定律三条定律。

（3）动力学定律　动力学定律描述了技术系统进化的内在原因，反映当前条件下进化包含的特定的物理和技术因素，包括向微观级进化定律、提高动态特性定律两条定律。

技术进化定律为技术系统进化提供了方向。随着技术的深入研究，在各条定律的基础上又衍生出多条进化路线，并且每条进化路线都由系统所处的不同状态构成。根据各种进化路线能更详细、更清晰地了解技术系统由低级向高级进化的过程，它也是技术预测的主要依据。

4.1.2 技术系统介绍

（1）技术系统　在 TRIZ 体系中，能够执行主要或基本功能的产品、过程和技术等都可以定义为系统，通常来说，一般技术系统即为一个整体的研究对象。如果研究对象是一辆汽车（图4-1a），汽车的功能是转移人或货物，则汽车就是一个技术系统。而如果研究对象是一个车轮（图4-1b），车轮的功能是支撑车架及移动车身等，则可以将车轮看成一个技术系统。技术系统的级别是相对的，需要具体情况具体分析，根据具体的研究目的确定技术系统的范围。

图4-1　技术系统主要由具体的研究目的决定

（2）子系统　一个复杂的系统可分为多个子系统，子系统是以实现基本功能为目的的更小的系统，技术系统与子系统关系如图4-2所示。

（3）超系统　超系统是指包含被研究的技术系统的系统，而超系统中需分析的系统可能不止一个，被研究的技术系统只作为其中的一个组件。技术系统和超系统的划分主要依据项目的需求，如果有属于研究对象之外的、超出项目范围的，或者在项目的限制内没有可调节自由度的组件就是超系统组件，如图4-3所示。

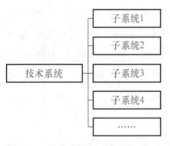

图4-2　技术系统与子系统关系　　　　　　图4-3　超系统

4.1.3　技术系统进化简介

各领域的产品和生物一样，存在着产生、生长、成熟、衰老和灭亡的进化规律。人们若能很好地将这些规律运用到产品开发当中，那么就能有目的地制订技术改进路线和创新方向，预测产品当前和未来的地位趋势。技术系统进化可分为婴儿期、成长期、成熟期和衰退期四个阶段,如图4-4所示。

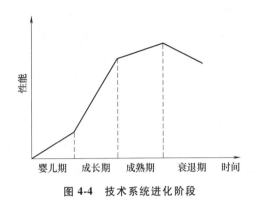

图4-4 技术系统进化阶段

4.2 技术系统进化曲线

技术系统进化曲线的研究致力于实现对系统进化的控制,不只是用进化曲线解决当前问题,更是为了实现对技术发展的一种规划。

4.2.1 技术系统进化S曲线

对图4-4所示技术系统进化阶段曲线,某一特性参数的实际曲线一般为图4-5所示呈S形走势的S曲线。婴儿期、成长期、成熟期和衰退期四个阶段存在的特征和问题不尽相同,同时面对不同阶段所采取的措施也有差异。

1. 婴儿期

当技术刚刚被发明出来的时候,它属于婴儿期。在这一阶段,人们对刚接触的新事物了解还不深入。由于产品采用新技术,技术的初期经济效益并不理想,人们

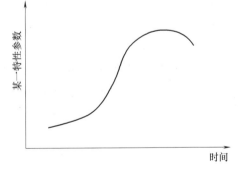

图4-5 技术系统进化S曲线

的重视度不高,资源的利用度不够,因此技术的发展速度低,技术成熟度不高。

(1) 婴儿期特征 当实现系统功能的原理确定后,系统也同时产生,新系统的各组成部分通常是从其他已有的系统中"借"来的,并不适应新系统的要求。

（2）主要问题　①缺乏资源；②新系统中存在很多短时间难以突破的问题；③新系统的性能相比原有系统较差。

（3）时期建议　①充分利用现存技术系统中的组件和资源；②有效结合现存的其他先进系统或组件；③重点解决阻碍产品进入市场的难题。

2. 成长期

随着技术的发展，此项技术被越来越多的人接触、认识和运用，技术的发展潜力逐渐被意识到，资源开始向其倾斜，帮助该产品进入快速发展期，技术成熟度飞速提高，即进入技术成长的阶段。当人们对该技术的研究和推进达到一定程度，该技术会被大量运用到社会当中。

（1）成长期特征　解决了阻碍系统的主要制约问题，系统的主要性能参数提升较快，特定资源的引入使系统使用效果变好、产量增加、成本降低。产品带来的收益越来越高，投资力度越来越大。

（2）阶段情况　①开始盈利；②在不同的细分市场中出现；③系统及其组件根据需求进行改进；④产品生命周期中最好的一段时期。

（3）时期建议　①尽早上市新产品，抢占前期优势；②不断改进产品，不断推出利用核心技术且性能更优的产品。

3. 成熟期

当技术各方面的缺陷和矛盾都基本被解决时，技术进入成熟阶段，自身发展速度开始减缓，直到进入技术成熟度稳定的阶段，即成熟期。

（1）成熟期特征　系统发展逐渐变缓，产量比较稳定，新问题成为系统发展的绊脚石。

（2）主要问题　①特定资源消耗大；②系统被附增一些与其主要功能完全不相关的附加功能；③系统的更新依赖于新材料和新技术；④系统的改变基本是外在的。

（3）时期建议　①降低成本，改善外观；②提高系统完善服务功能的可能性；③简化系统，与其他系统或技术相结合。

4. 衰退期

当该项技术逐渐趋于饱和时，则开始进入衰退期，资源投入有所降低，导致技术的发展速度减缓甚至下降的趋势出现。

（1）衰退期特征　相同功能的新技术系统逐渐取代老系统，系统获利能力逐渐下降。

（2）主要问题　①新系统已经发展到第二阶段，迫使现有系统退出市场；②超系统的改变导致用户对现有系统需求的降低；③超系统的改变导致现有系统生存困难。

（3）时期建议 ①探索新的发展领域；②重点投入资金寻找、选择和研究能提高产品性能的替代技术。

4.2.2 技术系统进化多指标曲线

对于一个技术或产品而言，不只有 S 曲线可用来描述其发展过程，还有其他指标参数与时间构成函数关系来描述其发展过程。以时间为横坐标，以各个时间段所具有的多项指标为纵坐标即可得到技术系统进化多指标曲线。如图 4-6 所示，可以采用性能参数、专利等级、专利数量和经济收益为纵坐标参数，其中，性能参数-时间曲线是关键曲线。

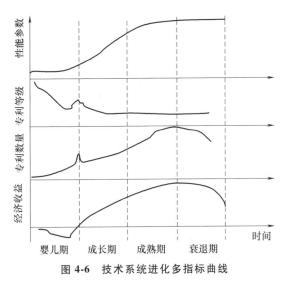

图 4-6 技术系统进化多指标曲线

如图 4-6 所示，仍可按婴儿期、成长期、成熟期和衰退期四个阶段来分析系统的进化过程。

1）婴儿期：该领域刚开始发展，原创发明激发人们的创造力和思维，甚至进行全新的理论研究。婴儿期对应的专利等级很高，但此时的系统处于新领域的开始阶段，对应产品的性能水平较低，其运行规律还不能被多数人掌握，技术的固有矛盾难以很好地被发现，即使有一部分能被挖掘出来，也难以在当时被改进并解决，因此婴儿期的相关专利数量不多。由于人们认识不够、市场培育不足，而研发的前期投入有限，因此系统的经济收益低，甚至为负值。

2）成长期：随着市场发展，产品受关注的程度上升，专利数量不断增加。

3）成熟期：专利数量、经济收益和性能参数均呈上升趋势，但上升速度与第二阶段不同。此阶段专利等级保持不变，仍然在较低等级。

4) 衰退期：市场逐渐趋于饱和，经济收益下降。随着获利能力下降和创新空间缩小，专利数量也一并降低。

在系统的一个完整周期中，婴儿期和成长期一般代表该产品处于原理实现、性能优化和商品化开发阶段。发展到成熟期和衰退期，则说明该产品技术发展已经比较成熟，盈利逐渐达到最高点并开始下降，需要开发新的替代产品。若能够寻找到关键技术取得突破性的进展，则可以进入下一轮的发展周期。

4.2.3 技术系统进化 S 曲线族

S 曲线展现一个产品的发展周期，有时单一的 S 曲线并不能充分体现产品的发展，于是出现了另一种能体现产品发展趋势的表现方式——S 曲线族。

1. 产品进化 S 曲线族

随着产品的推陈出新，该类产品有了自身的进化 S 曲线族，如图 4-7 所示。

下面以计算技术及其设备的发展进程为例说明产品进化 S 曲线族的含义。

1) 第一轮 S 曲线：以十进制的计算方法为主，计算方式以算盘珠算为主，人们不断改进珠算结构以提高运算速度。

2) 第二轮 S 曲线：计算方式仍以十进制为主，随着计算器的问世，采用机械或电器技术，运算速度有了质的飞越。

3) 第三轮 S 曲线：人们发现十进制运算速度慢且程序复杂，而逢二进一的

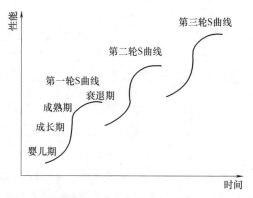

图 4-7　产品进化 S 曲线族

二进制结构简洁明了，运算速度更快，并且有利于用电学组件的开、闭两种状态进行设计，因此计算技术进入第三阶段，二进制开始替代十进制，以计算机替代机械或继电器式的运算装置，运算速度极大提高，且可以完成复杂运算。

由于人们对提高计算机的运算速度和便携性的专注，第三轮 S 曲线已经进入了成熟期，计算技术的不断发展推动着相关领域的进步和创新，第四轮 S 曲线也在逐渐形成中。

2. 多维 S 曲线族

同一个问题可以有不同的解决方案。同一个技术系统有多个理想度参数，其进化过程可以用多维 S 曲线族表示。如图 4-8 所示，以时间轴为 x 轴定义参数 1、参数 2 为技术系统所追求的理想度目标，则以两个理想度目标分别为 y 轴、z 轴参数，能绘制出

三维的 S 曲线族；若基于三个理想度目标，则能绘制出四维 S 曲线族；同理，若基于 n 个理想度目标，则可以绘制出 n+1 维 S 曲线族。

在图 4-8 所示三维 S 曲线族中，空间曲线 1、2、3 分别为不同发展轨迹曲线，并且通过三条途径都能从点 A 到达点 B，点 A 为系统初始状态，点 B 为系统目标状态（A、B 两点也为空间内的点）。曲线在各个坐标轴的投影分别代表不同理想方向达到的状态。每条曲线都代表一条技术路线，都遵循自己的 S 曲线发展规律，

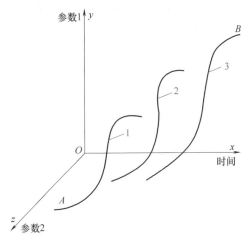

图 4-8 多维 S 曲线族

只是发展速度和各个阶段人们的需求程度不同。

以人类远距离信息传递为例。在古代人类文明中，人类远距离信息传输受到限制，存在障碍，只能通过书信交流，可以是图 4-8 所示的点 A 状态，而点 B 状态则代表无障碍通信的时代。随着科技进步，人们发明出多种多样的信息传递方式，如电报、传真、座机（固定电话）、寻呼机、手机（移动电话）、网络通信设备等。座机就像图 4-8 所示曲线 1，发展早，快速地深入到各个地区。寻呼机（BP 机）的出现发展出图 4-8 所示曲线 2。没有移动电话只有有线座机的时代，电话只能固定在一个地方，而寻呼机小巧便携，能够及时接收主叫人的主叫号码信息，被叫人可以尽快寻找公共电话亭及时与对方联系。由于寻呼机的即时性提升，很快在大众中得到推广。图 4-8 所示曲线 3 代表手机及其他通信方式的 S 曲线族。由于寻呼机的通信即时性差，逐渐被历史所淘汰。而手机作为能够即时通信的方式，符合时代发展的特点，得到了进一步的发展。随着手机的飞速发展，进入成熟期后又开始有新一轮的 S 曲线显现，那就是几乎免费的网络视频通话，集可视化、上网、公务等多种功能于一体的智能手机、智能手表层出不穷。

为了便于分析，先固定其他参数，选择重要的参数进行讨论，将多维曲线图进行截取，即可得到二维图并进行对比分析。

以通信即时性为例，截取二维 S 曲线时先将其他参数固定，再以时间和通信即时性为坐标轴参数将多维 S 曲线族进行平面投影，以获得通信即时性随时间变化的二维 S 曲线。S 曲线图能清晰地表达出寻呼机和手机、座机在历史发展中的情况，如图 4-9 所示。随着时代进步，寻呼机的通信即时性提升不大，而手机、座机的通信即时性随技术的发展有很明显的提升。若将通信即时性作为理想度的目标，则寻呼机的技术发展相对手机的竞争优势会越来越弱，直至退出市场。

当然，研究其他因素的发展趋势也是采用同样的方式，即选取多维 S 曲线族的其他截面，如图 4-10 所示。寻呼机作为当时的大众通信产品，价格符合大众的消费水平，市场迅速扩大。而手机受到价格和硬件设施等条件的限制，前期市场扩大速度缓慢。从市场总量来看，由于寻呼机和手机都是小巧便携的移动通信设备，可以"人手一部"，因而市场总量均可达到较高水平，而座机一般是以家庭为单位配置结合办公配置，市场总量相对较少。寻呼机在短期之内迅速失去市

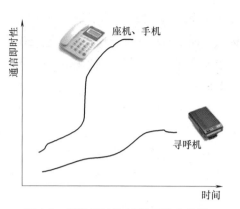

图 4-9　通信即时性-时间二维 S 曲线

场，逐渐被市场淘汰而座机至今却仍保持着一定的市场份额，只要能搭建电话线的地方，都会有座机的出现。所有的变化都对应一定因素的不断演变，人们仍然可以依据上述方式进行研究，从多维 S 曲线族中截取导致变化的因素，根据 S 曲线走向的变化分析过去并预测未来。

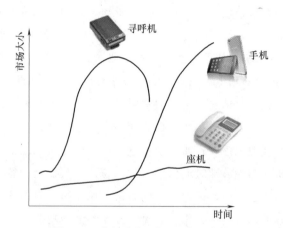

图 4-10　市场大小-时间二维 S 曲线

再以人类交通工具的发展为例，交通工具速度随时间变化的 S 曲线如图 4-11a 所示，技术综合水平随时间变化的 S 曲线如图 4-11b 所示。人类最初的位置移动只能依靠步行和一些自然方法实现，如人类驯化马并骑马出行，则得到第一轮 S 曲线。当第一轮 S 曲线发展潜力耗尽时，人类在交通技术上加速发展，发明创造了非自然物——交通工具，随即进入第二轮 S 曲线，马车、自行车等交通工具的出现极大地提升了交通工具的速度和舒适度。随着科技的进步，人类研究的累积，第三轮 S 曲线发展形成，人们利用其他能源转化为动力，其分化的领域比较宽泛，各自拥有对应的 S 曲线。

每个技术系统都可以选取合适的参数得到多张 S 曲线图，对比分析这些 S 曲线图，

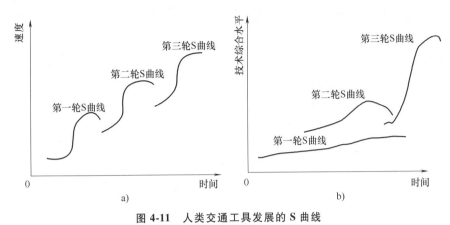

图 4-11 人类交通工具发展的 S 曲线

可以更清晰地认识技术发展的核心参数、把握技术的核心发展方向，降低"试错法"造成的不必要浪费，推动技术更快地发展。

4.3 技术成熟度预测

现代技术发展日新月异，产品迭代周期不断缩短，企业尽早研发新产品就能在市场中占据有利竞争地位。企业在新产品研发决策过程中需要预测当前产品的技术水平及新一代产品可能的进化方向，这种预测的过程称为技术预测。考察当前产品的技术水平之后，企业要确定当前产品技术的发展潜力如何，从而决定要么更新升级，要么淘汰停产，这个过程就是产品技术成熟度预测。

产品技术成熟度预测方法分为直接预测法和间接预测法。直接预测法是利用 S 曲线进行预测；间接预测法是利用与技术发展有关的指标来表征技术发展过程，从而确定系统技术成熟度，最常用的是专利分析法。

4.3.1 技术成熟度预测 S 曲线法

1. 基本原理及优缺点

S 曲线法就是利用产品性能提高的过程满足 S 曲线的假设。将基本原理表示为图 4-12 所示形式，首先应确定能体现产品功能的主要性能指标，再将收集好的历史数据用描点的方式绘制在坐标平面上，然后使用合适的 S 曲线模型进行拟合，最后通过拟合曲线上的拐点来判断此时产品的技术成熟度。

本方法直接引用性能指标数据判断产品技术成熟度，操作容易，但也存在以下不足。

1）部分产品性能难以定量化。

2）性能侧重点会随着系统处于不同阶段而发生转移，如图 4-13 所示。主要工作性能达到最高并不代表产品已经成熟，曲线只能大概判断当前产品的技术成熟度。

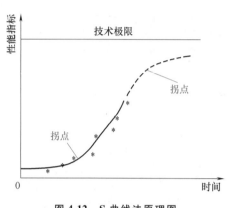

图 4-12　S 曲线法原理图

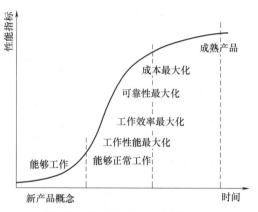

图 4-13　不同阶段产品性能侧重点

3）拟合数据的数学模型不易选择，模型选择决定着预测结果。很多模型需要预先知道性能极限，但对很多技术而言极限值是很难确定的。

4）产品早期时间长，数据多，一些数据模型拟合后可能形成完整 S 曲线，引起误判。

2. 预测产品技术成熟度的步骤

1）选定待预测产品的性能指标。

2）收集性能指标历史数据。

3）确定（估计）目标性能指标的极限值 F。

4）选择合适的数学模型对历史数据进行拟合。

5）依据拟合后得到的曲线对产品技术成熟度进行判断。

3. 常用数学模型

（1）玻尔曲线及其变形

Pearl 模型　　　　　　　　$f = F(1 + ae^{-bt})$

BlackMan 模型　　　　　　$\ln[f/(F-f)] = \ln a + bt$

Floyd 模型　　　　　　　　$\ln[f/(F-f)] + F/(F-f) = \ln a + bt$

Sharif-kabir 模型　　　　　$\ln[f/(F-f)] + \sigma[F/(F-f)] = \ln a + bt$

（2）冈珀茨（Gompertz）曲线　　$f = Fae^{-ae^{-bt}}$

（3）概率分布曲线　常用正态分布拟合。

（4）多项式曲线　一般采用三次以上的曲线拟合。

上述数学模型中，f 为性能指标值，F 为 f 无限逼近的极限值，a、b、t 均为拟合的待定参数。

4.3.2　技术成熟度预测专利分析法

据世界知识产权组织统计，专利覆盖了全球研究成果的 90%～95%，而且其中 80% 并未记载在其他杂志期刊中，专利信息拥有巨大的战略价值。通过研究专利的技术性能可知，每个技术的性能增长都应遵循 S 曲线。

1. Altshuller 模式

（1）基本原理　阿奇舒勒分析了性能、专利数量、专利等级和获利能力四个指标随着产品进化而变化的规律，与 S 曲线一起组成产品技术成熟度预测算子，称为四关系曲线算子，用于产品技术成熟度预测。四个指标随技术进化而变化的曲线形状如图 4-14 所示。只需收集四个指标的数据绘制相应曲线，然后将四条曲线与图 4-14 对应比较，即可确定当前产品的技术成熟度。

（2）专利数量　专利数量分析是要统计与所研究的产品进化相关的所有有效专利的数量，具体步骤如下。

1）定义竞争环境，搜集竞争环境下的相关专利。

2）定义要研究的技术系统，研究对象可以是某一系统中的子系统。要注意的是，产品抽象层次不一致，则涵盖的专利范围也不同。

3）全面掌握研究对象的名称和相关产品。

4）采用关键词检索。

5）筛选不相关的专利。

研究发现专利数量在成熟期的变化趋势有所不同，如图 4-14b 中实线和虚线所示，由于成熟期时间长短的差异，不同产品中两种情况都可能出现。若替代性技术成长期发展缓慢，将会是虚线的情况，反之为实线的情况。在分析时主要以实线为标准曲线

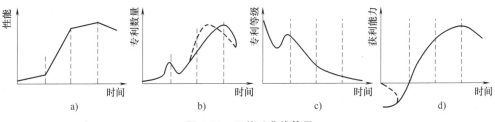

图 4-14　四关系曲线算子

进行参考。

(3) 专利等级　专利等级是对专利进行横、纵向对比而得出的，专利只有通过比较才能进行分级。在分级时，主要参考"对系统的改变"和"基于的知识域"两项指标进行比较。

在对一个产品的所有专利进行分级时，最重要的是确定标志性专利，此类专利作为产品技术进化的关键节点，对系统结构和性能有较大影响。标志性专利具有以下特征。

1) 该类产品首次结合物理的、化学的或几何的效应。
2) 新型功能初次实现。
3) 技术引入使该产品进入新的应用领域或新的细分市场。
4) 该类产品首次采用某种结构或工艺。
5) 引入能够大幅提升产品性能的设计。
6) 对标志性专利进行分级后，其余专利在该专利基础上进行改进，等级依次降低。

(4) 获利能力　技术系统的获利能力可以采用单位时间内产品的销售利润（率）、销售量等指标来衡量。不同种类的产品使用的指标也不一定相同，总之，指标必须符合产品、企业和行业的特点。获利能力的参考是市场中该类产品在一段时间内的平均获利，一般通过行业的相关报道即可得到所需数据，但一些涉密数据的获取困难。

有时受市场波动等因素的影响，由企业或行业的销售量或利润（率）等数据反映的获利能力不一定准确，需考虑货币汇率等的影响，一般把企业获利能力根据一定标准进行折算后再进行对比。

2. Darrell Mann 模式

由于 Altshuller 模式在技术成熟度预测中实现专利分级比较困难，所以 Darrell Mann 主要针对以下两种专利进行研究。

1) 降低成本的专利：专利的使用能削减产品的成本，降低产品的售价，如优化结构、研发成本更低的材料、改进生产工艺等。

2) 弥补缺陷的专利：在原有产品的基础上引入新技术、新方式或改变结构来弥补技术中存在的缺陷，是以技术系统变动不大为原则的一种提高技术性能的专利，如为了键盘能在光线较暗的环境中使用而在键盘下面加装小灯。

在查阅专利时，人们阅读摘要部分的内容即可将该专利进行分类。在成熟期内，两类专利的数量增速很快，在同期专利中占有的比重较大，而过了成熟期中期后增速开始下降，两种特殊专利数量的考察结果如图 4-15 所示。根据该原理，人们可以通过研究产品专利数量的变化趋势，判断出产品成熟期的情况。利用这个结论，Darrell

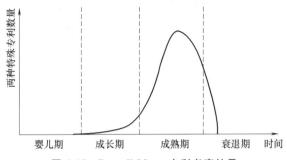

图 4-15 Darrell Mann 专利考察结果

Mann 统计了 20 世纪末制冷压缩机 5 年的专利，专利分布如图 4-16 所示。Darrell Mann 认为除了对系统和子系统改进的专利，其余都是弥补缺陷的专利，从图 4-16 可以看出弥补缺陷的专利在同期专利中比例很高，因此可以预测制冷压缩机技术处于后两个阶段，而替代性技术还没有进入成长期，所以制冷压缩机技术现阶段依然处于成熟期。

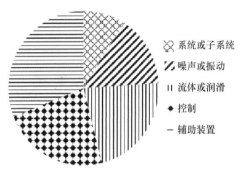

图 4-16 制冷压缩机专利分布

3. TMMS 模式

将 Altshuller 和 Darrell Mann 的研究结果进行整理结合后，形成了以专利数量、专利等级和弥补缺陷的专利数量为指标的产品技术成熟度预测模型（TMMS 模型），如图 4-17 所示。根据前文所述的专利统计和分析方法，绘制出三个指标的变化曲线，并与三个指标组成的专利特性曲线相比较，通过分析即能预测产品的技术成熟度。

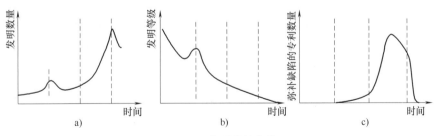

图 4-17 专利特性曲线

应用 TMMS 模型进行产品技术成熟度预测的步骤如下。

1）检索专利数据：根据产品关键词进行检索。

2）筛选专利数据：挑选出相关的专利。

3）专利分级和分类：将专利按照五级进行分级，筛选出弥补缺陷的专利。

4）专利汇总统计：对专利数据逐年或按规律周期进行汇总，统计出专利数量、专利平均等级、弥补缺陷的专利数量的时间线，并统计近五年弥补缺陷的专利在同期所有专利中所占的比重。

5）生成曲线图：对统计数据生成的时间序列采用移动平均法进行平滑。根据曲线形状选择一次、二次、三次曲线拟合，或者分段采用二次曲线进行拟合，也可分别采用四种方法进行拟合，按照残差平方和最小原则进行选择。

6）技术成熟度预测：根据各曲线形状（斜率）判断产品的技术成熟度。

7）预测结论评价：按照性能历史数据和获利能力数据生成拟合曲线，与技术成熟度预测结论对照，分析技术成熟度预测结论的可信度。

4.4 技术系统进化定律的内涵

在技术系统进化的过程中，实现技术系统功能的各要素从低级到高级、从低效到高效，系统功能从单一到集成不断演化，设计者对某个或某些子系统的改进和完善都会提高整个系统的性能；同时，也会降低价格，提高性价比。

如 4.1.1 小节所述，阿奇舒勒提出了八条技术系统进化定律，每条定律表现出不同的进化路线和模式，下面分别展开介绍。

4.4.1 完备性定律

完备性定律是指一个完整的技术系统正常工作时需要包含四个功能模块，即执行、传动、能源和控制四部分。技术系统进化时并不是一次性获得所有功能模块，而是在一次次进化中逐步获得四部分，并与技术系统结合在一起，如图 4-18 所示。

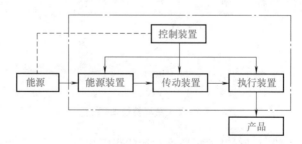

图 4-18　技术系统结构示意图

关于完备性定律，需要注意如下要点。

1）系统中四个要素缺少任何一个，或者任何一个不完备，那使其完备化就是系统进化的方向，也是产品需要改进的地方。

2）新的技术系统一般还不具有独立实现主要功能的能力，需借助超系统给予的资源，也需要依赖人的参与；随着系统的逐步完善，人的参与逐渐减少，系统的工作效率逐步提高。

3）技术系统完备性定律能帮助设计师判断技术系统的完整性，推动系统从不完备的状态向完备状态发展。

例如，汽车的正常使用需要车身、底盘、电控系统及发动机（能源系统）四部分组成，组合实现汽车的基本功能，如图 4-19 所示。

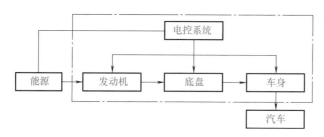

图 4-19　汽车作为技术系统的完备性定律示意图

4.4.2　能量传递定律

每个技术系统都有一个适合工作的能量传递系统，即能量通过该系统从能源装置经传动装置传递到执行装置。能量传递定律是指技术系统进化方向是使能量传递到执行装置的过程中损耗趋于减少，传递路径趋于缩短，能量转化的形式趋于减少。

火车是从蒸汽机车到内燃机车，再到电力机车的发展过程，火车的能量转换路径在不断缩短。最初的火车是蒸汽机车（图 4-20a），能量传递路径是化学能→热能→压力能→机械能，能量利用效率约为 5%～15%；之后发展出了内燃机车（图 4-20b），能量传递路径是化学能→压力能→机械能，能量利用效率约为 30%～50%；现在国内大量运行的是电力机车（图 4-20c），能量传递路径是电能→机械能，能量利用效率约为 65%～80%。

a)

b)

c)

图 4-20　火车的发展过程

可通过以下三种方式提高能量传递效率。

1）完善能量传递路径，减少能量在传递时的损耗。

2）减少能量形式的转换，以一种能量在技术系统中传递，减少在转换过程中的损耗。

3）尽可能转换成可控性好的能量形式。

4.4.3 协调性定律

协调性定律是指技术系统在各子系统、技术系统或超系统之间向更协调的方向进化的定律，技术系统通过与超系统、主要功能的对象及子系统之间相协调来提高系统性能。

整个技术系统的功能主要由系统向各子系统之间更协调的方向进化而发挥出来的。子系统间的协调性主要表现在：结构上的协调、各性能参数之间的协调及工作节奏或频率上的协调。

例如，网球拍（图4-21）的设计就须使球拍质量与人的挥拍力量相协调，轻的球拍更灵活，但重的球拍能产生更大的挥拍力量，因此需要平衡两个参数的数值，将球拍整体质量降低，提高灵活性，同时增加球拍头部的质量，保证挥拍力量。

再例如，用混凝土浇筑路面时就要做到工作节奏的协调，建筑工人施工时，总是边灌混凝土，边用振荡器振荡，以一种协调的节奏灌混凝土和振荡振荡器，则能使混凝土在振荡的作用下更加紧密、结实，如图4-22所示。

图4-21 符合协调性定律的网球拍

图4-22 混凝土浇筑路面

4.4.4 提高理想度定律

提高理想度定律是指技术系统在进化时，理想度等于所有有益功能之和除以所有成本和所有有害功能之和，即

$$理想度 = \frac{\Sigma 有益功能}{\Sigma 成本 + \Sigma 有害功能} \tag{4-1}$$

技术系统理想状态涉及以下内容。

1）系统主要是为了实现功能。在 TRIZ 中，系统某种功能的实现不一定要加装新的装置或设备，只需要优化和调整方案实现所需功能。

2）每个系统都会进化式地发展，朝着更可靠、更简单有效的方向发展。虽然理想状态是不能实现的，但当系统趋近于理想状态时，结构应足够简单，成本应足够低廉，工作效率也应足够高。

3）提高理想度意味着系统或子系统中现有资源利用应最优化。

提高理想度可以从以下进化路线进行考虑：①简化子系统；②简化操作；③简化组件；④提高系统有益参数数值；⑤降低系统有害参数数值；⑥提高有益参数数值同时降低有害参数数值。

例如，以一定的工艺将电路中所需的晶体管、二极管、电阻、电容和电感等通过布线连接，在半导体晶片或介质基片上进行封装，形成具有所需电路功能的微型结构，即集成电路，如图 4-23 所示。整个电路体积小，引出线和焊接点的数目少，电子组件向着微小型化、低功耗和高可靠性方面进步，集成化的设计使计算机从台式计算机（图 4-24a）向笔记本式计算机（图 4-24b）演变，体积逐渐缩小。

图 4-23 集成电路

a)　　　　　　　　　　　b)

图 4-24 计算机的集成化

4.4.5 子系统不均衡进化定律

技术系统由多个子系统组合构成,每个子系统均能实现自身的功能。技术系统在进化时,各子系统以不同的进度根据各自的 S 曲线进化,并且各子系统进化的优先级存在差异,进化速度也不一致,因而子系统间的进化不均衡。进化最快的子系统会抑制整个技术系统的进化,所以整个系统的进化水平取决于进化最快的子系统。复杂的系统由于子系统繁多,系统内部发展更需要均衡。子系统不均衡进化定律曲线如图 4-25 所示,其中,用子系统对一个系统进行改进,系统将会沿着一种趋势进化,如果只看子系统 1 引起的变化,则可以用子系统 1′ 曲线进行研究分析。

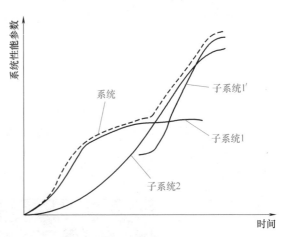

图 4-25 子系统不均衡进化定律曲线

运用子系统不均衡进化定律能找出技术系统中理想度较低的子系统,然后通过改进理想度不高的子系统,或者用理想度较高的子系统进行替代,进而以低成本提高系统性能。

例如,战斗机的进化就是改善发动机、空气动力学外形、机身材料子系统间发展不均衡性的过程。在第一次世界大战期间,发动机功率不够,所以需要靠翼面积补充升力,因此早期战斗机曾从双翼发展到三翼,多用布蒙皮,随着发动机功率逐渐增大,多翼飞机阻力大的缺点也逐渐暴露,两次世界大战之间的战斗机采用了功率更高的发动机,开始向单翼机发展,并且采用了更坚固的金属材料做蒙皮。第二次世界大战初期,大批双翼飞机还在服役,但人们发现 700km/h 的速度已经是传统活塞式发动机所能达到的极限,在这一背景下,喷气式发动机的诞生促进了战斗机的快速发展。第二次世界大战后美苏冷战推动战斗机大发展,进入喷气时代后开始以世代划分,有美国传统"四代法"和俄罗斯"五代法",每一代的进化都是发动机、空气动力学外形、机身材料子系统提高协调性的进化过程。战斗机发展过程简图如图 4-26 所示。

图 4-26 战斗机发展过程简图

4.4.6 向超系统进化定律

向超系统进化定律是指技术系统向集成度增加的方向进化，再进行简化。例如，在电器功能设计时，设计师可以先增加集成系统的功能数量和质量，然后用更简单的系统提供相同或更优的性能替代原有系统。

例如，战斗机为了保证机动性和安全性，不易携带过多燃油，但在一些任务中不得不进行长距离飞行，所以需要中途进行燃油补给。早期战斗机只能携带副油箱以进行燃油补给，因此副油箱为飞机的子系统。目前，飞行途中加油可以采用空中加油机加油，如图 4-27 所示。空中加油机的使用替代了副油箱，此时副油箱被划分到一个超系统内。

图 4-27 飞机空中加油

向超系统进化定律包含如下三种进化路线。

（1）系统参数差异性增加进化路线　本路线的技术进化阶段：相同系统合并→同类差异系统合并→同类竞争系统合并。其中，相同系统和原技术系统有相同的参数；差异系统至少有一个参数与原技术系统不同；竞争系统是不同于原技术系统但具备类似功能的系统。

（2）系统功能差异性增加进化路线　本路线的技术进化阶段：竞争系统→关联系统→不同系统→相反系统。其中，竞争系统和原系统具备相同的主要功能。关联系统和原系统具备不同的主要功能和相同的特征。两系统具备相同的特征是指两系统有同一个作用对象、两系统的操作过程一致、两系统应用于相同的环境中。不同系统和原系统的主要功能和特征不同，相反系统与原系统的主要功能是相反的。

（3）集成深度增加进化路线　本路线的技术进化阶段：无连接→有连接→局部简化→完全简化。

4.4.7 向微观级进化定律

向微观级进化定律是指在技术系统进化过程中，系统开始应用更高级别的物质和场，以获得更高的性能或控制性。一般主要通过系统微观化、增加离散度、转化到高效的场、提高场效率等方式实现。

例如，音乐播放设备的进化是向小体积、轻质量的方向发展的过程，其进化路径为：录音机→随身听→便携 CD 机→MP3，如图 4-28 所示。

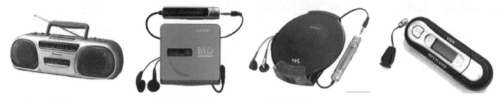

图 4-28　音乐播放设备的进化

向微观级进化定律包含如下进化路线。

1）系统分割。常见分割路线包括物质或物体的分割、空间分割和表面分割。

物质或物体的分割：宏观系统→任意组件形成的多系统→高度分散的元素组成的多系统→气泡、溶剂等次分子系统→起化学作用的分子系统→原子系统→含有场的系统。

空间分割：实心物体→物体内部引入空洞→将空洞分割成几个小空洞→制成多孔结构→制成活性的孔隙。

表面分割：平坦表面→表面上有许多突起→形成粗糙表面→活性的表面。

2）向高效能场转化的技术路线：运用机械作用→运用热作用→运用分子作用→运用化学作用→运用电作用→运用磁作用→运用电磁作用和辐射。

3）提高场效应的进化路线：运用直接场→运用反向场→运用反向场的结合体→运用交互场（如振动、共振和驻波等）→运用脉冲场→运用倾斜场（带梯度的场）→运用不同场的组合作用。

4.4.8　提高动态特性定律

动态性是指一个系统能够以不止一种状态与外界发生作用。一个新的技术系统一般只能解决对应的技术问题，并且需要在特定的环境下进行。随着技术系统应用范围的扩大，系统运行状态需要具备随环境和超系统的变化而变化的能力，即系统需要具有动态性。

技术系统的进化应该朝着增加结构柔性、可移动性和可控性的方向发展，以适应环境状态或执行方式的变化，满足人类对产品的需求。该定律主要包括三条子定律：①提高柔性子定律；②提高可移动性子定律；③提高可控性子定律。

（1）提高柔性子定律　从刚性系统到场连接系统，系统柔性（状态可变性）提高。例如，房门设计提高柔性的进化过程如图 4-29 所示。

图 4-29　符合提高柔性子定律的房门设计过程

（2）提高可移动性子定律　该定律的技术进化过程是：固定系统→可移动的系统→随意移动的系统。例如，座椅的进化就比较符合该定律，如图4-30所示。

图4-30　座椅的进化

（3）提高可控性子定律　提高可控性的技术路线是：无控制的系统→直接控制→间接控制→反馈控制→自我调节控制的系统。例如，路灯的功能升级从单一照明（图4-31a）到双侧照明（图4-31b），再到分区照明（图4-31c），最后发展到全域照明（图4-31d）。

a)　　　　　　　　b)　　　　　　　　c)　　　　　　　　d)

图4-31　路灯的进化

关于提高动态特性定律，需要注意以下要点。

1）在对产品进行改进设计的过程中，提高系统的动态性就是以更大的柔性、可移动性和可控性来实现所需的功能。

2）提高动态特性定律被广泛应用在生活中。

4.5　技术系统进化定律的应用

八条技术系统进化定律导致产品不同的进化路线。完备性定律是一个通式，一个系统从其初始状态开始按提高理想度定律进化，当产品达到一定的水平后将按其他六种定律进化。每种定律都存在多条进化路线，研究产品进化路线对指导产品创新具有重要的意义。

利用技术系统进化定律进行产品设计可以有如下步骤。

1）分析具体技术系统的现状提出问题。

2）搜集市场同类系统的下列四方面数据并绘制曲线：①本类系统历年获得有关专利的数量；②本类系统历年获得的有关专利中，各专利所处技术发明创新等级；③本类系统产品历年市场的销售情况和利润情况；④本类系统历年性能指标进步的情况。

3）根据上述资料，分析得出本系统在技术进化 S 曲线中的所处阶段，是处于婴儿期、成长期、成熟期和衰退期的哪一个时期，评判是否有进化的必要。

4）根据八条技术系统进化定律，考虑实现系统进化的途径。选定阶段性的理想度目标，识别系统中相关的关键技术以做创新改进。

5）对解决方案和解决效果进行评估，把技术创新转化为产品创新，确定后期发展方向。

4.5.1 技术系统进化定律与 S 曲线关系

如 4.3.2 小节所述，一个系统或产品各阶段的性能、专利数量、专利等级和获利能力都有自己的特征，通过分析一个阶段内系统或产品的相关专利数量和专利等级、市场利润基本变化规律和产品性能的情况，结合相应参数的变化趋势，确定系统或产品所处的生命周期阶段，为系统或产品的开发指明方向。系统或产品处于不同阶段，需要的技术、资金和环境等不尽相同，因此选择技术系统进化定律也有考究。不论一个系统或产品处于哪个阶段，都希望它是完美的，因此提高理想度定律贯穿整个周期，如图 4-32 所示。

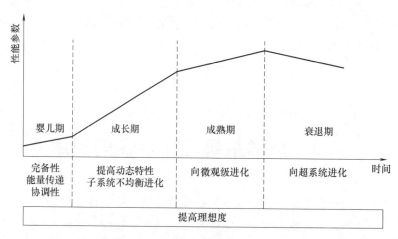

图 4-32 技术系统进化定律与 S 曲线关系

当产品处于婴儿期时，企业需分析自身拥有的实力和产品具有的发展潜力如何。由于婴儿期一般以投入为主，获得的收益很少，且产品能否适应市场也存在风险，合理选择产品的未来发展方向至关重要。企业要考虑如何应对风险，以及是否能够为等待产品成长而放弃其他机遇。在该阶段，企业应在一定时间内全方位考虑经济风险和机会成本，不应中途放弃。在婴儿期经常采用完备性定律、能量传递定律和协调性定律。

当产品进入成长期后，产品的发展逐渐明朗。发展过程中逐渐有竞争者出现，此时企业应加大资金投入，尽可能对产品开发提供更多的技术支持、法律支持、客户支持，及时推动产品进入成熟期，与竞争对手拉开差距，获取更多市场利润。现代企业在专利上的竞争一般出现在成长期，企业需要及时抢占先机，在技术领域和市场上占据一席之地，从而提高人均门槛，即使有新的企业进入也只能尾随其后。在这方面，我国很多领域的企业都吃过很多亏，例如，在芯片领域，外国企业已经形成了专利池，我国企业想去占有一席之地时已经没有太多机会，使用他们的产品还要支付较高的专利使用费用。在成长期经常用到技术系统进化定律是提高动态特性定律和子系统不均衡进化定律。

当产品进入成熟期后，产品的边际收益下降，企业一般会依靠扩大规模来获得更高的收入，一些企业将该产品的市场垄断，新的企业只能寻找其他方式进入市场。随着技术开发到了瓶颈，产品不断更新升级推向市场。在这种情况下，企业应注意研究产品的核心替代技术，将竞争的眼光看向未来。在成熟期经常用到的技术系统进化定律是向微观级进化定律。

产品进入衰退期后，会被新产品以惊人的速度超越，逐渐被替代，并且该类产品只会损耗企业利润，应及时淘汰。只有对当前产品的关键技术进行改进和创新，才能让产品进入新一轮的 S 曲线，才能有盈利的机会，应合理利用 TRIZ 工具实现这种改进和创新。在衰退期经常用到的技术系统进化定律是向超系统进化定律。

4.5.2 系统进化多维 S 曲线的应用

多维 S 曲线图复杂，不易通过平面的方式进行记录和展现，但它的发展方向是有规律的。技术系统的进化都经过了多轮 S 曲线的发展，并且不同阶段的 S 曲线有所不同，但发展趋势差别不大。每一段 S 曲线中的主要思想和方法都会为新一轮 S 曲线做铺垫。多维 S 曲线的具体应用如下。

1. 企业战略的选择

无论是二维 S 曲线还是多维 S 曲线，其主要作用都是体现技术或产品完整的发展周期，为企业战略制订与决策给予帮助。在选择不同生命周期产品的发展方向时，企业应多方面分析自身情况并考虑长远的战略。其中，多维 S 曲线对企业决策战略有很高的参考性。例如，企业可以分别绘制产品的性能-时间 S 曲线和销量-时间 S 曲线，分析产品性能和销售情况的关系，有利于掌握市场的发展趋势，使研发的节奏与消费者的需求相协调。

2. 技术方向的选择

企业选择技术方向的最优方法是分析多维 S 曲线。通过分析 S 曲线族的走势和市场消费者的反馈，可以找出该技术的核心发展路线，也可以发现消费者一段时期内认可的技术方向。核心发展路线是一个企业在业界能否良好发展的关键，需在该方面投入更多。如果企业想在中短期内成为行业翘楚，可以重点开发让消费者反应良好的关键技术。虽然这条路线能维持的时间并不久，但能为企业在短期内获得资金和一定的客户群，也是企业实现持续发展的必经之路。

企业前期资金紧张，技术投入少，只能通过转卖技术含量低的产品获取资金收入。通过一段时间的积累，企业通过消费者的反馈向着好的产品方向发展，并根据 S 曲线引进成熟的关键技术来优化产品。当企业有足够的实力时，就会在行业中找准技术发展的核心发展路线和方向。凭借原创的核心技术或关键技术，打造企业品牌形象，在行业拥有一定影响力。随着技术进步，技术投资方向越发明确，资源倾向性也更强。

在企业发展的每个阶段，可以根据企业的不同战略，在多维 S 曲线上选择不同的技术发展方向。

3. 专利的布局

有技术底蕴的企业可以通过分析 S 曲线的走势来预测技术的发展方向和核心技术能扩展的领域。这样既可以找准发力点，又可以为拓展领域的研究提供帮助。最主要的是能在产品核心领域和外延领域都对产品技术给予有力的保护，如申请专利保护。当产品在市场占据一席之地后，后来的竞争企业的研发成本会更高。凭借专利保护，企业能长时间占有技术先进地位，并获得可观的经济收入。

4. 消费者习惯的培养

在消费者行为的研究中，研究人员发现，人们接受新产品存在滞后性。所以，企业需要大致掌握这个滞后的时间差，实现经济效益的最大化。企业可以根据 S 曲线预测技术的发展方向，结合企业发展战略，规划未来应推出的新产品，并且在产品开发前期向消费者透露一定的信息，引导消费者的思想观念和消费习惯，不断改进，从而达到产品一进入市场就受到消费者喜爱的程度。

思考题

【选择题】

1. 技术系统 S 曲线婴儿期的特点是（　　）。

　　A. 价值和潜力显现，大量人、物、财力投入，效率和性能得到提高，吸引更多的投资，系统高速发展

　　B. 效率低，可靠性差，缺乏人、物力的投入，系统发展缓慢

　　C. 系统日趋完善，性能水平达到最佳，利润最大并有下降趋势，研究成果水平较低

　　D. 技术达极限，很难有新突破，将被其他技术系统所替代，新的曲线开始

2. 技术系统 S 曲线衰退期的特点是（　　）。

　　A. 效率低，可靠性差，缺乏人、物力的投入，系统发展缓慢

　　B. 价值和潜力显现，大量人、物、财力投入，效率和性能得到提高，吸引更多的投资，系统高速发展

　　C. 系统日趋完善，性能水平达到最佳，利润最大并有下降趋势，研究成果水平较低

　　D. 技术达极限，很难有新突破，将被其他技术系统所替代，新的曲线开始

3. 给车加天线，使收音机、手机能够在车中接收信号，属于对（　　）的应用。

　　A. 完备性定律　　　　　　　B. 能量传递定律

　　C. 协调性定律　　　　　　　D. 提高理性度定律

4. 下列描述中的哪一条属于通过分析 S 曲线能够得到的结果？（　　）

　　A. 评估系统现有技术的成熟度，确定系统发展的阶段，指出研发方向

　　B. 指导创造者在产品各个阶段的决策制订

　　C. 帮助企业决策者做出正确的研发与引进决策

　　D. 以上皆是

5. 2009 年 11 月 10 日的扬子晚报发表了一篇题为《"多能"照明产品在常州问世》，文中提到常州某企业发明了一种能根据自然光线的强弱自动调节光照亮度的节能路灯，此路灯的进化路线属于（　　）。

　　A. 技术系统协调性定律　　　B. 技术系统提高动态特性定律

　　C. 技术系统向微观级进化定律　D. 技术系统完备性定律

6. 空中加油机是（　　）定律的应用。

　　A. 提高柔性　　　　　　　　B. 向超系统进化

　　C. 协调性　　　　　　　　　D. 提高理性度

【填空题】

7. 技术系统中原来存在的各种问题逐步得到解决，效率和产品的可靠性得到较大程度的提升，其价值开始获得社会的广泛认可，市场潜力也开始显现，从而吸引了大量的人力、财力，大量资金的投入使技术系统高速发展。此时系统的发展处于技术系统 S 曲线的_____期。

8. TRIZ 将发明创新划分为_____个等级。

9. 技术系统完备性定律指出系统必须具备_____、_____、_____和_____四部分。

10. S 曲线的四个阶段是_____、_____、_____和_____。

【分析题】

11. 简述系统的概念。

12. 简述技术系统进化理论的含义。

13. 简述技术系统进化定律的内容。

14. 简述什么是 S 曲线。在 S 曲线中有哪几个阶段？每个阶段有何特征？

15. 简述产品技术成熟度的意义。

16. 简述专利等级与技术进化过程的关系。

17. 简述专利数量和获利能力与技术进化过程的关系。

18. 应用本章所学知识，对 MP3 的技术进行成熟度预测。

19. 简述对子系统不均衡进化定律的理解。

思政拓展：

扫描下方二维码了解大跨径拱桥技术，体会其中蕴含的创新精神。

科普之窗
中国创造：大跨径拱桥技术

第5章　系统的功能分析

一般来说，问题的分析比问题的解决更复杂、更重要。本章将介绍 TRIZ 中一个分析问题的重要工具——功能分析。此外，后续将陆续介绍的因果链分析、裁剪、功能导向搜索等 TRIZ 工具都是以功能分析为基础，其重要程度可见一斑。

5.1 功能分析概述

5.1.1 功能概述

1. 功能的定义

19 世纪 40 年代，美国通用电气公司的工程师迈尔斯首先提出功能（Function）的概念，将其作为价值工程研究的核心问题。他将功能定义为"起作用的特性"，顾客买的不是产品本身，而是产品的功能。自此"功能"成为设计理论与方法中最重要的概念之一，功能分析（Functional Analysis）也起源于此。系统若不能满足客户对功能的需求就会失去价值，功能是对产品具体功用的抽象化描述，产品的研发需以功能为根本。

概念设计阶段主要以实现所需功能为思路，其关键步骤是将用户需求抽象为功能需求。一个系统的总体功能通常用黑箱模型表达，如图 5-1 所示，输入、输出为能量流、物料流和信息流，即产品的功能是对能量、物料和信息的转换。一般用"动词+名词"的形式描述一个功能，如捶打面粉、提拉水桶等。动词为主动动词，表示产品所完成的一个操作，名词代表被操作的对象，是可测量的。

功能在 TRIZ 中的定义是某一个组件或子系统（功能载体）改变或保持

图 5-1　黑箱模型

另外一个组件或子系统（功能对象）的某个参数的行为。例如，牙刷的刷毛 X 对牙齿上黏附的牙垢 Z 施加力的作用，使得牙垢从牙齿表面剥离，则牙垢的位置参数 Y 发生变化，对应的图解如图 5-2 所示。

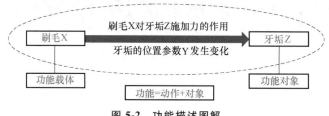

图 5-2　功能描述图解

结合图 5-2 可知，功能定义的三要素之间有如下关系。

1）功能载体 X 和功能对象 Z 都是组件或子系统。

2）功能载体 X 与功能对象 Z 之间必须要相互接触。

3）相互作用产生的结果是功能对象 Z 的参数 Y 发生变化或保持不变。

功能是产品设计的依据，功能的描述应满足以下要求。

（1）简洁准确　功能的描述必须做到简洁明了，能准确地反映功能的本质，与其他的功能明显地区别开。对动词部分要求概括明确，对名词部分要求便于测定。例如，汽车减速器的功能描述是"降低转速"，变压器的功能描述是"转换电压"。

（2）定量化　定量化是指尽量使用可测定数量的语言来描述功能。定量化是为了描述功能实现的水平或程度。

（3）抽象化　功能的抽象描述应有利于打开设计人员的设计思路，有助于激发设计人员提出实现功能的创新方法。描述越抽象，越能激发设计者的创造性思维，探索能实现功能的不同办法。例如，设计夹具的时候，有很多种夹紧方式可以选择，如果将功能描述为"机械夹紧"，则会使人想到螺旋夹紧、偏心夹紧等方法，如果将功能抽象一点描述为"压力夹紧"，则会使人想到气动、液动、电动等许多方式，设计方案会更加丰富。

（4）考虑约束条件　要了解可靠实现功能所需要的条件，包括：功能的承担对象是什么、为什么要实现、由什么要素实现、在什么时间实现、在什么位置实现、如何实现、实现程度如何，虽然在描述功能时这些条件都已省略，但绝对不能忘记这些条件。

2. 功能的分类

（1）按照系统功能的主次分类

1）主要功能：是对象建立的目的，即设计对象就是为实现这一功能而创建的，如洗衣机的洗衣与烘干功能。

2) 附加功能：是赋予对象的新的应用功能，一般与主要功能无关，如自行车上加装车筐、手机上安装保护外壳等。

3) 潜在功能：技术系统并不总按照指定用途使用，也有可能发挥潜在功能，如用梯子当作过河的桥梁等。

产品主要功能的正常实现是客户对产品的最低要求。附加功能有锦上添花的效果，但其完成度不必太高，客户对附加功能的满意度对产品影响不大。当附加功能实现程度达到市场中同功能产品的性能时，附加功能会转变为主要功能。

（2）按照子系统功能与系统主要功能的关系分类

1) 基本功能：与对象的主要功能实现直接有关的子系统的功能，是系统执行部分的功能。

2) 辅助功能：有利于实现基本功能的功能，即服务于其他子系统的功能。

（3）按照产品与用户的交互关系分类

1) 实用功能：客户动手操作或使用产品后实现的功能，一般与物质、能量、信息的转换相关。

2) 外观功能：也称为美学功能，是指产品的外形、颜色、材质、美化等方面的直观的标识、提示和装饰等功能，会引起人对产品的直接的心理和感官体验，如高速公路上的指示标志的功能。

3) 象征功能：比外观功能更抽象的功能，是产品在使用情境下的象征意义，如莲花象征着廉洁、月亮象征着思念等。

（4）按照子系统在系统中起作用的好坏　功能的分类依据主要是性能。但根据子系统在系统中起作用的好坏，还可以将功能分为有用功能和有害功能（子系统在系统中的功能好坏是主观的）。

若功能是我们期望的，即为有用功能；若功能不是我们期望的，即为有害功能。例如，考虑头盔的功能，若我们的研究的技术系统是人戴着头盔，即出发点是戴头盔的人，则头盔挡子弹的功能是有用的，头盔保护人是我们所期望的；如果我们研究的技术系统是人开枪射击头盔，即出发点是开枪的人，则头盔挡子弹的功能就是有害的，即提高子弹的杀伤力是我们所期望的。因此，头盔挡子弹是一个客观的功能，由于所站的角度不同，它可能是有用功能，也有可能是有害功能，在判断时需要根据项目的目标具体分析。

有用功能根据它的性能水平，又可以有以下分类：如果一个有用功能所达到的水平与我们的期望水平相符，则称该功能是正常的功能；如果一个功能所达到的水平低于我们的期望水平，则称该功能是不足的功能；而如果一个功能所达到的水平高于我们的期望水平，则称该功能是过量的功能。例如，考虑空调的制冷功能，人在 20~25℃ 的环境中比较适宜；当室外温度达到 35℃ 以上，如果空调制冷后的室内温度达到舒适体感温度区间，则空调制冷空气这个功能是正常的功能；如果空调制冷后的室内温度只能达到 32℃，虽然与我们的期望大方向一致，但没有达到所期望的水平，所以我们说空调制冷的功能是不足的功能；而如果空调制冷后的室内温度达到了 20℃ 以下，超出了我们的期望，则这个功能就是过量的功能。

功能的分类如图 5-3 所示。

需要注意的是，除了正常的功能之外的其他类型的功能，都属于在功能分析中所得到的功能缺陷，需要利用其他工具（如因果链分析、裁剪等）做深入研究，有可能被选为关键问题运用 TRIZ 中解决问题的工具去解决。

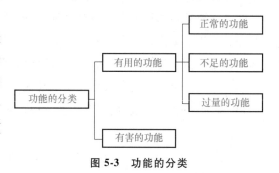

图 5-3　功能的分类

3. 功能存在的条件

功能存在须具备如下三个条件。

1) 功能载体和功能对象都是组件或子系统，即物质或场。
2) 功能载体与功能对象之间必须相互接触。
3) 功能对象至少有一个参数会被在该相互作用的作用下改变或保持不变。

由如上三个条件可得，两个组件或子系统接触了并不一定有功能，因为功能更强调结果，即有参数的改变或在相互作用下保持不变。

4. 目标

目标是与主要功能密切相关的一个概念，是指主要功能的作用对象，如图 5-4 所示。例如，车移动人是车的主要功能，功能对象（人）就是车的目标。由于目标并不是技术系统的一部分，因此，目标属于超系统组件。

图 5-4　目标是主要功能的作用对象

找到目标的步骤如下。

1) 明确技术系统的主要功能，也就是它的设计目的是什么。
2) 判断技术系统主要功能的对象是否为超系统组件。
3) 判断技术系统主要功能的对象的某个参数是否被这个主要功能改变了或者在相互作用下保持不变。

5.1.2 功能分解

1. 功能分解的含义

利用功能分解可以将复杂的设计问题进行简化，功能分解和设计通常是以能量流、物料流和信号流为基础进行，将系统总功能表现为能量、物料、信息转换的输入和输出之间关系的总功能示意图如图5-5所示。

图 5-5　技术系统功能分解的总功能图

功能分解一般先确定系统的总功能，将总功能分解为复杂程度较低的分功能，再将分功能分为低一级的子功能，直到分解至功能元为止，进而得到功能分解如图5-6所示。产品的总功能是指待设计产品或系统总的输入输出关系。分功能是总功能的一部分，它与总功能之间的关系是由约束或输入与输出之间的关系来控制的。功能元是已有零部件过程的抽象。

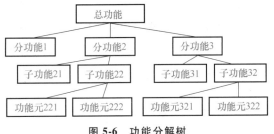

图 5-6　功能分解树

例如，智能洗衣机的总功能为清洗衣物，则分功能1、2、3分别为清洗、脱水、消毒；若以脱水为分功能分析，则脱水可分为甩干和烘干两种，即对应子功能21和子功能22；若以烘干为子功能22分析，则又可分为高温烘干和低温烘干两种，即对应功能元221和222。

2. 功能结构的含义

将产品的总功能分解成若干功能元后，将系统的各个功能元按照能量流、物料流和信号流关系连接，以构成并清晰表达出系统总功能的示意图就是功能结构图，如图5-7所示。

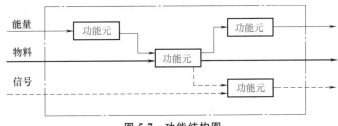

图 5-7　功能结构图

3. 功能结构的重要性

功能结构是产品设计内容、设计意图的最直接表达,在产品设计和分析中具有重要作用。其重要性主要体现在以下几个方面。

1) 功能结构将设计问题模块化、结构化,使得设计问题转变为一系列容易求解的子问题。

2) 功能结构将设计信息在功能层面上进行抽象描述,从而使产品的概念设计活动更专注于满足功能需求,可以实现对产品更本质地分析和评价。

3) 功能结构将一个总功能逐步地细化、具体化,从而建立各个功能元之间的关系。

4) 功能结构为后续的分析推理提供依据,后续可进行行为仿真、设计评价、决策、修改等。

5) 功能结构作为下游设计活动的重要参考模型,为面向功能的产品设计过程打下了基础。

6) 实现同一总功能的功能结构可能有多种,对总功能分解的方式和深度不同、功能元间连接形式和顺序不同等均会导致不同的功能结构,通过改变功能结构,往往可以实现产品设计过程的创新和设计方案的优化。

4. 功能结构的建立过程

功能结构的建立过程就是先进行功能分解,再对功能元基于能量流、物料流和信息流建立模型。功能分解和基于功能元的重建能使人们对产品形成清晰的认识,本质也是一个逻辑推理的过程。功能分解具有如下四个特征。

1) 功能结构是客观存在的,功能分解就是寻找和确定已存在的子功能和功能元。

2) 功能总是以产品的存在为前提,没有功能对象,功能也就没有意义。

3) 下层功能的组合实现上层功能需求,上、下层功能间有因果关系,上层功能限定了分解方向。

4) 一个功能的子功能、功能元间有因果关系或逻辑关系,决定了分解方式。

下面以一个实例讲解功能结构的建立过程。

【例 5-1】 用 P&B 理论的功能结构建立方法建立拉伸试验装置的功能结构。

实例背景:在系统化设计方法中,德国的 Pahl 及 Beitz 的设计理论是一种被世界所接受的理论,P&B 理论基于功能分析给出了建立功能结构的过程和方法,其主要包括以下几个步骤。

1) 通过分析顾客需求,抽象待设计产品的总功能,即待设计产品或系统总的输入输出关系,输入输出关系由能量流、物料流、信号流组成。

图 5-8 所示为表示该装置总功能的示意图，方框中的"拉伸试件"是对总功能的一种描述，"拉伸"是要进行的操作或处理，"试件"是操作或处理的对象。描述总功能输入

图 5-8 拉伸试验装置总功能示意图

的能量、物料、信号分别是克服负载的能量 $E_{负载}$、试件及控制信号 $S_{控制}$，描述总功能输出的能量、物料及信号分别是试件的变形能 $E_{变形}$、已变形的试件记为试件$_{变形}$、检测到的试件受力 $S_力$ 及试件变形量 $S_{变形}$。

2）按照用户需求，将产品总功能分解为伴有能量流、物料流和信号流，且容易实现的分功能集合。

图 5-8 所示的总功能过于抽象，很难实现，需将其进一步分解为较容易实现的分功能。图 5-9 所示为将总功能分解为四个分功能的模型。

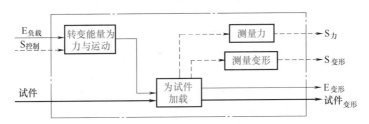

图 5-9 拉伸试验装置的分功能功能结构

3）将分功能继续分解为功能元，由功能元组成的模型即为所求功能结构。

图 5-10 是将图 5-9 中的分功能继续分解为功能元后的模型，即所求功能结构。图 5-10 所示的功能结构中有八个功能元，每个功能元与已有部件或子系统对应，较容易实现。

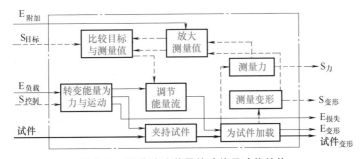

图 5-10 拉伸试验装置的功能元功能结构

图 5-8～图 5-10 所示功能分解和建立功能结构的过程即为确定能够求解的功能元的过程，这个过程能否顺利完成主要取决于设计人员的知识和经验。对"动词+名词"的功能描述方式中的"动词"和"名词"选择的贴切程度依赖于设计者自身水平，这种描述方式的优点是更具体，缺点是抽象程度不够会约束思考的方向。为了统一化功

能的描述用词，便于建立通用的知识库，出现了以功能基描述功能的方式。

5.1.3 功能价值分析

功能价值分析是根据功能载体和功能对象属于系统还是超系统对组件功能进行分类而判断功能等级，结合功能对应的成本得出功能-成本图，使设计者能更清晰地对不同组件所需的策略进行决定，这些策略有助于提高组件的价值。

1. 功能价值概述

功能价值是指功能等级系数与实现功能所发生成本之比，一般用价值公式计算，即

$$V = F/C$$

式中，V 为功能价值系数；F 为功能等级系数；C 为成本系数。

根据功能对象在系统中所处的位置不同，有用功能可按照"离系统目标越近，则功能等级越高"的原则进行分类，分为基本功能、辅助功能和附加功能，见表5-1。

1）基本功能：基本功能（Basic Function）是直接作用在系统目标上的功能，记为 B，功能价值最高，功能等级系数为 3。基本功能是系统存在的主要理由，体现该系统能做什么。

2）辅助功能：辅助功能（Auxiliary Function）的功能对象是系统组件，记为 Ax，功能等级系数为 1。辅助功能在系统中的作用是支撑基本功能。

3）附加功能：附加功能（Additional Function）的功能对象是超系统组件，记为 Ad，功能等级系数为 2。附加功能体现系统还能做什么。

表 5-1 功能等级

功能等级	功能载体	功能对象	功能等级系数	功能作用
基本功能	系统组件	系统目标	B = 3	该系统能做什么
附加功能	系统组件	超系统目标	Ad = 2	系统还能做什么
辅助功能	系统组件	系统组件	Ax = 1	辅助功能是服务于基本功能的功能，支撑基本功能
	超系统组件	系统目标		

对于基本功能、辅助功能和附加功能的区分，以电饭煲为例，一般电饭煲由内胆、电热盘、外壳等组成，它们构成一个系统，系统功能是蒸熟米饭，米是系统目标。系统组件中，内胆直接与米接触并加热米，所以内胆加热米即为基本功能；蒸米饭时产生的蒸汽属于超系统组件，并不是系统组件，所以对蒸汽的有用功能即为附加功能，如采用锅盖挡住蒸汽；内胆作为系统组件，对内胆的有用功能即为辅助功能，如利用电热盘加热内胆。

2. 分析功能-成本图

某工程系统中各组件的价值计算结果见表 5-2，根据功能和成本的分布，可得图 5-11 所示功能-成本图，每个组件都可以在功能-成本图中定位，相对应的斜率就是 $V=F/C$。

表 5-2　某工程系统中各组件的价值计算结果

组件	功能等级系数	成本系数/元	功能价值系数/元$^{-1}$
组件 1	1	14	1/14
组件 2	2	28	2/28
组件 3	1	40	3/60
组件 4	2	79	2/79
组件 5	3	16	3/16
组件 6	1	88	1/88
组件 7	1	98	1/98
组件 8	3	87	3/87

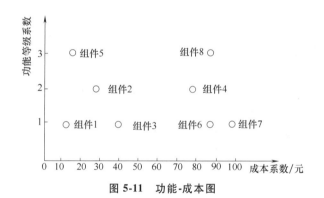

图 5-11　功能-成本图

在功能-成本图的基础上用虚线绘制一条从原点出发的斜线，将组件的对应的点尽量均匀地分布于线的两侧，如图 5-12 所示。虚线左上方的组件功能等级相对较高而成本相对较低，虚线右下方的组件功能等级相对较低而成本相对较高，因此可以直观地发现功能较弱而成本过高的组件，如组件 6、7。

为更直观地判断和分析，也可以将功能-成本图分为 4 个区域，如图 5-13 所示。区域 1 中的组件具有较高的功能等级，并且成本较低，所以该区域的组件价值较高，该区域即为理想区域。区域 2 中的组件有较高的功能等级，但成本较高，所以该区域的组件应想办法降低成本。区域 3 中的组件的功能等级较低，成本也较低，可以运用提高功能等级的策略来提高组件的价值。因此，应尽量将区域 2、3 的组件转移到第区域 1。区域 4 的组件不仅功能等级较低，成本还较高，所以此类组件价值较低，一

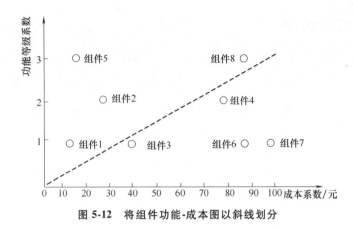

图 5-12　将组件功能-成本图以斜线划分

般需要将这类组件运用裁剪工具,并将其执行的有用功能转移给其他组件,以保留有用功能。

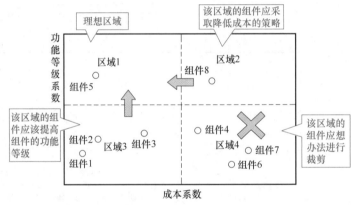

图 5-13　根据功能-成本图分为 4 个区域

5.1.4　功能分析

功能分析作为一种分析问题的工具,是一种用来识别系统和超系统组件的功能、特点及其成本的分析工具,主要用来识别待解决的问题。满足使用者现实需求的属性是功能,而满足使用者潜在需求的属性也是功能。

1. 功能分析的目的

(1) 明确发明对象的功能　找出一个发明所具有的全部功能是主要目的。例如,洗衣机应具备的两项基本功能是洗衣和脱水。

(2) 为创造方案提供依据　明确的功能目标将为方案设计和产品开发指明道路。

(3) 充分掌握各项功能的相互关系　功能的相互关系包括各项功能之间的逻辑关

系及功能之间的相互影响。例如，蜗轮与蜗杆之间的关系就是通过轮齿啮合传递转矩。

（4）扩大方案创新设计思路　应以功能分析为中心进行设计，达到价格低廉、高质高效的目的。

需要注意的是，在对一种事物进行功能分析时，不能以事物的结构要素去思考，而是需要从事物所应具有的功能去思考，认识事物的本质功能。

2. 功能分析的步骤

功能分析主要有组件分析、相互作用分析和建立功能模型三个步骤。

1）组件分析：指将系统和超系统的组件进行分类，并按顺序列出。

2）相互作用分析：识别两组件之间的相互作用，为建立功能模型提供保障。

3）建立功能模型：识别组件之间的具体功能，并根据它们执行功能的性能加以评估，最后形成功能模型图。

5.2　组件分析

组件分析一般应用于识别产品问题的阶段。作为功能分析第一步工作内容，组件分析用于识别技术系统的组件，以及超系统中与技术系统共存或有相互作用的组件。

5.2.1　组件概述

组件是指组成系统或超系统一部分的物体，物体是广义上的物体，一般为组成系统或超系统的物质或场，或者物质和场的组合，如图 5-14 所示。物质是指具有静质量的物体，如空气、水、油、水杯、餐桌、椅子、汽车、飞机、轮船等。场是指没有静质量，但可在物质之间传递能量的物体，如声场、热场、电场、磁场等。

图 5-14　组件的不同类型

5.2.2　组件分析方法

组件分析时，首先需要根据项目的目标和限制选择合适的层级。如果研究对象是一辆汽车，则组件层级可以是车身、发动机、变速器、轮胎等。而如果研究对象是车轮，则组件层级可以是内胎、外胎、轮毂、气嘴等。值得注意的是，如果选择的层级过高，则会遗漏掉某些细节，找不到问题的根源，而如果选择的层级过低，则组件数量可能会过多，使得系统变得复杂而不便分析。因此，需要根据项目需要选择合适的层级，以尽快找出系统中存在的问题。然后，还需将这些组件根据系统组件和超系统组件进行分类。

在进行组件分析时，需要注意以下几点。

1) 选择在同一层级上的组件，不能混淆。例如，在对汽车的整车进行分析时，若已经有了发动机这个组件，就不需再把构成发动机的凸轮轴、活塞、进气管、排气管等列出来，因为它们与发动机不在一个层级上。

2) 若有多个相同的组件，可将它们视为一个组件。例如，考虑两轮自行车的两个车轮，若分析发现两个车轮完成的功能是一样的，则将他们视为车轮一个组件即可，而不再需要区分车轮 1 和车轮 2。但是，当前、后轮被视为不同功能的组件，则应将他们区分为前轮和后轮。

3) 若对一个组件还需更详细的分析，那么可以将该组件放到更低的层级中进行组件分析。

4) 超系统组件不作为被研究的技术系统的一部分，但与技术系统相互影响。例如，以飞机为研究目标时，风、重力、其他天气因素等都是超系统组件。

5) 根据实践经验，在进行功能分析时，组件的数量不宜过多，尽量保持在 10 个以内，如果超过 20 个，建议将某一部分单独取出另行分析。

在进行组件分析时，需要以表 5-3 为基础表格填写相关组件，以便后续进行相互作用分析。

表 5-3　组件分析所需的基础表格

技术系统	主要功能	系统组件	超系统组件

例如，在分析一辆运输人的汽车时，首先将技术系统、主要功能、系统组件和超系统组件一一提取出来，然后对应填写在表 5-3 中，所得汽车的组件分析表见表 5-4。

表 5-4　汽车的组件分析表

技术系统	主要功能	系统组件	超系统组件
汽车	运输人	车身 发动机 变速器 车轮	人 空气 马路

5.3 相互作用分析

经过组件分析后,下一步需要进行相互作用分析。相互作用分析是指两技术系统组件、两超系统组件或技术系统组件与超系统组件之间的相互作用的分析,目的是识别系统组件及超系统组件之间的相互作用关系。

5.3.1 相互作用分析的方法

两个相互接触的组件之间可能会存在相互作用,相互作用分析的结果一般用相互作用的矩阵或相互作用分析表表示。需要注意的是,只有两个组件有相互接触之后,一个组件才能对另外一个组件产生某种功能。分析步骤如下。

1)在组件矩阵中,在第一行和第一列中分别列出组件分析中所得到的组件,需要各个组件一一对应,见表5-5。

表5-5 组件列表

组件	组件1	组件2	组件3	……
组件1				
组件2				
组件3				
……				

2)对组件进行两两分析,判断两组件是否有相互作用(物质作用或场作用),如果有相互作用,则在表格中填"+",反之则填"-",见表5-6。

表5-6 相互作用分析表

组件	组件1	组件2	组件3	……
组件1		+	+	
组件2	+		-	
组件3	+	-		
……				

相互作用分析矩阵将相接触的组件标识出来,"+"代表可能有功能,还需分析具体功能有哪些。"-"的代表没有功能,后续不用考虑。

3）重复步骤1）和步骤2），直至填满除对角线单元格以外的所有内容。

4）如果发现其中某个组件与其他任何组件都没有相互作用，则需要重新进行检查。如果确定该组件与任何其他组件均无相互作用，则说明这个组件不会有功能，将其去掉即可。

以上述运输人的汽车为例，已经知道汽车有车身、发动机、变速器、车轮和人作为组件，以表5-5为基础表格进行填写，结果见表5-7。

对于有相互作用的组件，例如，车身要和发动机、变速器、车轮连接，车身要承载人的身体，所以有相互作用，用"+"填写。对于没有相互作用的组件，例如，车轮和人的身体没有直接的接触，则用"-"填写。

表5-7 汽车技术系统的相互作用分析表

组件	车身	发动机	变速器	车轮	人
车身		+	+	+	+
发动机	+		+	-	-
变速器	+	+		+	
车轮	+	-	+		
人	+	-	-	-	

5.3.2 相互作用分析的注意事项

在对产品进行相互作用分析时，需要注意以下几点。

1）分析依靠场相互作用的组件时应列举分析，注意容易被忽略的磁场（图5-15a）和声场（图5-15b）等，尽量罗列出所涉及的场，防止遗漏。例如，相互靠近的两块磁铁看似二者没有接触，实则一块磁铁会处于另外一块磁铁产生的磁场中，所以二者是相互接触的。再如，人们能听到声音是因为声音在人与人之间传播，可以认为一个人产生的声场也是这个人的一部分，这个人通过声场与第二个人相互作用。

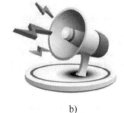

a)   b)

图5-15 容易被忽略的场相互作用

2）在进行相互作用分析时，不能只分析相互作用表的某一侧，应对每一侧所出现的情况都进行分析，这样可以检查是否有遗漏。可以通过判断相互作用表的对称性来判别，如果表格不对称，则意味着相互作用分析时出现问题，需要重新检查。

5.4 建立功能模型

由于一个技术系统不止含有一个功能,因此在分析时应将所有功能综合起来,便于直观分析。功能模型建立在组件分析、相互作用分析基础之上,是功能分析的输出内容。

5.4.1 功能模型的图形化表示

由于相互作用分析表仍不够直观、清晰,于是,有人提出将功能分析以图形化的方式将相互作用分析表中展示的功能表现出来。通过图像能纵观整个技术系统,并能很方便地分析出系统存在的问题。组件分析所列出的组件中有系统组件、超系统组件、目标(一种特殊的超系统组件),首先对三种组件用不同形状的图形定义,见表5-8,然后使用表5-9所列各类表示相互作用的图形符号在组件之间进行连接即可。

表 5-8 功能模型组件和目标的图形符号

名称	系统组件	超系统组件	目标
图形符号	▭	⬡	▭

表 5-9 相互作用的图形符号

作用类型	正常的作用	不足的作用	过量的作用	有害的作用
图形符号	→	⤍	➡	∿→

技术系统功能模型示意图如图 5-16 所示,组件 2 对组件 1 的作用就是有害的作用,组件 1 对组件 5 的作用是不足的作用。

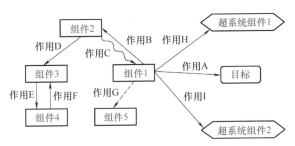

图 5-16 技术系统功能模型示意图

以前文运输人的汽车为例建立功能模型,结果如图 5-17 所示。

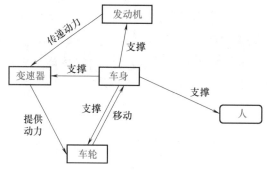

图 5-17 运输人的汽车的功能模型

5.4.2 建立功能模型的注意事项

在建立功能模型时,需要注意以下几点。

1) 功能分析不是个人工作,而是团队工作,有利于一个团队达成共识。

2) 要对系统有详细、清楚的认识,对某个系统功能的原理认识模糊时,不能置之不理。

3) 多次对同一个系统的功能分析结果不一定完全一致。

4) 图形化的功能模型一般比表格化的功能模型更清晰、更通俗易懂。

5.5 功能分析应用实例

【例 5-2】 将图 5-18 所示油漆加注系统视为一个技术系统,建立其功能模型。

实例背景:当油漆箱中的油漆低于一定液位时,浮标下沉,杠杆打开开关,电动机开始驱动泵旋转,油漆桶中的油漆被泵入油漆箱。当达到一定液位时,浮标上升,杠杆关闭开关,电动机停止工作,泵停止旋转,油漆填充停止。然而,随着时间的推移,油漆会因长期暴露在空气中而挥发,干油漆会在浮标表面被吸收,浮标变得越来越重。即使油漆箱装满油漆,浮标仍然无法有效浮起,杠杆无法关闭开关,开关无法及时闭合,电动机不断驱动泵旋转,过量油漆被注入油漆箱。随着时间的推移,倾注的油漆越来越多。项目组尝试了各种复杂的方法,如添加液位传感器、定期更换浮标、涂覆浮标等方法,但由于成本高昂和维护困难,这些方法都难以被接受。因此,需要一种创新的解决方案来改进技术系统,首先就要完成功能分析并建立功能模型。

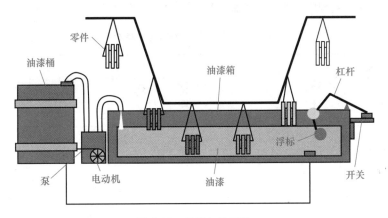

图 5-18　油漆加注系统

（1）组件分析　进行油漆加注系统的组件分析并列写组件分析表，见表 5-10。

（2）相互作用分析　进行油漆加注系统的相互作用组件分析并列写相互作用分析表，见表 5-11。

表 5-10　油漆加注系统的组件分析表

技术系统	主要功能	系统组件	超系统组件
油漆加注系统	移动油漆	浮标 杠杆 开关 电动机 泵 油漆箱	油漆 油漆桶 空气

表 5-11　油漆加注系统的相互作用分析表

组件	浮标	杠杆	开关	电动机	泵	油漆箱	油漆	油漆桶	空气
浮标		+	-	-	-	-	+	-	-
杠杆	+		+	-	-	+	-	-	-
开关	-	+		+	-	+	-	-	-
电动机	-	-	+		+	-	-	-	-
泵	-	-	-	+		+	+	-	-
油漆箱	-	+	+	-	-		+	-	-
油漆	+	-	-	-	+	+		+	+
油漆桶	-	-	-	-	-	-	+		-
空气	-	-	-	-	-	-	+	-	

根据相互作用分析表列写油漆加注系统的功能模型分析表,见表 5-12。

表 5-12　油漆加注系统的功能模型分析表

组件	功能描述	功能等级	功能类型
浮标	移动杠杆	辅助功能	不足
	黏附油漆	有害功能	有害
杠杆	支撑浮标	辅助功能	正常
	控制开关	辅助功能	不足
开关	控制电动机	辅助功能	不足
电动机	驱动泵	辅助功能	不足
泵	移动油漆	基本功能	过量
油漆箱	容纳油漆	基本功能	正常
	支撑杠杆	基本功能	正常
	支撑开关	基本功能	正常
油漆	移动浮标	辅助功能	不足
油漆桶	容纳油漆	基本功能	正常
空气	固化油漆	有害功能	有害

(3) 功能建模　根据功能模型分析表建立油漆加注系统的功能模型,如图 5-19 所示。由图 5-19 可以看出,油漆加注存在空气固化油漆、油漆不能有效移动浮标和浮标不能有效移动杠杆等功能缺点,具体分析见表 5-13。这些功能缺点即为该技术系统的冲突区域,可利用其他问题分析工具进一步分析或利用问题解决工具解决。

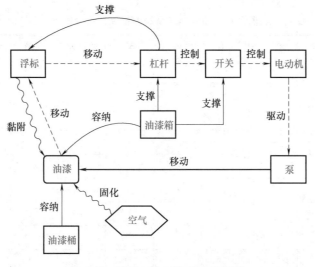

图 5-19　油漆加注系统的功能模型

表 5-13　油漆加注系统的功能缺点

序号	功能缺点	序号	功能缺点
1	浮标不能有效移动杠杆	5	电动机不能有效驱动泵
2	浮标上黏附油漆	6	泵不能有效移动油漆
3	杠杆不能有效控制开关	7	油漆不能有效移动浮标
4	开关不能有效控制电动机	8	空气固化油漆

思考题

【选择题】

1. 功能分析时，组件模型中的组件可以是（　　）。

A. 物质

B. 物质或场

C. 物质、场或两者的组合

D. 物质、场和它们的参数

2. 相互作用矩阵的对称性如何？（　　）

A. 该矩阵相对于两条对角线对称。

B. 该矩阵不对称。

C. 该矩阵对于其横轴、纵轴都对称。

D. 该矩阵相对于其左上至右下的对角线对称。

3. 对功能的描述不应该（　　）。

A. 复杂繁琐

B. 定量化

C. 抽象化

D. 考虑约束条件，要了解可靠地实现功能所需要的条件

4. 功能的分类可以按照哪些条件进行？（　　）

A. 按照系统功能的主次

B. 按照子系统（或组件）的功能与系统的主要功能的关系。

C. 按照产品与用户的交互关系。

D. 以上均是。

【填空题】

5. 功能模型中，带箭头的实线表示_____的功能，带箭头的虚线表示_____的功能。

6. 功能分析由_____、_____和_____组成。

7. 功能按照性能分可分类为有用的功能和_____两种功能。其中，有用的功能又可以根据其性能水平分为_____、_____和_____三种功能。

8. 系统主要由_____、_____和_____组成。

9. 功能分析的是步骤是_____、_____和_____。

【分析题】

10. 什么是功能分析？为什么要进行功能分析？

11. 功能的描述应符合什么要求？

12. 选一个已有的技术装置，分析其原理，并建立其功能结构和功能模型。

13. 功能分类的标准有哪些？

14. TRIZ中功能分析的目的是什么？

15. 简述功能分析的步骤。

16. 简述组件是如何定义的。

17. 简述组件分析的定义。

18. 简述组件分析的注意事项。

19. 简述相互作用分析步骤。

20. 简述功能模型如何图形化表示。

21. 简述创建功能模型的步骤有哪些。

思政拓展：

扫描下方二维码了解笔头创新之路，体会其中蕴含的创新精神。

科普之窗
中国创造：笔头创新之路

第6章 因果链分析

初始问题一般很容易找到,然而解决初始问题往往不是最优选项,需要通过对初始问题深入分析,找到更深层次的原因直至底层的关键原因,解决关键原因对应的关键问题将更加省力,因此因果链分析十分重要。现代 TRIZ 中的问题分析工具(如功能分析)是为了找到技术系统中存在的问题,可以将这种问题作为因果链分析的初始原因,由初始原因出发进行因果链分析,建立因果链条。

6.1 因果链分析概述

1. 因果链分析的基本思路

为了介绍因果链分析工具,先讲一个流传欧洲的寓言故事。

说书人讲到有一个国家灭亡了,人们问:"国家为什么灭亡了?"说书人回答:"因为一场战役失败了。"

人们问:"为什么战役失败了?"说书人回答:"因为国王没有打好这场仗。"

人们问:"为什么国王没有打好这场仗?"说书人回答:"因为国王的战马倒下了。"

人们问:"为什么国王的战马倒下了?"说书人回答:"因为战马掉了一个马掌。"

人们问:"为什么战马掉了一个马掌?"说书人回答:"因为马掌少钉了一颗钉子。"

这种追问就构成一个因果链,找到问题发生的根本的、末端原因其实是"马掌少钉了一颗钉子"。而如果分析国家灭亡只分析到由于一场战役的失败,就没有触及根本原因。

因果链分析是对系统进行全面、更深层次分析的工具。与功能分析等分析工具不同的是,因果链分析在确定初始原因后,通过不断问为什么,以物理学、化学、生物学或几何学等知识领域的极限为终点判断条件,找到一系列隐藏于系统内部的深层次原因,将这些原因通过因果逻辑关系进行连接,形成一条一条的因果链条。

2. 因果链分析的分析范围

因果链分析重点在于分析操作区域、系统内问题的原因，多数情况下不分析制度、人、环境等超系统因素，具有很强的实用性。因为相比超系统而言，系统具有较强可控性和可改变性，对于解决问题有很强的现实性。

想要进一步使用因果链分析工具，必须先了解因果链中原因的类型。

6.2 原因类型

在确定初始原因之前，一般都有一个特定事实，也就是说因果分析开始于对特定事实的表述。对于发生型问题，特定事实是客观存在的问题表象；对于探索型问题和假设型问题，探索型问题是对未来产品需实现状态的描述。从特定事实开始分析问题，找到初始原因，再通过梳理因果关系，分析出中间原因，最后得到末端原因。因果链是由初始原因引出的链条，链条上由带箭头的线表示因果逻辑关系，箭头起点是原因，箭头终点是结果，如图6-1所示。

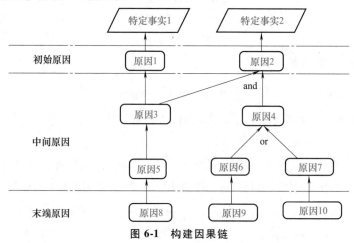

图 6-1 构建因果链

6.2.1 初始原因

初始原因很重要，关于如何确定更加合理的初始原因的问题，人们提出了一种方法，即运用逐步后推的方法实现。

可以在项目中选取一个比较显而易见的原因作为起始原因；而这个起始原因并不一定是真正的初始原因，将其称为待定初始原因，并将这一原因记为原因 N。在实际项目中，起始原因并不难确定，通常至少有一个。另外，起始原因还有可能来源于功能分析或 TRIZ 中其他分析问题的工具。

从起始原因 N 出发，向后推导原因 N 可能导致什么后果，而不是向前分析造成原因 N 的原因，将这个后果记为原因 $N-1$，将它也设定为待定的初始原因，此时就产生了两个待定的初始原因。依此类推，继续产生原因 $N-3$、原因 $N-4$、原因 $N-5$、……一直向后推导，直到发现连续推出的几个待定初始原因与本项目的关联不大为止，将最后一个与本项目相关的原因记为原因 $N-M$。这样就拥有了由原因 N、原因 $N-1$、原因 $N-2$、原因 $N-3$、…原因 $N-M$ 所构成的因果链，一共有 $M+1$ 个待定初始原因，如图 6-2 所示。产生这么多待定初始原因之后，就可以从这些原因中进行选择，看所选出来的 $M+1$ 个待定初始原因中，哪一个作为初始原因是最合适的。

图 6-2 从原因 N 出发推导其产生的后果原因 $N-M$

初始原因是由项目目标决定的，对于项目来说，初始问题一般是问题的反面。例如，项目目标是提高测量精度，那么初始原因就是精度太低。对于一个技术系统来说，一般是根据功能分析、成本分析等分析方法得到的系统功能原因及问题组件。

与其他 TRIZ 工具一样，因果链分析工具也有一套用于识别初始原因的算法，以帮助项目团队一步一步识别出正确的初始原因。

1) 选择一个起始原因（原因 N），通常它是一个在项目中非常明显的原因。

注意：通常，起始原因并不难找，因为每个项目中都会有至少一个。

2) 通过向后逐步推理，寻找起始原因 N 会导致的后果，找到待定的初始原因 $N-1$。

注意：这与建立因果链的方向是相反的，建立因果链的方向是从后向前，而在这里要从前向后寻找待定原因。

3) 重复步骤 2)，挖掘出更多的待定初始原因。

注意：直到找到与项目目标关联不大的原因再停止挖掘；另外，还要注意各步骤之间的跳跃不要过大，要逐步挖掘。

4) 比较上述步骤识别出来的多个待定初始原因，选择最合适的初始原因。

6.2.2 中间原因

1. 确定中间原因的注意事项

中间原因是指用于连接初始原因和末端原因的原因，可以利用功能分析等分析工具得到。在列出中间原因时，需要注意以下几个问题。

（1）同层次原因的逻辑关系　注意同层次原因对上一层次原因的逻辑关系。在问题分析过程中，有时一个结果可能是由多个原因引起的，这些原因在同一层次上有不同的关系，同层次原因之间的关系常见如下两种。

1）与（and）：该层次的两个或两个以上的原因共同作用，才能造成上一层次的原因。

例如，物体燃烧需要具备可燃物、助燃物（通常指氧气）、温度高于着火点三个条件，只要去掉其中任何一个条件，物体都不能燃烧，这就是一种与（and）关系，如图6-3所示。

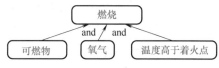

图6-3　物体燃烧与（and）条件

2）或（or）：该层次的两个或两个以上的原因中，只要有一个原因存在，就能造成上一层次的原因。

例如，分析喝到的水被污染这个初始原因，造成这个原因的下一层原因有水泵受到污染、管道对水产生污染和容器被污染等，任何一个原因的存在都会导致喝到的水被污染，这就是一种或（or）关系，如图6-4所示。

具有与（and）关系的多个原因中，只有所有原因一起作用，才会导致结果的发生，只要将其中一个原因对应的问题解决掉，就能够阻止结果的发生。具有或（or）关系的多个原因中，只有将

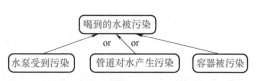

图6-4　喝到的水受到了污染或（or）条件

所有原因对应的问题都解决掉，才能够阻止结果的发生。如果系统因果链上的原因之间都是或（or）关系，那么关键问题所属层次越高越好，因为都是或（or）关系，越低层次需要解决的问题越多，性价比太低。

（2）上下层次原因的逻辑关系　在进行层层分析寻找下一层次原因的时候，原因之间的因果关系应当是直接联系，不能跨过某一原因得到间接关系，因为发生跳跃会造成原因遗漏。而因果链分析中遗漏的原因有可能被确定为需要解决的问题，如果发生跳跃，就可能会丧失解决问题的机会。

例如，对手拿装有热水的水杯会烫手的特定事实，初始原因应是手的神经系统感觉到烫，而不能跳到更加深程度说水太烫，因为手部神经感受到烫才是起点，水烫只是造成手部感觉烫的一个中间原因，因此不可跳跃。在实际工程问题中，如果出现跳跃，则可能会失去解决工程问题的方法。

2. 寻找中间原因的方法

1）从各种分析工具（功能分析等）的分析结果中寻找。

2）运用科学公式。例如，如果本层次的原因是动摩擦力太大或太小，根据滑动条

件下摩擦力的计算公式是"物体受到的正压力×摩擦系数",那么就应该能够在施加的力和摩擦系数这两个方面找到下一层次的原因。

3)咨询相关领域专家。

4)查找文献资料。

一般来说,在寻找中间原因的前期,可以通过使用各种分析工具得到初始的中间原因,重点在于对中间原因的挖掘,中间原因往往不那么显而易见,其挖掘发现对于专业性和知识储备有很高的要求,在该阶段,一般采用咨询专家和查找文献的方法。

6.2.3 末端原因

在因果链分析过程中,需要层层分析因果关系。由于无限向低的层次分析是没有意义的,因此必须定义分析的终点,也就是确定末端原因。一般而言,满足如下六种条件,就没有必要再进行原因分析了。

1)达到物理学、化学、生物学等领域的极限时。

2)达到自然现象时。

3)达到国家法规、国家或行业标准等的限制时。

4)不能继续找到下一层次原因时。

5)达到成本的极限或人的本性时。

6)根据项目的具体情况,继续深挖下去就会变得与本项目无关时。

6.2.4 关键原因

关键原因是在各种原因中确定的具有可控性、可操作性、易消除,且一旦消除,相同或类似问题不会再次出现的原因。

在实际工程问题中,常常将末端原因当作关键原因,解决末端原因对应的问题,相应工程问题就得到解决。但因果链上的每个原因其实都有可能是解决特定事实的关键原因。因此当末端原因对应的问题难以解决时,可以将关注点转向中间原因,在中间原因中找到关键原因。因此,因果链分析的重点是将原因全面地找出来,如果未能找全,则会使关键问题的寻找变得更难。而由于因果链中的原因之间是存在关联关系的,因此找全因果链中的原因也是难点。

关键原因的确定需遵循以下原则。

1)关键原因一旦消除,相同或类似问题不再重复出现。因此关键原因应是可控的原因。

2)关键原因一般是因果链上容易改变或消除的末端原因。如果末端原因不能改变,则向上一层次寻找,直到找到可以通过其他方式改变的原因。对不同的企业而言,可控的原因可能是不同的,因此关键原因也可能是不同的。

3)确定关键原因时要注意因果链中原因间的逻辑关系。对图 6-1 所示的因果链,假设最终确定的关键原因是末端原因 8、9、10,若选择末端原因 9、10 为关键原因,那么末端原因 8 也必须同时确定为关键原因,才能避免特定事实 1、2 的发生。若选择末端原因 8 为关键原因,那么只要解决这个关键原因对应的问题,特定事实 1、2 就不会出现。

6.2.5 冲突区域和关键问题

从因果分析所得到的原因中,确定可控、可改变的末端原因,确定其中容易消除的原因作为关键原因,与关键原因相关的冲突区域即为最终的冲突区域,需要解决的关键原因所对应的问题就是关键问题。例如,手拿装有热水的水杯烫手,那么相应的关键问题就是"如何防止烫手?"因果链分析使人们能够识别出大量深层次原因对应的潜在的问题,确定了要解决的关键问题,必须注意因果链中每个原因的逻辑关系。

【例 6-1】 假设结果分析得到了如图 6-5 所示的结果,确定冲突区域和关键问题。

首先分析因果链确定关键原因。原因 2 由原因 3 和原因 4 导致,二者之间为与(and)逻辑关系,所以可选择其中一个原因对应的问题去解决,那么工程问题将得到解决;原因 3、原因 5 都是由一个原因导致的,所以解决原因 3、原因 5 或原因 8 对应的问题都可直接解决系统的问题。另一方面,原因 4 由原因 6 和原因 7 导致,二者之间为或(or)逻辑关系,同时原因 6 和原因

图 6-5 寻找关键原因图

7 分别由末端原因 9 和原因 10 导致,解决原因 4 对应的问题需要同时解决原因 6 和原因 7 对应的问题。

若选择末端原因为关键原因,确定关键问题的情况有如下几种。

1)选择原因 9 为关键原因,则必须同时解决原因 10 对应的问题。

2)选择原因 10 为关键原因,则必须同时解决原因 9 对应的问题。

3)选择原因 8 为关键原因,解决其对应问题,工程问题便得到解决。

6.3 因果链分析的步骤

因果链分析的具体步骤如下。

1）利用工程项目的既定目标及功能分析工具确定初始原因。

2）列出初始原因的所有直接原因（中间原因）。

3）根据原因之间的逻辑关系标记 and 或 or。

4）重复步骤 2）和步骤 3），找出产生本层次结果的下一层次的所有直接原因，直到分析到末端原因。

5）通过各种分析工具（如功能分析）确定原因是否都包括在因果链中，如果缺少则进行补充。

6）根据项目要求确定关键原因。

7）将关键原因与关键问题相对应，为问题解决做准备。后面章节将介绍 TRIZ 中的问题解决方法，利用解决方法得到解决方案。

可以用表 6-1 的模板列出关键原因、关键问题、可能解决方案及矛盾描述。

表 6-1 挖掘关键问题模板

序号	关键原因	关键问题	可能解决方案	矛盾描述
1				
2				

6.4 因果链分析应用实例

【例 6-2】 冬天的时候，特别是在干燥的北方，很容易产生静电。被静电打到，人会感到一阵刺痛，很不舒服。试运用因果链分析方法来找到问题并尝试解决问题。

1）利用工程项目的既定目标及功能分析工具确定初始原因。项目的目标是消除静电对人身体的危害，让人不会感觉痛。因此可以将初始原因定义为：静电击中人的时候人感到疼，简写为"疼"，如图 6-6 所示。

图 6-6 初始原因

2）列出初始原因的所有直接原因（中间原因）。疼痛的直接原因是什么？疼痛是什么意思？疼痛是由电流刺激神经末梢引起的。手指尖是神经末梢最密集的部位，也是人体最敏感的部位之一，很容易感受到疼痛。因此，首先确定"电流"和"神经末梢受到刺激"是疼痛的直接原因，将它们标记为第一层。

3）根据原因之间的逻辑关系标记 and 或 or。"电流"和"神经末梢受到刺激"这两个条件是缺一不可的，因此属于与（and）关系，如图 6-7 所示。

图 6-7 第一层中间原因

4）重复第步骤2）和步骤3），找出产生第一层结果的下一层次所有直接原因。

对于"神经末梢受到刺激"分支：神经末梢能感应到外界的刺激属于物理现象，而且没有到达物理学边界，理应继续分析，但是进一步分析就是身体内部，进入生物领域，所以再深入探究没有意义，分析到此已经结束。

对于"电流"分支，电流在物理学中是十分基础的知识，进行分析的必要性很大。产生电流的第一个条件是两个物体之间存在电势差；第二个条件是形成闭合回路，所以物体之间要相互接触；第三个条件是形成的闭合回路能够导电，也就是电荷能够流动。因此，在这一层次上应该有电压（人体部位和被接触物之间要有电势差）、人体与导体相接触和导体（人体和被接触物都是导体）。三者必须同时满足才能够产生电流，因此彼此之间是 and 关系，如图6-8所示。

图6-8　第二层中间原因

5）重复第步骤2）和步骤3），找出产生第二层结果的下一层次所有直接原因。

对于"电压"分支：其产生的原因是电荷的积累导致电势差的存在，即人体积累有一定的电荷，与被接触的门把手之间存在电势差。

对于"人体与导体相接触"分支：因为人体与被接触物之间的接触动作是客观事实，没有深层次的原因，只是客观存在的一个目的，而不是解决问题的目标，继续分析下去与本项目无关，因此该分支到此结束，成为末端原因。

对于"导体"分支：人体和被接触物都是导体，它们的存在是既定的客观事实，无法改变，属于物理现象，没有继续分析下去的必要。因此"导体"这一分支的分析到此结束成为末端原因。

因此就有了"电荷积累"这一分支，如图6-9所示。

6）重复第步骤2）和步骤3），找出产生第三层结果的下一层次所有直接原因。

对于"电荷积累"分支：它是由"电荷产生"和"电荷不能导出"二者共同作用产生的，即人体积累的电荷是在人体产生了电荷的基础上又不能导出所致，如图6-10所示。对于这两个中间原因，由于二者均未到达领域边界，可以继续向下分析。

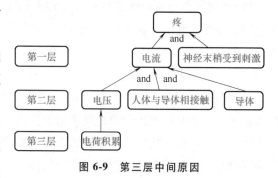

图6-9　第三层中间原因

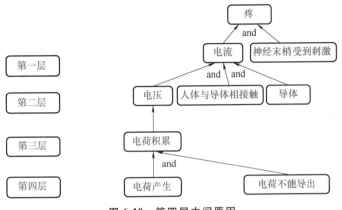

图 6-10 第四层中间原因

7) 重复第步骤 2) 和步骤 3), 找出产生第四层结果的下一层次所有直接原因。

对于"电荷产生"分支：人体积累的电荷是如何产生的呢？根据物理学知识，人穿衣服时人体与衣物之间会发生摩擦起电现象，因此可得到"摩擦起电"的下一层次原因。

对于"电荷不能导出"分支：人体本身是导体，但空气不能导电，因而人体的电荷不能向空气直接导出；大地是导体，人与大地之间的衣物不能导电，因而人体的电荷不能向大地导出。"衣物不能导电"和"空气不能导电"共同造成"电荷不能导出"，因此二者是 and 关系。

因此有图 6-11 所示的下一层次。

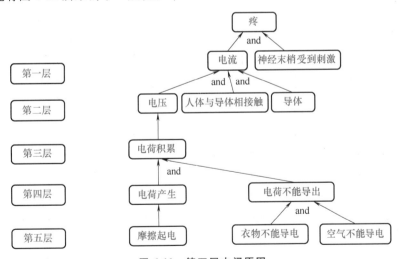

图 6-11 第五层中间原因

8) 重复第步骤 2) 和步骤 3), 找出产生第五层结果的下一层次所有直接原因。

对于"摩擦起电"分支："摩擦起电"由"相对运动摩擦"和"材料特性"共同作用产生，不同材料摩擦起电的程度相差很大，有的材料摩擦后很容易起电，有的材料很难摩擦起电。

对于"衣物不能导电"分支:"衣物不能导电"是由衣物的材料特性决定的,继续分析下去会偏离解决问题的目标,所以定义为末端原因。

对于"空气不能导电"分支:造成它的原因是空气干燥而电荷无法流动,在北方的冬天这个问题比较突出。

综合这几个分支,我们可以得出第六层中间原因如图 6-12 所示。

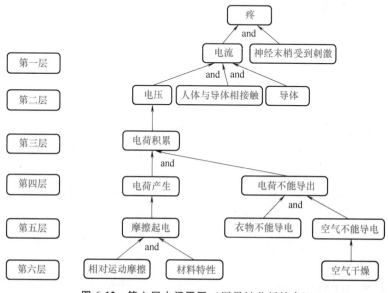

图 6-12　第六层中间原因(因果链分析结束)

9) 重复第步骤 2) 和步骤 3),找出产生第六层结果的下一层次所有直接原因。

第六层的"相对运动摩擦""材料特性""空气干燥"三个原因都属于物理现象或人的客观动作,已经到达定义的边界,不用继续分析。整个因果链分析到第六层为止。

10) 通过各种分析工具(如功能分析)确定原因是否都包括在因果链中,如果缺少则进行补充。

检查之前进行的功能分析中得到的原因是否被全部包含,由于本例中,不涉及功能分析,所以本步骤不适用,可跳过。

11) 根据项目要求确定关键原因。

根据项目实际情况确定关键原因,每一个原因都有可能是解决初始原因的突破口,值得去尝试。

由第一层至第六层逐个分析中间原因和末端原因是否能作为关键原因。

对于第一层,探究如何不产生电流,由于第二层所列三个原因是电流产生的必要条件,若想探究如何不产生电流,就要对第二层的三个原因进行探究,故"电流"不能作为关键原因。探究如何不让神经末梢受到刺激,解决此问题可以使初始原因对应

的问题得到解决，故"神经末梢受到刺激"可以是一个关键原因。

对于第二层，探究如何不产生电压，由于电压由电荷积累导致，是无法改变的客观的物理规律，故"电压"不能作为关键原因。探究如何不让人体与导体相接触，解决此问题可以使初始原因对应的问题得到解决，故"人体与导体相接触"可以是一个关键原因。探究接触物变成非导体，就改变了问题存在的前提，不是本问题探讨的范畴，故"导体"不能作为关键原因。

对于第三层，探究如何不发生电荷积累，由于电荷积累是由电荷产生和电荷不能导出二者共同作用而导致的，是无法改变的客观的物理规律，故"电荷积累"不能作为关键原因。

对于第四层，探究如何不产生电荷，就要探究电荷是如何产生的，来到第五层，故"电荷产生"不能作为关键原因。探究如何让电荷导出，除了衣物和空气两个放电方式外，可以借助超系统组件，如用钥匙等金属物品将电荷导出，故"电荷不能导出"可以是一个关键原因。

对于第五层，探究如何不发生摩擦起电，由于摩擦起电是由相对运动摩擦和材料特性二者共同作用导致，是无法改变的客观的物理规律，故"摩擦起电"不能作为关键原因。"衣物不能导电"是末端原因，是可以探究和改变的，可以作为关键原因。探究如何使空气能够导电，除了空气干燥原因外，可以运用系统外的资源，如想办法使空气中产生离子风等，空气就能导电了，故"空气不能导电"可以是一个关键原因。

对于第六层，相对运动摩擦是无法改变的客观事实，不能作为关键原因。另外两个末端原因是可以探究的关键原因。

以上的分析经整理后见表 6-2。

表 6-2 关键原因分析列表

序号	关键原因	关键问题	可能的解决方案	矛盾描述
1	神经末梢受到刺激	如何让神经末梢不受刺激	用人体没有神经末梢的部位接触	无
2	人与导体相接触	如何让手不接触到门把手	不接触门把手	有矛盾：人需要用手开门，但又不能接触门把手以免产生电流
3	电荷不能导出	如何将人体的电荷导出	用钥匙或其他金属物品导出电荷	无
4	材料特性	什么样的材料不产生静电	利用防静电材料做衣物	无
5	衣物不能导电	如何让人体上的衣物导电	在鞋上装金属丝	无

（续）

序号	关键原因	关键问题	可能的解决方案	矛盾描述
6	空气不能导电	如何让空气导电	在空中产生离子风	无
7	空气干燥	如何增加空气湿度	用加湿器加湿空气	无

从上面的案例中可以看到：

1) 在仔细分析因果链之后，可以将没有什么线索的初始问题转化为多个容易解决的问题。只要解决了一个或多个关键问题，就可以解决最初的问题，可以大大提高解决问题的效率和效果。

例如，在这个例子中，"如何防止静电伤害人"的问题实际上已转化为"如何避免门把手接触神经末梢丰富的指尖""如何避免神经末梢与金属直接接触""如何使静电远离人体""如何向衣物添加导体""如何改变服装材料避免摩擦起电""如何改变空气温度"。这些问题是通过因果链分析提取出来的，与初始问题大相径庭。如果在因果链的初步分析中，主要原因直接归因于摩擦带电，则不会有太多的解决方案，甚至不会得出有解决方案的结论。

2) 因果链分析有助于问题的揭示，事实上很多创新解决方案的提出是因为提出者发现了普通人没有发现的问题，解决了普通人没有想到或看到的问题。如果其他人发现了这些问题，也可以想出类似的巧妙解决方案。

3) 与其他 TRIZ 问题分析工具相比，因果链分析可以获得更准确的关键问题，这为后续使用 TRIZ 问题解决工具提供了良好的基础。

【例 6-3】 对例 5-2 即图 6-13 所示油漆加注系统，它在使用一段时间后，油漆会因长期暴露在空气中而挥发变干，干油漆会在浮标表面被吸收，使浮标变得越来越重。即使油漆箱装满油漆，浮标仍然无法有效浮起，开关无法及时闭合，电动机不断驱动泵旋转，过量油漆被注入油漆箱。试用因果链分析方法找到该特定事实的关键原因。

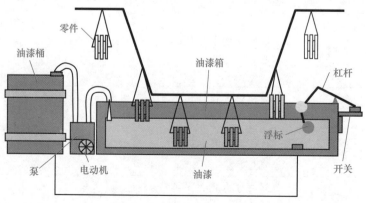

图 6-13 油漆加注系统

1）利用工程项目的既定目标及功能分析工具确定初始原因。根据项目背景，知道本项目的特定事实是"过量油漆被注入油漆箱"。"浮标上黏附油漆"是一个显而易见的原因，若把这个原因作为初始原因，如图 6-14 所示，则可以尝试向后推导浮标黏附油漆会带来什么后果，它所带来的后果链包括：杠杆不能移动到位→杠杆不能及时关闭开关→开关不能及时关闭电动机→电动机不能及时关闭泵→泵出油漆过量→油漆溢出→浪费油漆，如图 6-15 所示。得到 8 个待定的初始原因，通过综合比较，"油漆溢出"更适合作为初始原因，即让油漆不溢出才是该项目的真正目的，而最开始所认为的防止浮标黏附油漆并不是项目的真正目的。然后就可以以"油漆溢出"作为初始原因进行因果链分析了。

图 6-14 以"浮标上黏附油漆"作为初始原因

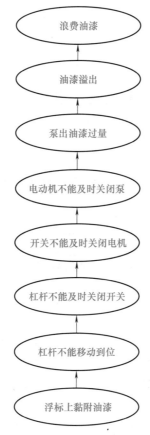

图 6-15 逐步后推法推出待定的初始原因

2）列出初始原因的所有直接原因（中间原因）。导致"油漆溢出"的直接原因是"油漆过多"和"油漆箱太小"，如图 6-16 所示。

3）根据原因之间的逻辑关系标记 and 或 or。

图 6-16 "油漆溢出"的直接原因

"油漆过多"和"油漆箱太小"对于油漆溢出而言是缺一不可的,二者共同作用才会有油漆溢出的结果,因此是与(and)关系。

4) 重复第步骤2)和步骤3),找出产生第一层次结果的下一层次所有直接原因。逐步分析,可以建立如图6-17所示的因果链分析图。

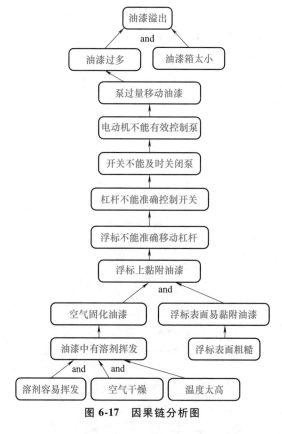

图6-17 因果链分析图

5) 通过各种分析工具(如功能分析)确定原因是否都包括在因果链中,如果缺少则进行补充。

6) 根据项目要求确定关键原因。"溶剂容易挥发"和"空气干燥"可被视为关键原因。相应的关键问题也变成了"如何避免溶剂挥发"和"如何控制空气湿度":"如何避免溶剂挥发"的解决方案之一是使浮标处的油漆处于封闭的环境中,这可以有效地抑制局部溶剂蒸发,使浮标周围的油漆不容易干燥,浮标也不容易黏附在油漆上;"如何控制空气湿度"的解决办法是在油箱周围加一台空调进行加湿,这样可以大大抑制油漆蒸发,浮标上不会有太多油漆。

思考题

【选择题】

1. 因果链分析中从功能角度找到技术系统中的功能缺点或存在问题的组件,该方法得到的原因是（　　）。

A. 中间原因

B. 初始原因

C. 极端原因

D. 末端原因

2. 因果链分析案例：在静电危害的消除实例中，神经末梢能这一分支继续深入分析属于生物学或医学范畴，与本项目关系不大。因此，这一分支不再做更深入的分析了，它也就成了一个（　　）。

A. 初始原因

B. 中间原因

C. 极端原因

D. 末端原因

3. 因果链分析与功能分析最大的不同之处在于（　　）。

A. 因果链分析可以发现隐藏在初始问题背后的原因

B. 功能分析比因果链分析重要，所以放到了第一步

C. 因果链分析可以让你的思维发散

D. 功能分析更能发现事物的本质规律

4. 下列关于因果链分析的描述，错误的是（　　）。

A. 因果链分析是全面识别技术系统问题的分析工具

B. 因果链分析能够有效挖掘初始原因背后的各种原因

C. 因果链分析通过多次问"什么原因导致这个结果"就能得到一系列原因

D. 因果链分析解决顶层的关键问题，由它引起的一系列问题都会迎刃而解

5. 在油漆溢出问题实例中，油漆过多和油漆箱太小都是造成油漆溢出的直接原因，二者缺一不可，因此是（　　）关系。

A. and　　　　B. or　　　　C. but　　　　D. and 或 or

【判断题】

6. 明确关键问题时，需要先进行因果链分析。（　　）

7. 因果链分析的第一步是要明确项目的初始问题。（　　）

8. 搜寻历史事件中的因果链是为了揭示其因果机制。（　　）

9. 静电危害的消除实例的初始缺点是：静电打到人的时候感到疼。（　　）

10. 因果链分析中，检查前面分析问题的工具所寻找出来的功能缺点及该缺点对应原因是否全部包含在因果链中，如果不在，则必须添加。（　　）

11. 因果链分析中，关键原因需要根据项目的实际情况确定。（　　）

12. 因果链分析可以挖掘隐藏于初始原因背后的各种原因。（　　）

13. 因果链分析是一种识别技术系统的关键原因的分析工具。（　　）

【分析题】

14. 简述如何识别初始原因。

15. 简述因果之间的几种逻辑关系。

16. 简述寻找中间原因的方法有哪些。

17. 简述怎样确定关键原因。

18. 简述什么是关键原因以及什么是关键问题。

思政拓展：

　　扫描下方二维码了解乌东德水电站的突破创新之处，体会其中蕴含的创新精神。

科普之窗
中国创造：乌东德水电站

第7章　理想解分析

理想解是 TRIZ 中一个重要的概念，是针对已有系统提出的未来应该具有的状态。最终理想解是系统的终极理想状态，但又是很难达到的状态。一般情况下都是退而求其次，以低于最终理想解的某个水平作为系统改进的目标。理想解分析就是为了确定系统改进时能够达到的目标。前面章节介绍的功能分析和因果链分析方法比较接近人的一般思路，这也限定了解的等级不高。为了能得到更高等级的解，需要进行理想解分析。

7.1　理想化

在 TRIZ 中，理想化涉及理想系统、理想资源、理想机器、理想方法、理想过程、理想物质等。

理想机器：没有质量、没有体积，但能完成所需要的工作。

理想方法：不消耗能量及时间，但通过自身调节，能够获得所需的效应。

理想过程：只有过程的结果，而无过程本身，突然就获得了结果。

理想物质：没有物质，功能得以实现。

理想化分为局部理想化与全局理想化两类。局部理想化是指对于选定的原理，通过不同的实现方法使其理想度；全局理想化是指对同一功能，通过选择不同的原理使之理想化。

局部理想化的过程有如下四种模式。

（1）加强　通过参数优化、采用更高级的材料、引入附加调节装置等加强有用功能的作用。

（2）降低　通过对有害功能的补偿，减少或消除损失或浪费，采用更便宜的材料、标准组件等。

（3）通用化　采用多功能技术增加有用功能的个数，例如，现代多媒体计算机具有电视机、电话、传真机、音响等的功能。

（4）专用化　突出功能的主次，例如，早期的汽车厂要生产组件，最后将它们组装成汽车，今天的汽车厂主要是组装汽车，而组件由很多专业配套厂生产。

全局理想化有如下三种模式。

（1）功能禁止　在不影响主要功能的条件下，去掉中性的及辅助的功能。例如，采用传统的方法为金属零件刷漆后，从漆溶剂中会挥发出有害气体，而采用静电场及粉末状漆可很好地解决该问题，当静电场使粉末状漆均匀地覆盖到金属零件表面后，加热零件使粉末熔化，刷漆工艺即完成，其间并不产生溶剂挥发。

（2）系统禁止　采用某种可用资源后可省掉辅助子系统，这样一般可降低系统的成本。例如，月球上的真空使得月球车上所用灯泡的玻璃罩是多余的，玻璃罩的作用是防止灯丝氧化，月球上无氧气，灯丝不会氧化。

（3）原理改变　改变已有系统的工作原理，可简化系统或使过程更为简化。例如，采用电子邮件代替传统邮件使信息交流更加方便快捷。

设计人员在设计过程开始时需要选择目标，即将问题局部理想化还是将其全局理想化。通常首先考虑局部理想化，所有的尝试都失败后才考虑全局理想化。

7.2　理想度水平

理想度包含多种要素，模型的层次分为最理想、理想和次理想，衡量系统的理想度程度须引入一个新的参数——理想度水平。

技术系统是功能实现的载体，同一功能存在多种技术实现方式，任何系统在完成人们所期望的功能的同时，也会带来不希望存在的功能。在 TRIZ 中，用正、反两方面的功能比较来衡量系统的理想度水平。

理想度水平衡量公式为

$$I = \frac{\sum B}{\sum C + \sum H} \tag{7-1}$$

式中，I 是理想度水平；$\sum B$ 是有用功能之和；$\sum C$ 是成本之和，包括材料、时间、空间、资源、复杂度、能量、重量等方面的成本；$\sum H$ 是有害功能之和，如废弃物、污染等。

由式（7-1）可见，技术系统的理想度水平与有用功能之和成正比，与有害功能之和和成本之和的总和成反比。理想度水平越高，产品的竞争力越强。创新中以理想度水平增加的方向作为设计的朝向。这样看来，增加理想度水平 I 有以下 6 个方向。

1）通过增加新的功能，或者从超系统获得功能，增加有用功能的数量。

2）传输尽可能多的功能到工作组件上，提高有用功能的等级。

3）利用内部或外部已存在的可利用资源，尤其是超系统中的免费资源，以降低成本。

4）通过剔除无效或低效率的功能，减少有害功能的数量。

5）预防有害功能，将有害功能转化为中性的功能，降低有害功能的等级。

6）将有害功能转移到超系统中，使其不再是系统的有害功能。

7.3 理想解与最终理想解

产品处于进化之中，进化的过程就是产品由低级向高级演化的过程。例如，数控机床是普通机床的高级阶段，加工中心又是数控机床的高级阶段。又如，彩色电视机是黑白电视机的高级阶段，高清晰度彩色电视机是一般彩色电视机的高级阶段。在进化的某一阶段中，不同产品进化的方向是不同的，如降低成本、增加功能、提高可靠性、减少污染等都是产品可能的进化方向。如果将所有产品作为一个整体，低成本、高功能、高可靠性、无污染等是产品的理想状态。产品处于理想状态的解称为理想解（Ideal Final Result，IFR）。

产品的理想解实现的过程是其理想度水平提高的过程，理想度水平达到无穷大状态的理想解称为最终理想解。TRIZ 中的理想机器、理想方法、理想过程、理想物质等均是某种形式的最终理想解。最终理想解很难或不可能实现，但产品进化的过程是推动理想解无限趋近最终理想解的过程。

由于产品进化的过程是产品由低级向高级演化的过程，进化的极限状态是最终理想解，而进化的中间状态是理想解。为了实现低成本、高功能、高可靠性、无污染等理想状态，应使产品首先实现多个理想解，通过这些理想解趋近最终理想解。

通过需求分析，可确定产品的理想解的集合为

$$\text{IFR} = \{\text{IFR}_1, \text{IFR}_2, \cdots, \text{IFR}_k, \cdots, \text{IFR}_n\} \quad (k \geqslant 1)$$

式中，n 是理想解元素总数。

产品从目前状态或初始状态实现每一个理想解 IFR_k 的过程需要实现一系列的目标，这一系列目标的集合可记为

$$A_k = \{A_{k1}, A_{k2}, \cdots, A_{kn}\}$$

而每个目标的实现都存在障碍 C_{ki}，这些障碍构成的集合为

$$C_k = \{C_{k1}, C_{k2}, \cdots, C_{kn}\}$$

最终理想解 IFR 被分解为多个理想解 IFR_k，实现每个理想解需要克服多个障碍并实现多个目标，如图 7-1 所示。

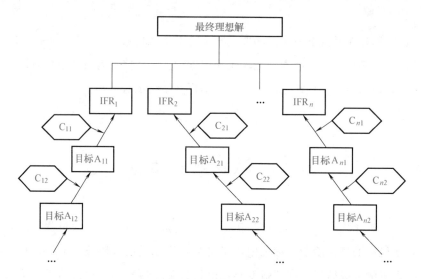

图 7-1　最终理想解实现的过程

理想解可采用与技术及实现无关的语言对需要创新的原因进行描述，创新的重要进展往往通过深入理解问题所取得。确认那些使系统不能处于高理想度水平的组件是创新成功的关键。设计过程中从起点向理想解过渡的过程称为理想化过程。

理想解有如下四个特点。

1）消除了原系统的不足之处。

2）保持原系统的优点。

3）没有使系统变得更复杂（无成本或采用可用资源）。

4）没有引入新的缺陷。

当确定了待设计产品或系统的理想解后，可用上述四个特点检查，也要用式（7-1）检查理想解是否正确。

【例 7-1】　考虑割草机作为工具，草坪上的草作为被割的目标。割草机在割草时发出噪声、消耗燃料、造成空气污染、甩出的草叶有时会伤害推割草机的工人。假如设计者的任务是改进已有割草机，设计者可能会很快想到要减少噪声、增加安全性、降低燃料消耗。但如果确定理想解，就会勾画出未来割草机及草坪维护工业更佳的蓝图。

用户需要的究竟是什么？是非常漂亮且不需要维护的草坪。割草机本身不是用户需要的一部分。从割草机与草坪构成的系统看，其理想解为草坪上的草长到一定的高度就停止生长。国际上至少有两家制造割草机的公司正在实验这种理想草坪的草种，这类草种被称为"漂亮草种"。

假定设计者的任务不是站在公司或草坪维护工业的水平上考虑问题，而设计要求是减少割草机的噪声，其理想解为安静的割草机。噪声低与安静是不同的概念。为了达到噪声低的目的，设计人员要为系统增加阻尼器、减振器等，这不仅增加了系统的复杂性，也降低了系统的可靠性。为了使割草机安静，设计人员要寻找并消除噪声源，这样不仅能提高割草机的效率，也能达到降低噪声的目的。

7.4 理想解分析的过程

对于很多设计实例，正确描述理想解后会直接得出问题的解，其原因是与技术无关的理想解能够使设计者的思维跳出传统的问题解决方法。一般采用追问的方式探寻问题的理想解，理想解分析的步骤描述如下。

1) 最终目的是什么？
2) 最理想的结果是什么？
3) 达到理想结果的障碍是什么？
4) 出现这些障碍可能产生的结果是什么？
5) 不出现这些障碍的条件是什么？创造这些条件的可用资源是什么？

【例7-2】 有一个农场主养了大量兔子，农场虽然有大量青草，但是需要雇人割草喂兔子，人力成本较高。如果放养兔子，捉兔子难度大，需要的人手较多。针对这一问题进行理想解分析。

1) 最终目的是什么？兔子能够吃到新鲜的青草。
2) 最理想的结果是什么？兔子永远自己吃到青草。
3) 达到理想结果的障碍是什么？为防止兔子走得太远照看不到，农场主可以用笼子放养兔子，但放兔子的笼子无法自主移动。
4) 出现这种障碍可能产生的结果是什么？由于笼子不能移动，可被兔子吃到的笼下草地面积有限，青草会在短时间内被吃光。
5) 不出现这种障碍的条件是什么？创造这些条件存在的可用资源是什么？

当兔子吃光笼子下的青草时，笼子移动到另一块有青草的草地上。可用资源是兔子。

最终解决方案：给笼子装上轮子，兔子自己推着笼子移动，不断地获得青草。

应用理想解的基本概念解决产品设计中存在问题的第一步是理想解表述：产品或

系统自身具有所需要的功能,且没有有害作用及附加的复杂性。其中,"自身"一词是确定方向及评价精度及质量的关键。之后,设计人员要确定如何增加效益,降低成本及减少副作用。理想解是设计过程的目标,明确目标对设计工作及创新十分重要。理想解可用于不同层次的问题解决,初级的理想解所采用的问题解决方案是应用外部资源解决,环境、超系统、副产品等都可以是外部资源。高一级理想解不能引入新的物质,而必须通过系统内部的变化解决问题,即采用内部资源解决问题,包括实现功能、消除副作用或减少成本等,同时不使系统变得太复杂。更高一级的理想解是在一个特定的区域内解决问题,该区域存在问题,如一零件既要求刚度高又要求柔性好,这是一种相反的需求,产品进化的过程中该问题必须解决。

【例 7-3】 对于高层建筑而言,如何更有效地擦窗户是设计者必须考虑的问题,高层建筑的窗户多是固定式的,经过专门训练及高空作业认证的工人才能从事该项工作。该工作危险且需要较高的成本。现应用理想解分析方法对该问题提出一系列的解决方案。

方案 1:在建筑物内擦窗户。工人在建筑外工作是危险的,如能在屋内擦窗户则可以解决问题。定义初级理想解为采用外部资源解决该问题,但问题的解决方案不能太昂贵。解决方案为采用具有磁性的内外部工具擦窗户。内部工具放置在窗户的内侧,外部工具放置在窗户的外侧,两部分均有磁性。内、外工具相对,在磁力的吸引作用下,内部工具移动时,外部工具随之移动,不断地移动内部工具到窗户的所有位置,可完成擦窗户的目标。

方案 2:旋转式窗户。应用高一级理想解,利用系统自身的资源,改变系统本身实现的功能。改进窗户的设计使其能转动,转动后窗户玻璃的外表面变成了内表面,工人可以在室内擦窗户。

方案 3:免擦玻璃的应用。按更高一级理想解,出现问题的区域为窗户玻璃的外表面,玻璃是必须采用的以便采光,但擦去表面的污物很困难,从而出现了冲突。彻底解决该冲突,实现理想解的方案之一是采用自清洁玻璃。该类玻璃表面有一层纳米级涂层,不影响采光。该涂层在阳光的作用下发生反应,在雨水的作用下反应生成物与玻璃表面污物便会脱离玻璃表面,实现玻璃的自清洁。

思考题

【分析题】

1. 如何提高理想度水平?
2. 阐述理想解和最终理想解的关系。
3. 理想解如何指导解决问题?

思政拓展：

扫描下方二维码了解外骨骼机器人技术，体会其中蕴含的创新精神。

科普之窗
中国创造：外骨骼机器人

第8章 资源分析

"巧妇难为无米之炊",无资源的创新是不可能的,从某种程度上说,创新过程就是资源的运用与重新配置的过程。设计中的可用系统资源对创新设计起着重要作用,问题的解越接近理想解,系统资源就越重要。任何系统只要还没有达到理想解,就应该具有系统资源,这也是理想解分析要考虑资源的原因。应用系统或超系统资源解决系统存在的问题是 TRIZ 的一个基本观点。如何确认所有的可用资源并合理利用资源是资源分析的基本任务。对系统资源进行必要的详细分析和深刻理解,对设计人员而言是十分必要的。

8.1 资源分析概述

人类的活动就是利用自然、改造自然的过程。资源可以分为自然资源和社会资源。自然资源是指具有社会效能和相对稀缺性的自然物质或自然环境的总称。自然资源包括土地资源、气候资源、水资源、生物资源、矿产资源、海洋资源、能源资源、旅游资源等。从工程设计的角度,要关注超系统中的自然资源,一方面要充分利用自然资源,另一方面要避免对自然资源的浪费和破坏。社会资源是指自然资源以外的其他所有资源的总称,是人通过自身的劳动,在开发利用资源过程中所提供的物质和精神财富的统称。社会资源主要包括资本资源、人才资源、智力资源、信息资源、科技资源、管理资源等。在对资源的分析和应用方面,管理就是协调、利用各种社会资源进行再创造的活动;工程设计也是充分挖掘和利用各种自然资源和社会资源提出技术系统解决方案的过程。

1982 年,Vladimir Petrov 在 TRIZ 会议上发表了关于技术系统过剩(Excessiveness)的概念,该观点认为:任何技术系统都具有超过其通常功能的能力,这种超出的能力可以被发现和利用,以使系统达到理想解。实际上"过剩"的部分就是可用资源。

1985 年,阿奇舒勒在 ARIZ-85 中提出了"物-场资源"的概念。后来,该概念扩展到其他类型的资源，如功能、信息、空间、时间等。

为了与通常所讲的自然资源、金融资源、人力资源区分，针对技术系统中资源利用问题的研究，TRIZ 归类提出一类资源，即发明资源（Inventive Resources）。

在 TRIZ 中，发明资源定义为：

1）任何由系统或环境中存在的物质（包括废物）变换后得到的新物质。

2）储存的能量、自由时间、未占用的空间、信息等。

3）实现附加功能的技术能力，包括物质的特性，物理、几何或其他效应。

8.2 资源分类

对资源的识别和利用，基本方法就是对资源进行分类。资源分类既可以为资源开发利用提供方向，也可为管理资源、优化资源配置提供指导。从不同方面认识资源有不同的分类方法，本章主要研究面向技术系统设计的发明资源。

8.2.1 发明资源的分类

针对工程技术问题能够利用的发明资源，可以有以下多种分类方法。

1）按照解决工程问题过程中发明资源的可用性和资源所在区域，资源分为内部资源、外部资源和超系统资源。

内部资源：是指在冲突发生的时间、区域内存在的资源，是冲突区域内部组件所能提供的资源。

外部资源：是指在冲突发生的时间、区域外同时在系统内存在的资源。

超系统资源：是指在系统边界范围之外存在于超系统或环境中的资源，也包括系统的副产品。

2）按照资源可用状态，资源可以分为直接资源、导出资源和差动资源。

直接资源：是指不需做额外的处理或改变即可直接应用的资源，如利用太阳能加热。

导出资源：又称为衍生资源，是指需要经过额外处理或改变后才能应用的资源，如通过系统内部组件重新布置腾出的空间。

差动资源：差动资源是指系统内、外部物质或场能被利用的差异性、非均匀性、非对称性的性质，表现为不同属性和参数，如利用双金属片的热胀冷缩系数不同实现双金属片的弯曲。

3）按照资源的形式可以分为物质资源、场资源、空间资源、时间资源、信息资源和功能资源。

物质资源：是指系统能够利用的内、外部所有的物质元素，从宏观的物体到微观的基本粒子。

场资源：是指系统能够利用的内、外部所有的能源或能量，如重力、机械能、风能、太阳能、热能、电能、核能、磁能、潮汐能等。

空间资源：是指系统或组件执行功能所能够利用的空间。

时间资源：是指系统或组件执行功能所能利用的时间。

信息资源：是指系统能够利用的所有的信息或信号。

功能资源：主要是指系统内、外部组件具有的执行超过其自身通常功能的能力。

发明资源的分类如图 8-1 所示。

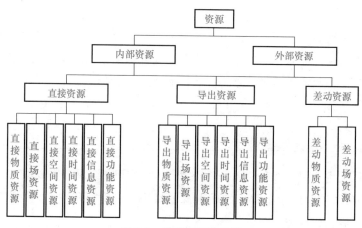

图 8-1 发明资源的分类

8.2.2 资源形式

1. 物质资源

（1）物质资源的构成　物质资源包含系统及其周围环境的物质，包括如下形式的物质。

1）系统及其周围环境的组成元素。

2）系统及其周围环境的初始原料。

3）系统及其周围环境的产物。

4）系统及其周围环境产生的废物。

5）环境中的可不计成本的物质，如水、空气、土壤、砂石、雪等。

（2）物质的状态　物质的不同状态表现在其分割程度上不同。宏观物体可以被分割直到形成粉末，然后粉末可以向微观级别进一步分割到分子、原子和基本粒子。了解物质的不同状态，可以考虑从某一种状态导出其他状态，形成导出的物质资源。

（3）形态易转换物质　形态易转换物质是指相对比较容易地改变状态和特性的物质。根据具体的设计需求，可以利用转换前后的物质或者利用转换过程中的能量及其变化。

（4）具有特殊性质的物质　在自然界和人造物中，某些物质具有一些特殊性质，这些特殊性质可以用来实现某些特殊功能。可以利用这些特殊性质来完成系统状态的改变，实现导出资源的获取。

（5）导出物质资源　对直接资源（如物质或原材料）进行变换或施加作用后所得到的物质资源称为导出物质资源。导出的形式可根据材料的形态、可转换形态和特殊性质而定。例如，金属零件毛坯是通过铸造得到的，因此毛坯可视为铸造的原材料的导出资源。

（6）差动物质资源　差动物质资源是指可被使用的物质内部结构特性或不同物质材料性质的差异性，它分为材料的各向异性和材料间性质的相异性。

利用差动物质资源就是利用物质的这些差异性完成设计。

1）材料的各向异性：各向异性也称为"非均质性"，是指物体的全部或部分物理、化学等性质随方向的不同而表现出一定差异的特性。各向异性主要表现在物质的光学特性、电（磁）特性、声学特性、力学特性、化学特性、几何特性等方面，如图8-2所示。晶体的各向异性具体表现在晶体不同方向上的弹性模量、硬度、断裂抗力、屈服强度、热膨胀系数、导热性、电阻率、电位移矢量、电极化强度、磁化率和折射率等都是不同的。

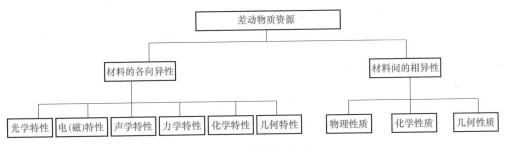

图8-2　差动物质资源

光学特性：光学的各向异性是指光在物质中不同方向上的折射率、吸收率不同。例如，利用偏振片中微晶粒对不同振动方向的光吸收能力不同得到偏振光，或者利用具有光学各向异性的晶体在不同方向折射率不同，两次折射得到偏振光。

电（磁）特性：材料的电学各向异性是指材料的电导率、电阻率、介电常数等沿材料不同方向存在差异，磁各向异性是指物质磁性随方向而变。例如，异方性导电胶膜（Anisotropic Conductive Film，ACF）可以实现机械互连，能够仅在互连方向形成导电通路，而在互连方向的垂直方向绝缘，广泛用于液晶面板与驱动芯片的连接。

声学特性：声学的各向异性是指物质在不同方向上声学传导特性的差异。例如，一个零件内部各方向结构有所不同，表现出不同的声学特性，使得超声探伤成为可能。

力学特性：力学的各向异性是指物体的力学性能随测量方向而异的现象。例如，石墨在平面层内的原子间作用力很强，在层与层之间的作用力很弱；劈木材时沿着最省力的方向劈。

化学特性：化学的各向异性是指物质不同方向、不同位置上化学性质的差异性。例如，集成电路不能制作在硅片上有缺陷的部位，在制作前需要检测缺陷，位错和层错是单晶硅的主要缺陷，利用缺陷部位易被腐蚀的特性，采用金相腐蚀法观察晶体缺陷。

几何特性：几何的各向异性是指物质几何非一致性导致的物质其他特性的不同。例如，贵金属纳米粒子各项独特的化学和物理性质都是与其粒径和形貌密切相关的，铜小到某一纳米尺度将不再导电，而本来不导电的二氧化硅到某个纳米尺度将变成导体。此外，振动盘送料机是利用物料形状的非对称性，实现物料的整列输出的。

2) 材料间的相异性：材料间的相异性表面为不同材料的物理、化学、几何性质的不同。

物理性质相异性：利用不同材料具有的不同物理性质在设计中实现有用功能。例如，对合金碎片的混合物，可通过逐步加热到不同合金的居里点[⊖]，然后用磁性分拣的方法分拣得到不同合金；空气成分具有的不同凝点，可依此来制备氧气和氮气。

化学特性相异性：利用不同材料具有的不同的化学性质完成一定的功能。例如，利用材料不同的耐腐蚀能力实现电路板的制备，利用半透膜对不同离子通透和阻挡作用的不同实现液体溶质的分离。

几何相异性：利用不同物质几何形状、尺寸等的不同完成一定的功能。例如，通过滤网不同目数分离不同的物体。

2. 场资源

组件间通过场发生作用完成功能，场本质上就是能量的不同形式。

(1) 场的种类　TRIZ 中，"场"的概念被定义为一个物体对另一个物体施加的作用，常用的"场"包括机械能、声音和振动、热能、化学能、电场、磁场、电磁场、光能及其他辐射能。

(2) 常见的作用形式　机械场是产品中最常见的作用形式，物体的运动还会产生

⊖ 居里点也称为居里温度或磁性转变点，是指材料可以在铁磁体和顺磁体之间改变的温度，低于居里点温度时该物质为铁磁体，高于居里点温度时该物质为顺磁体，顺磁体的磁场很容易随周围磁场的改变而改变。

其他的力和作用,利用这些场可以完成一些附加作用。

(3) 导出场资源　通过对直接场资源的变换,或者改变直接场资源的作用强度、方向及其他特性所得到的场资源。可根据能量形式寻找导出场资源。例如,笼型电动机的旋转磁场是磁场的导出资源,闪电是云与大地之间的强大电场导出的电磁场资源(产生了电流)。

(4) 差动场资源　差动场资源是指可被利用的场分布的不均匀性,常见如下形式。

1) 场梯度的利用:利用场的强度在某一方向上的差异,如利用液体中压力随深度的变化实现上浮。

2) 空间不均匀场的利用:如精密加工或测量车间应远离振动源。

3) 场值与标准值的偏差的利用:所有的检测与诊断都是基于这一原理。

3. 空间资源

(1) 直接空间资源　"空间"往往是以设计约束的形式出现的。空间资源包括系统内部及其所处环境中未被占用的空间或"空洞",这种资源可以用来放置新的物体,也可用来在空间紧张时节约空间。空间资源搜寻方向有:①系统组件间的空间;②系统组件内部的空间;③未被占用的系统组件表面;④无用组件占用的空间;⑤未被使用的空间范围。

(2) 导出空间资源　由几何形状或效应引起的变化所得到的额外的空间。例如,带传动和打印机色带等利用莫比乌斯带增大磨损面积,延长使用寿命。

4. 时间资源

(1) 直接时间资源　"时间"通常也是以设计约束的形式出现的。时间资源是指可被用来改善系统操作的时间区间,它包括:①过程开始之前的时间段;②过程期间的时间段,如暂停和待机状态下的时间段;③同时进行不同的过程(并行行为)的时间段。

(2) 导出时间资源　由于加速、减速或中断所获得的时间间隔。例如,被压缩的数据可以在较短的时间内传输完毕,节约出的时间就属于导出时间资源。

5. 信息资源

(1) 直接信息资源　信息资源通常用于测量、监测和分离功能。信息资源是描述物质、场、属性改变或组件参数的数据,是描述系统、组件及其所处环境状态的所有信息,包括系统及其环境的变化信息,具体包括:①系统及其组成元素产生的场;②脱离系统的物质;③系统及其组成元素的特性(包括温度、透明度和固有频率等);

④ 通过系统及其组成元素的能流变化。

（2）导出信息资源　对与设计不相关的信息进行变换，使之与设计相关。所有的间接检测都是利用导出信息资源来完成。例如，地球表面电磁场的微弱变化可用于发现矿藏，这是利用了铁磁性矿藏对地球磁场的影响。

6. 功能资源

（1）直接功能资源　任何组件和系统都有执行超过其自身基本功能的功能的能力，功能资源就是系统及其所处的环境执行额外功能的能力。它包括：①系统及其所处环境的已知功能用于其他目的，如用旋转的自行车后轮辐条脱花生；②将系统及其所处环境的有害功能转换为有益功能，如给天然气加臭以易于发现泄漏保障安全；③系统及其所处环境可执行有益功能的合成与强化，如手机执行拍照功能。

（2）导出功能资源　经过合理变化后，系统完成辅助功能的能力，例如，对锻模经过适当修改后，锻件本身可以带有企业商标。

8.3　资源分析方法

资源分析首先要明确资源分析的目的。资源分析的最终目的是通过对系统或环境中资源的使用提高系统的理想度水平，根据理想度水平式（7-1），通常可以采取以下方式。

1）利用未被使用资源提供额外的有用功能，对应于增大式（7-1）的分子。

2）降低与成本有关的因素，尤其是：①去除未被使用的资源；②利用内部资源替代外部资源；③利用更廉价或更易获得的资源。该方式对应于减小式（7-1）分母的成本项。

3）降低与有害作用有关的因素，包括：①有害作用的组件功能的替代；②有害作用的消除；③有害作用的产物的利用。该方式对应于减小式（7-1）分母的有害功能项。

8.3.1　资源列表

资源分析可通过列写资源列表进行。资源列表包括资源类型、所需资源属性描述、可用资源和资源可用性评价，见表8-1。

表 8-1 资源列表

资源类型	所需资源属性描述	可用资源		资源可用性评价
物质资源	1. 2. …	内部资源	1. …	
		外部资源	1. …	
场资源	1. 2. …	内部资源	1. …	
		外部资源	1. …	
时间资源	1. 2. …	内部资源	1. …	
		外部资源	1. …	
空间资源	1. 2. …	内部资源	1. …	
		外部资源	1. …	
信息资源	1. 2. …	内部资源	1. …	
		外部资源	1. …	
功能资源	1. 2. …	内部资源	1. …	
		外部资源	1. …	

在列写资源列表前必须明确资源分析的目的。第 7 章介绍了进行理想解分析时，最后一步要回答"不出现这些障碍的条件是什么？创造这些条件的可用资源是什么？"，也就是要寻找资源满足理想解实现的条件，按照条件首先确定需要什么类型的资源，然后再分析资源应该具有什么属性。后续应用 TRIZ 工具进行问题求解的过程中，也会遇到系统组件或作用的改变或替代问题，也是要寻找可用资源。

8.3.2 资源搜索方向

在明确所需资源类型和资源属性之后，按照一定顺序进行可用资源搜索，搜索方向如图 8-3 所示。

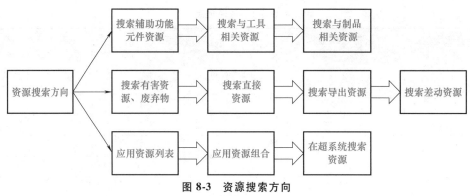

图 8-3 资源搜索方向

8.3.3 资源选择原则

资源选择原则是从资源可及性、资源可用性及成本、资源数量、资源质量等方面综合考虑和评价。

（1）资源可及性　尽可能多地发现资源为开发概念解提供更多机会，因为每项资源都是问题潜在的解。可用资源越多，解空间越大。一般系统与其组件具有的资源是最强的、最具效益的解的基础。若系统内资源已经足够充足，则不需要从系统外部引入资源就能获得好的解。因此在资源可及性方面，内部资源是首选，然后是系统内资源，再是超系统资源。但是从对系统的改变程度看，资源可及性越差，对系统的改变就越大。

（2）资源可用性及成本　从对系统影响最小的角度考虑，直接资源应是首选，然后是导出资源，如果涉及检测功能，则应寻找差动资源。从资源成本的角度考虑，应该首选无成本资源（如空气、重力），然后是低成本或廉价资源，最后选择昂贵资源。

（3）资源数量　按照可用资源存在的数量，资源的状态可以分为资源不足、资源充足和资源过剩。从资源数量的角度考虑，应优先使用过剩资源，其次选择供应充足的资源，最后选择供应不足的资源。

（4）资源质量　按照资源的质量，资源可以分为有用资源、不确定资源和有害资源。从资源质量的角度考虑，应优先选用有用资源，其次选择不确定资源，最后选择有害资源。

8.4 资源分析应用实例

【例 8-1】　中药滴丸机工作原理如图 8-4 所示，加热器 1 加热保温液 3 使药液熔融，熔融药液 2 通过滴嘴 4 连续滴下，液态滴丸 9 滴到下面的冷凝剂 8 中固化成丸。

滴嘴结构如图8-5所示，针阀用于在药液加热过程中关闭滴嘴。当前存在的问题是，滴制完成后，滴嘴的小孔内通常残留部分药液，药液凝固后容易把滴嘴小口堵死，因此需要在一批滴丸制作结束后，把滴嘴逐一取下清洗，导致生产率低下。

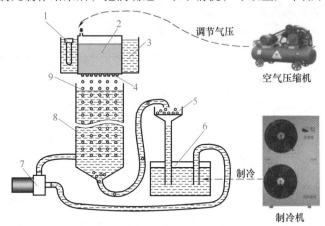

图8-4　中药滴丸机工作原理示意图

1—加热器　2—熔融药液　3—保温液　4—滴嘴　5—过滤器　6—负压槽　7—泵　8—冷凝剂　9—液态滴丸

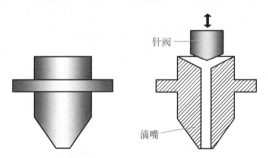

图8-5　滴嘴结构示意图

结合该项目的实际条件，确定该问题的理想解是：不需额外装置或操作，滴嘴就能够自己保持清洁。对滴嘴进行资源分析，资源列表见表8-2。

表8-2　资源列表

资源类型	所需资源属性描述	可用资源		资源可用性评价
物质资源	1. 能够与滴嘴孔壁上的液滴或固化物作用的物质 2. 药物不吸附的物质	内部资源	1. 滴嘴	需改变滴嘴涂层材料，易引起药液污染
			2. 针阀	可执行与液滴或凝固了的液滴的机械作用，变换后可用
		外部资源	1. 加热器	需附加装置把热传导到滴嘴，对系统改变大
			2. 药液上方空气	可加热空气或改变压力
			3. 化学溶剂	需要溶剂不引起污染，成本高

(续)

资源类型	所需资源属性描述	可用资源		资源可用性评价
场资源	1. 需移动药液的力场 2. 需溶解药液的化学场 3. 需熔融药液的热场	内部资源	1. 机械场	略
			2. 热场	略
		外部资源	1. 气体或液体压力	略
			2. 热场	略
			3. 化学场	略
			4. 重力场	略
功能资源	需要移除滴嘴中液体或固体的功能	内部资源	1. 针阀的启闭功能	略
			2. 阀嘴的导向功能	略
		外部资源	1. 加热功能	略
			2. 保压功能	略

最终根据资源分析结果，设计出了一种针阀式滴嘴（ZL200420028766.2）。其结构如图 8-6 所示，是在固定的滴嘴的孔中，穿装一根可以活动的阀杆，阀杆的上端紧固连接在中药滴丸机的移动机构上。在药液满足限制的条件时，打开滴嘴小孔，药液可以经小孔向下流动。滴制工作完成后，阀杆在移动机构的推动下伸入滴嘴小孔，将滴嘴关闭，能够自己保持清洁。

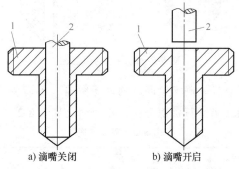

a) 滴嘴关闭　　b) 滴嘴开启

图 8-6　针阀式滴嘴结构示意图

1—滴嘴　2—阀杆

思考题

【分析题】

1. 资源分析的作用？
2. TRIZ 中如何定义物质资源的？
3. 列举几种常用的场资源。

思政拓展：

扫描下方二维码了解我国如何突破创新实现海水稻成功种植的，体会其中蕴含的创新精神。

科普之窗
中国创造：海水稻

第9章 特征转移

回顾前文所讲述的分析工具，功能分析工具使人们能识别出有问题的组件；因果链分析工具使人们能够找出问题的根源，产生许多解决问题的思路。本章将介绍 TRIZ 分析问题的另一个工具——特征转移。特征转移是一种通过将某一系统中具备类似主要功能的某个特征转移到本系统中的一种方法，是一种用于识别问题、提供解决问题思路或提高系统性能的工具。

9.1 特征转移概述

技术系统是能够执行特定功能的系统，并且其中的绝大部分功能兼具缺点和优点，因此很难有完美无瑕并且能满足所有需求的技术系统。以世界上主流的交通工具为例，汽车能在公路上疾驰，但不能脱离地面行驶；飞机能在空中多自由度地高速飞行，但不能在地面上快速移动。如果将二者的主要功能结合起来形成一种能飞行的汽车，即为飞行汽车（图 9-1），就能兼具二者的优点。当两个技术系统原理类似时，可以将其他技术系统中优异的特征移植到当前待改善的系统中，使当前系统具备更多的特征并能满足更广泛的需求。

图 9-1 飞行汽车

特征转移是在两个优缺点完全相反的替代系统中进行的，它将特征来源技术系统中的特征转移到基础系统中，用以克服基础系统的缺点并保持原有优点。

有时市场上已经有不同类型的产品，它们各自能够完成某种功能，而人们在开发新产品的时候，就可以考虑结合各个系统的优点，开发出更好的产品，以更好地适应用户需求。例如，市场上有不同类型的汽车全景雷达监控，可以对它们的功能进行结合，做到取长补短，更好地减小汽车的驾驶盲区范围而避免交通事故的发生。

运用特征转移，可以对拥有相同或类似主要功能的不同系统的优缺点进行分析，然后以其中的一个系统为基础，将其他系统的优点转移到该系统中。需要注意的是，转移的是具备优点的特征，而不一定是另一个系统的某个组件。

9.2 特征转移的应用场景

特征转移在现代TRIZ体系中，主要基于以下两种情况进行分析。

1）对已有技术系统进行改进而形成一种新系统：通过特征转移弥补某一个有缺点的技术系统。

2）开发一种全新的技术系统：项目团队只确定了未来技术系统所需要具备的主要功能，但目前并没有一套现成而完整的解决方案，所以需要开发一种全新的技术系统来执行所需要具备的主要功能。这种情况下，可以采用特征转移的方法，先搜集几种已经能够执行某种特定主要功能的技术系统，它们有各自的优缺点，接着可以利用特征转移的方法把搜集到的几种技术系统相结合，将各技术系统中具备优点的特征转移并合并到新的技术系统中，让新的技术系统具备几种技术系统的全部优点，以一种独特方式实现所需功能。

特征转移形成的新技术系统往往会存在着不少问题，需要用TRIZ中的问题分析工具，如功能分析、因果链分析等将问题进一步明确化，再利用TRIZ中的问题解决工具，如发明原理、标准解等方法产生解决方案。

【例9-1】 造船厂想开发一种新颖的轮船，并突破传统思路使轮船的航速变得更快。经过研究分析，飞机作为交通工具（图9-2b）能运输货物，具有与轮船（图9-2a）相同的主要功能，在速度方面也比船更有优势。试运用特征转移进行分析，探索轮船改造思路。

图9-2 飞机具有轮船所需要的优点

轮船载重量大，但速度比较慢；而飞机速度快，但载重量小。如果能够将这两种系统的优势特征识别出来，将优点进行结合，则有可能使新系统既具有载重量大，又具有速度快的特征，互补技术系统的优缺点见表9-1。

表 9-1　互补技术系统的优缺点

技术系统	船	飞机
载重量	大（+）	小（−）
速度	慢（−）	快（+）

该船厂的人员首先研究了飞机移动速度快的原因。研究发现，飞机机翼在飞行的过程中起主要作用，飞机高速运动时产生的气流可以让机翼产生升力，而在飞行的过程中阻碍飞机工作的主要是空气阻力。

于是，将机翼转移到船上的思路由此诞生，经过结合后形成了水翼船，水翼利用船只在水中高速运动产生的升力，将轮船的主体部分托出水面，仅有水翼在水下，大大减小了行驶阻力，从而使轮船同时具备了速度快和载重量大的特征，如图9-3所示。

图 9-3　水翼船具有轮船和飞机的特征

根据对水翼船的分析，特征转移可以使系统：①保持原有系统的优点；②通过将其他系统的优势特征转移到基础系统中，从而使基础系统拥有了新的优点。

为了更深入地分析，需要认识如下几个关于系统的相关定义。

1）竞争系统：与待改进系统主要功能相同的不同技术系统。在例9-1中，所有运输货物的技术系统都可以视为竞争系统，如飞机、火车、汽车、马车等。

2）替代系统：与待改进系统具有完全相反优点、缺点的竞争系统。在例9-1中，飞机即为备选系统。

3）基础系统：拥有一定缺点的技术系统。可以是原有待改进系统，也可以是从替代系统中选取的一个系统。特征转移是以本系统为基础，将其他系统的特征转移到本系统中，以弥补本系统的不足。在例9-1中，轮船就是基础系统。

4）特征来源技术系统：具备基础系统所不具备的优点特征，并可以将本系统的这个特征转移到基础系统中的系统，在例9-1中，飞机就是特征来源技术系统。

9.3 特征转移的步骤

特征转移的步骤如下。

1）识别待改进系统的主要功能。

2）确定竞争系统。

3）分析待改进系统的优点和缺点，能够弥补待改进系统缺点的特征即为新系统所需具备的。

4）从竞争系统中选取替代系统。

5）确定基础系统。

6）确定特征来源系统。

7）识别特征来源技术系统中形成优点的特征或组件。

8）将特征来源系统形成优点的特征转移到基础系统中。

9.4 特征转移的实例

【例9-2】 一次性纸杯（图9-4）由于价格低廉、使用方便，被广泛运用到酒店、餐馆等公众场所。但当纸杯盛装热水时，由于纸杯的杯壁较薄，隔热效果较差，热量不能被杯壁充分隔绝而传递到皮肤上，有时会不慎烫伤手。基于此问题，人们需要设计一种新型的一次性纸杯解决烫手的问题，要求廉价、方便并防止烫手。

图9-4 一次性纸杯

1）识别待改进系统的主要功能：一次性纸杯的主要功能是装水。

2）确定竞争系统：与一次性纸杯主要功能相同的技术系统有玻璃瓶、矿泉水瓶、带把茶杯、双层玻璃杯等。

3）分析待改进系统的优点和缺点：一次性纸杯的优点是价格低廉、使用方便，缺点是盛热水时会烫到人们接触纸杯杯壁的皮肤。

4）从竞争系统中选取替代系统：从竞争系统中选取与一次性纸杯具有完全相反

特征的技术系统。从确定的竞争系统中很容易就能够区分出不适合作为替代系统的竞争系统,如玻璃瓶、矿泉水瓶,它们并不具备新系统所需具备的优点,因为它们也会烫手。而那些具备所需要的优点的竞争系统就有可能成为替代系统,如带把茶杯、双层玻璃杯等。与一次性纸杯相比,它们都具有不烫手的优点和成本高的缺点,它们的优、缺点都是刚好是相反的,因此确定双层玻璃杯、带把茶杯都是一次性纸杯的替代系统。本例先将双层玻璃杯作为替代系统进行对比分析,见表9-2。

表 9-2 一次性纸杯与双层玻璃杯的对比

技术系统	一次性纸杯	双层玻璃杯
成本	低(+)	高(-)
隔热效果	差(-)	好(+)

5)确定基础系统:双层玻璃杯和一次性纸杯都可以作为潜在的基础系统,要选择更易实施改进的系统作为基础系统。经过分析,选择价格低廉的一次性纸杯作为基础系统。

6)确定特征来源系统:确定双层玻璃杯为特征来源系统。因此需要将双层玻璃杯隔热效果好这一优点对应的特征转移到一次性纸杯中。

7)识别特征来源系统中形成优点的特征:双层玻璃杯的双层结构具有很好的隔热性,所以在盛装热水时也不会烫手。

8)将特征来源系统形成优点的特征转移到基础系统中:将从双层玻璃杯中识别出来的双层结构这一特征转移到一次性纸杯中,把一次性纸杯的杯壁制成双层而留有一定空隙,形成具有双层结构的一次性纸杯(图9-5),则这种新的纸杯可以兼具成本低和不烫手的优点,见表9-3。

图 9-5 双层结构的一次性纸杯

表 9-3 一次性纸杯与双层玻璃杯的特征转移

技术系统	一次性纸杯	双层玻璃杯	双层一次性纸杯
成本	低(+)	高(-)	低(+)
隔热效果	差(-)	好(+)	好(+)

对于例9-2也可以将带把茶杯作为替代系统,重复步骤3)~8),完成功能转移。仍以一次性纸杯为基础系统进行分析的结果见表9-4。

表 9-4 一次性纸杯与带把茶杯对比

技术系统	一次性纸杯	带把茶杯
成本	低(+)	高(-)
隔热效果	差(-)	好(+)

同理，先将带把茶杯隔热效果好的优点识别出来。通过分析可以发现，带把茶杯的杯把距离杯壁较远，可以有效地将手和高温的杯身分隔开，杯子也就具备了隔热效果好的优点。可以将杯把的特征转移到一次性纸杯上，通过黏合、压制等方式在一次性纸杯杯壁上增添一个纸质杯把，如图 9-6 所示，有杯把的一次性纸杯也就拥有了成本低和不烫手的优点，见表 9-5。

图 9-6 带把一次性纸杯

表 9-5 一次性纸杯与带把茶杯的特征转移

技术系统	一次性纸杯	带把茶杯	带把一次性纸杯
成本	低(+)	高(-)	低(+)
隔热效果	差(-)	好(+)	好(+)

9.5 特征转移细则

特征转移细则在 TRIZ 中归结为如下四条。
1）多步特征转移。
2）过程作为替代系统。
3）物理系统的集成和特征转移。
4）活泼和惰性特征的集成。

9.5.1 多步特征转移

多步特征转移指的是特征转移并不只进行一次，而是可以重复多次，逐步将不同的特征集成到新系统中。例如，早期使用的黑白电视（图 9-7）只能通过信号线转接信号来播放；随着三束彩显管技术的逐渐成熟，黑白电视的视觉效果与真实场景视觉差别较大，彩色电视（图 9-8）被发明出来，为人们增添了色彩画面；彩色电视虽然实现了颜色的突破,但存在体积很大的缺点,液晶电视(图9-9)的出现很有效地解决了体积问题;随着互联网的发展,如今的电视已经步入智能化时代,逐渐将计算机中的很多特征通过一定的技术手段融入电视中形成智能网络电视(图9-10),蓝牙功能、网络连接功能的植入都属于多步特征转移完成的。

图 9-7　黑白电视

图 9-8　彩色电视

图 9-9　液晶电视

图 9-10　智能网络电视

9.5.2　过程作为替代系统

除了装置可以进行特征转移以外,工艺过程也可以进行特征转移,即可使用过程作为替代系统来转移特征。例如,在对金属表面进行粗加工时,不仅可以采用铣削工艺,还可以采用刨削等工艺,尽管工艺过程不一样,但是只要采用合适的刀具都能达到所需的表面粗糙度。

9.5.3　物理系统的集成和特征转移

1. 物理系统的集成和特征转移的条件

如果某个优点对应的特征是系统所需要的,且该特征属于它的某个组件,若条件允许，即可直接把这个组件引入基础系统，从而使特征转移变得相对容易。将具备某个优点的组件引入到基础系统需要具备以下条件。

1）如果基础系统内有足够的空间，则可以直接把这个组件转移到基础系统当中，增加的组件使基础系统兼具二者的优点。

2）如果基础系统内空间不足，则不能直接转移该组件，而是采用空间更小的替代品。

2. 物理系统的集成和特征转移的步骤

进行物理系统集成和特征转移步骤如下。

1）识别出为基础系统带来优点的组件。
2）识别出为替代系统带来优点的组件。
3）确认它们是否必须处于同一个空间。
4）转移物理组件或转移特征。

对于步骤1）和步骤2）识别出来的两种组件，如果二者可以处于不同的空间，可以对这两个组件进行物理集成，因此直接把替代系统的组件集成到基础系统当中即可；如果二者必须处于同一个空间，则需要转移的是替代系统中具备优点的那个特征；如果两个组件必须要占据相同的空间，有的时候可以将这两个组件以混合物的形式进行物理集成，也就是说，虽然两个组件在宏观上必须占据同样的空间，但在微观上它们又不是必须占据相同的空间，此时就可以把这两个组件进行细分切割，然后将它们混合在一起。但这样做的前提是，即使将它们进行了分割，这两种组件仍然能够执行各自的有用功能，物理性质不会因此而发生变化。

9.5.4 活泼和惰性特征的集成

若一个系统在正常条件工作时没有缺点，但某个性能一旦过量就会带来反应过度的副作用，由于过度反应是缺点，因此可以从替代系统中选择一种特征进行转移，转移的特征在系统正常工作时没有功能作用，即没有任何需要具备的优点，但它也不存在明显的缺点，这种没有指定功能的特征称为惰性特征，反之，有指定功能的特征称为活泼特征。当活泼特征与基础系统结合时，可以既利用基础系统的积极效果，也就是优点，又利用活泼特征直接补充的功能，直接使系统得到所需功能的增强；惰性特征与基础系统结合时，利用惰性特征来稀释它的缺点，从而让整个技术系统工作正常。

活泼特征的结合就如固定雷达底座上加装一个旋转装置，扩大信号接收范围，增强信号接收功能；惰性特征的结合以汽车为例，虽然尾翼的加装会增加车身的质量，但增大的比例很小，而同时尾翼能使高速行驶的汽车得以稳定行驶，使得汽车这个技术系统能正常工作。

思考题

【选择题】

1. 在 TRIZ 中,具有完全相反优点、缺点的技术系统称为(   )。

   A. 竞争系统　　　　　　　　　　　B. 替代系统

   C. 基础系统　　　　　　　　　　　D. 特征来源技术系统

2. 在 TRIZ 中,选择成本较低或较简单的系统比较合适,但这取决于项目的(   )及具体的限制条件。

   A. 目标　　　　B. 成本　　　　C. 功能　　　　D. 性质

3. (多选)通过特征转移,我们可以(   )。

   A. 保持原有系统的优点

   B. 将具有其他优点的系统的优势特征移植到基础系统

   C. 使基础系统具备新的优点

   D. 改正已有缺点

【填空题】

4. 特征转移的细则有_____、_____、_____ 和_____。

5. 特征转移的应用场景一般为_____和_____。

【分析题】

6. 简述特征的定义。

7. 什么是特征转移?

8. 简述特征转移的应用场景。

9. 简述特征转移的用处。

10. 简述特征转移的步骤。

11. 简述竞争系统、替代系统、基础系统及特征来源技术系统的定义。

思政拓展:

LAMOST 是由我国自主创新设计,目前我国口径最大的望远镜,它比地球上任何一个望远镜都能同时看到更多的天体,扫描下方二维码了解 LAMOST 的中国创造历程,体会其中蕴含的创新精神。

科普之窗
中国创造:LAMOST

第10章　TRIZ创新分析工具

10.1　九屏幕法

10.1.1　九屏幕法概述

系统通常由多个子系统组成，同时它自身又隶属于一个更大的系统，即超系统。万事万物都在发展变化，一个系统也有它的过去与未来。一般情况下，我们所要研究的问题在当前系统中，但解决问题常常需要用到子系统或超系统资源，或者需要考虑系统、子系统或超系统的过去与未来的发展变化。如果从时间与空间的二维角度去思考问题，可以"打开"如图10-1所示的"九个屏幕"，这种思考问题查找资源的方法被形象地称为九屏幕法，简称九屏法，也称为九宫格法。

1）当前系统：是指正在发生当前问题的系统或者当前正在普遍应用的系统。

2）当前系统的子系统：是指构成技术系统的低层次系统，任何技术系统都包含一个或多个子系统。子系统在上级系统的约束下发挥作用，它一旦发生改变，就会引起高层次系统的变化。

3）当前系统的超系统：是指技术系统之外的高层次系统。

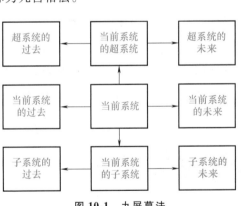

图10-1　九屏幕法

4）当前系统的过去：是指发生当前问题之前该系统的状况，包括系统之前运行的状况、其生命周期各阶段的情况等。可以通过对过去事情的分析，找到当前问题的解决办法，以及如何改变过去的状况来防止问题发生或减少当前问题的有害作用。

5）当前系统的未来：是指发现当前系统有这样的问题之后该系统未来可能发生的状况。可以根据将来的状况，寻找当前问题的解决办法或者减少、消除当前问题的有害作用的方法。

6) 超系统的过去和超系统的未来：是指发生问题之前和之后超系统的状况。可以分析这些状况来寻找防止或减弱问题的有害作用的方法。

7) 子系统的过去和子系统的未来：是指发生问题之前和之后子系统的状况。可以分析这些状况来寻找防止或减弱问题的有害作用的方法。

10.1.2 九屏幕法的运用

九屏幕法查找资源的思路和步骤如下。

1) 从当前系统本身出发，考虑可利用的资源。
2) 考虑子系统和超系统中的资源。
3) 考虑当前系统的过去和未来，从中寻找可利用的资源。
4) 考虑子系统和超系统的过去和未来。

运用九屏幕法的注意事项如下。

1) 九屏图中子系统、超系统不唯一，可以单独绘制，也可以一起绘制，形成扩展九屏图。
2) 系统的过去、现在、未来并非一脉相承，而是根据功能需求呈跳跃式发展状态，因此可以从系统的过去和未来寻找当前问题的答案。
3) 系统由子系统构成，也是超系统的一部分，解决当前系统问题可以从子系统和超系统获得直接资源或导出资源。
4) 资源挖掘要全面具体、循序渐进。分析每个系统过去、现在和未来的状态来寻找问题（可以用因果链分析方法）和解决方案（可以用 TRIZ 中 40 个发明原理、76 个标准解），或者针对某个系统的功能深度分析，采用技术系统进化定律激发创意。

10.1.3 应用实例

1. 对当前系统的子系统做出改进解决问题实例

【例 10-1】 统计数据显示服用安眠药已成为自杀的最主要途径，为防止服用安眠药自杀，对安眠药成分进行分析和改进。

1) 增加安眠药外衣，达到缓释效果。
2) 在安眠药外衣中增加可导致服用者呕吐的物质：少量服用时对服用者无作用，大量服用时呕吐剂发生作用。

2. 对当前系统的超系统做出改进解决问题实例

【例 10-2】 作战半径是衡量战斗机乃至空军作战能力的重要指标之一。为了增大飞机的作战半径，人们总是尽可能地增加飞机的载油量，但过大的油料载荷只能以牺牲飞机的其他性能为代价。在单一飞机技术系统内解决这个冲突非常困难。试对此问题进行分析和改进。

在超系统内，飞行编队中加入专用的加油机，就能较好地解决这一冲突。经过一次空中加油，轰炸机的作战半径可以增加 25%～30%；战斗机的作战半径可增加 30%～40%；运输机的航程差不多可增加一倍。如果多次实施空中加油，作战飞机就可以做到"全球到达，全球作战"。

3. 根据当前系统的未来解决问题实例

【例 10-3】 圆木装车前需要测量计算圆木体积，传统方法测量费时、费力。试对此问题进行分析和改进。

在圆木装车以后，采用相机拍照、图片对比测量的方法计算圆木体积，提高了效率。

10.2 聪明小人法

10.2.1 聪明小人法概述

聪明小人法是阿奇舒勒 20 世纪 60 年代开发的一种方法，也称为小矮人法，简称小人法。当系统内的某些组件不能完成其必要的功能，并表现出相互矛盾的作用时，尝试用一组小人来代表这些不能完成特定功能的组件，然后将小人重新排列组合，对结构进行重新设计，实现预期的功能。

10.2.2 聪明小人法的运用

聪明小人法分析问题和提出解决方案的过程如下。

1）确定矛盾的范围：当系统内的某些组件不能完成其必要功能并相互矛盾时，找出这些存在矛盾的部分而确定矛盾的范围。

2）建立问题模型：把矛盾范围内的组件想象成一群一群的小人，明确这群小人如何完成功能，以及在完成功能的时候出现了什么问题（描述当前状态）。

3）建立方案模型：研究问题模型，想象这群小人如何行动能解决问题（该怎样打乱重组），并用图表显示。

4）方案优化：对小人模型进行改造、重组，使其符合理想功能的期望。

5）过渡至技术解决方案：将小人固化成所需功能的组件，从方案模型过渡到实际的技术解决方案（变成怎样）。

需要注意的是，绘制小人模型时要设置足够多的小人。

10.2.3 应用实例

【例10-4】 下面用阿奇舒勒编著的《创造是精确的科学》中的一个例子说明如何用聪明小人法去想象，用抽象的方法解决抽象的问题。在不增加发动机功率的情况下，如何提高破冰船破冰前行的速度？

这个问题很庞大，因为破冰船是一个十分复杂的系统，而且很难锁定问题的根源。当阿奇舒勒把这个问题抛给大家时，学习过 TRIZ 的学员立刻想到用拟人法。一个学员把自己想象成破冰船，面前的一张桌子想象成浮在海面上的冰，他走到桌子前上也不是，下也不是，始终想不到除了"硬怼"以外的方法。这个学员被禁锢在了拟人法的局限中——人的肉身是一个不可分割的整体。而另一个学员则灵活许多，他同样把自己想象成破冰船，同样把桌子想象成冰面，他走到冰面前，没有采取硬碰硬的战术，而是"创造分身"，采取了迂回包抄的战术。他想，如果有许多小人，一部分走冰面上，一部分走冰面下，上下呼应，只需要像两排利齿一样咬穿冰面即可。相比"硬怼"冰面前行，这种边"啃"边前行的方法显然更高效。方法确定后，只需要将小人们转换为现实中的机械结构即可。

聪明小人法帮助人们打破惯性思维，为解决复杂问题提供明确的道路，让人们的思维得到进一步的拓展，可以使很多的"不可能"变成现实。因此，想要激发自己的创新思维，可以尝试选择这种方法。

10.3 金鱼法

10.3.1 金鱼法概述

"金鱼法"这个名称源自俄罗斯普希金的童话故事《金鱼与渔夫》，故事中渔夫的愿望在金鱼的帮助下得以实现。金鱼法是让幻想部分变为现实的方法，故又称为情境幻想分析法。金鱼法在幻想式解决构思中区分出现实和幻想两部分,再从解决构思的幻想部分中区分出现实与幻想两部分。反复进行这样的划分,直到确定问题的解决构想能够实现时为止。这一方法实际上就是对问题采取"一分为二"的方法,迅速"定位"问题,寻找解决方案。

10.3.2 金鱼法的运用

应用金鱼法的具体步骤如下。

1) 将解决构思分为现实部分和幻想部分。
2) 思考问题1:幻想部分为什么不现实?
3) 思考问题2:在什么情况下幻想部分可变为现实?
4) 列出超系统、系统、子系统的可用资源。
5) 从可用资源出发,提出可能的解决方案(若仍有不现实部分,则为解决构思)。
6) 针对解决构思中的不现实部分,再次回到步骤1),重复进行各步骤。

10.3.3 应用实例

【例10-5】 怎样用四根火柴棍摆成一个"田"字呢?受思维惯性的影响,大家可能觉得摆成一个"田"字至少需要六根火柴棍,而现在只有四根,该怎么办呢?或许可以将它们折断重新组合,但这种做法理论上可以组成任何一个字,也就失去了游戏的趣味性。下面用金鱼法来解决这个问题。

1) 首先将解决构思分解为现实部分和幻想部分。

现实部分:四根火柴棍、摆成一个"田"字的想法。

幻想部分:四根火柴棍在不折断的情况下摆成一个"田"字。

2) 思考问题1:幻想部分为什么不现实?

受思维定式的影响,四根火柴棍只是四条线段,而摆成一个"田"字至少需要六条线段,并且火柴棍不能折断。

3) 思考问题2:在什么情况下幻想部分可变为现实?

借助它物,火柴棍上自身含有组成"田"字的资源。

4) 列出系统、超系统和子系统的可用资源。

超系统:火柴盒、桌面、空气、重力、灯光等。

系统:四根火柴棍。

子系统:火柴棍的横端面和纵端面。

5) 从可用资源出发,提出可能的解决方案:借助火柴盒或桌角的两条边,四根火柴棍就能摆成一个"田"字；借助两条直光线，四根火柴棍也可以摆成一个"田"字；火柴棍的横端面是个矩形，而四个矩形就能组成一个"田"字。

10.4 STC 法

10.4.1 STC 法概述

STC 法即尺寸-时间-成本（Size-Time-Cost）法。系统的尺寸（Size）、时间（Time）和成本（Cost）在现有状态下常常不能充分表现其固有特征，加上思维定式的影响，人们有时无法发现解决问题的资源。此时可以换个角度思考，进行一种发散思维的想象试验，将 S（尺寸算子）、T（时间算子）和 C（成本算子）这三个因素算子按照三个方向、六个维度进行变化，将这三个因素分别递增到最大、递减到最小，直到系统中有用特性的出现。这种分析问题、查找资源的方法即为 STC 法。STC 法也被形象地称为特征检查仪，它是一种让人们的大脑进行有规律、多维度思维发散的方法，比起一般的发散思维和头脑风暴，这种方法能更快地得出我们想要的结果。

10.4.2 STC 法的运用

STC 法的运用就是将尺寸、时间和成本因素进行一系列变化的思维试验，其分析过程如下。

1) 明确研究对象现有的尺寸、时间和成本。
2) 试验 1：想象其尺寸逐渐变大以至无穷大（$S \to +\infty$）时会怎样。
3) 试验 2：想象其尺寸逐渐变小以至无穷小（$S \to 0+$）时会怎样。
4) 试验 3：想象其作用时间或运动速度逐渐变大以至无穷大（$T \to +\infty$）时会怎样。
5) 试验 4：想象其作用时间或运动速度逐渐变小以至无穷小（$T \to 0+$）时会怎样。
6) 试验 5：想象其成本逐渐变大以至无穷大（$C \to +\infty$）时会怎样。
7) 试验 6：想象其成本逐渐变小以至无穷小（$C \to 0+$）时会怎样。

使用 STC 算子要注意如下事项。
1) 每个想象试验要分步递增、递减，直到物体出现新的特性。
2) 不可以在还没有完成所有想象试验、担心系统变得复杂时提前终止。
3) 使用成效取决于主观想象力、问题特点等。

4）不要在试验的过程中尝试猜测问题的最终答案。

10.4.3 应用实例

【例 10-6】 海锚对船只的停靠、风浪中的航行安全起保障作用，但对于巨型船只，海锚并不是很可靠。利用 STC 算子分析这个问题。

系统组件：船、海锚、海水、海底。功能需求：更好地保证船只安全。用 STC 法对海锚进行分析，过程如下。

1）尺寸：船身长 100m，距离海底 1km。时间：海锚到海底需要 1h。成本：海锚成本为 200 美元。

2）试验 1：尺寸 $S \to +\infty$。如果把船的尺寸增大为原来的 100 倍，变为 10km，则船底就会已经触到海底了，船沉到海底了也就不需要海锚了。

3）试验 2：尺寸 $S \to 0+$。如果把船的尺寸缩小为原来的 1/1000，变为 10cm，则问题解决但船变得太小了（如同一块小木片），缆绳的长度和重量远远超过小船靠浮力所能承受的范围，船将无法控制并沉没。

4）试验 3：时间 $T \to +\infty$。如果把时间扩大为原来的 10 倍，则锚会下沉得很慢，可以很深地嵌入海底，打下扎到海底的桩子。有一种在美国已获得专利的振动锚，锚靠电动机的振动深深地嵌入海底，但这种方法不适用于岩石海底。

5）试验 4：时间 $T \to 0+$。如果把时间缩短为原来的 1/100，就需要非常重的锚，才能够快速地下沉到达海底。如果把时间缩短为原来的 1/1000，锚就要像火箭一般插入海底。如果把时间缩短为原来的 1/10000，则只能利用爆破焊接将船连接到海底。

6）试验 5：成本 $C \to +\infty$。如果不计成本，就可以使用特殊的方法和昂贵的设备。

7）试验 6：成本 $C \to 0+$。如果需要成本为零，那就只能利用现有的环境资源——海水。如果可行，则可以被认为是最好的方法。

利用 STC 法不是为了获取问题的答案，而是为了开拓思路，寻找突破性的解决方案。用 STC 法处理问题后，应该找到技术矛盾和物理矛盾，利用物-场分析和发明问题解决原理解决问题。例 10-6 在现实中的最终方案是用一个带制冷装置的金属锚，锚重 1t，制冷功率为 50kW，运行 1min 后，锚的系留力可达 20t，10~15min 后可达 1000t（苏联专利 NO：1134465）。

思考题

【分析题】

1. 用九屏幕法分析一个技术系统。

2. 简述 STC 法的规则。

3. 简述利用聪明小人法解决问题时需要注意的事项。

思政拓展：

扫描下方二维码了解超级镜子发电站的中国创造历程，体会其中蕴含的创新精神。

科普之窗
中国创造：超级镜子发电站

第3篇 问题求解篇

通过关键原因分析，在功能模型上确定冲突区域后，从冲突区域和重要子系统或系统两方面分析理想解，然后选择理想解求解策略，根据不同的求解策略、应用不同的问题求解工具，如图Ⅲ-1所示。在求解过程中，要充分利用资源列表中列出的可用资源。

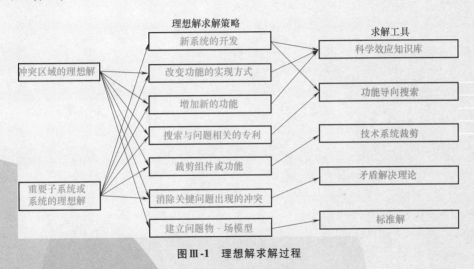

图Ⅲ-1 理想解求解过程

1) 如果尝试改变冲突区域、子系统或系统的功能实现方式，或者增加新功能或作用。则需要把功能重新描述，用功能元或功能结构表达所求解功能，然后用科学知识效应库求解。

2) 利用领先领域现有的解决方案，应该功能导向搜索进行求解。

3) 可以对冲突区域或系统内组件及其功能进行裁剪，应用裁剪规则和流程进行求解。

4) 根据关键原因分析结果，尝试通过某种措施消除关键原因，然后分析关键原因改变带来的不利影响，从而可以构建矛盾，应用矛盾解决理论进行求解。

5) 由关键原因分析确定的冲突范围可以建立问题的物-场模型，物-场分析就是在此基础上，选择物-场分析变换规则，或应用76个标准解获取解决方案。

6) 将关键原因演化到一个容易解决的清晰的问题点上，并转化为标准的 TRIZ

模型后，运用相应的 TRIZ 工具产生解决方案。

本篇主要介绍 TRIZ 中发明问题求解的工具：科学效应知识库（第 11 章）、功能导向搜索（第 12 章）、技术系统裁剪（第 13 章）、技术矛盾解决理论（第 15 章）、物理矛盾解决理论（第 16 章）、物-场分析及其解法（第 17 章）、发明问题解决算法（第 18 章）。

第11章 科学效应知识库

科学效应知识库是 TRIZ 中最朴素的思想,是对现有效应和实例的分类总结,是能够为人们所用的一本 TRIZ"工具书"。阿奇舒勒及其领导的研究人员从 1969 年开始收集效应,阿奇舒勒发现以不同形式出现在不同领域、不同时期的很多专利,其原理和解决办法是相同的,很多专利是由相同的效应实现,通过对专利进行整理、归纳、提炼和重组,初步建立了科学效应知识库。

11.1 知识库与科学效应

阿奇舒勒建立的科学效应知识库总结了 100 个常用效应,它们被包含在 30 个功能代码中,即每种功能都可通过若干个效应来实现。阿奇舒勒把科学效应知识库作为 TRIZ 中用于解决问题的知识工具,明确了科学效应知识库在 TRIZ 中的概念及价值。由于大多数效应都源自于对专利的分析与总结,TRIZ 研究人员分别提出了不同的专利知识挖掘方法,来扩充科学效应知识库。有人认为科学效应知识库是产品的设计目标和达成目标所需知识的联系,它将多种学科的科学原理在工程应用中有机结合在一起,消除了理论和应用的隔阂。

在 TRIZ 研究的早期阶段,阿奇舒勒就已经验证:对于一个给定的技术问题,尤其是已有系统的功能增强或引入一个(多个)新功能,可以运用各种物理、化学、生物和几何效应使解决方案更理想化也更简单地实现。同时,他还发现高等级专利中经常采用的解决方案均应用了不同的科学效应。因此,在创新的过程中,运用物理、化学和几何效应解决问题非常简单、合理。

效应是对系统输入与输出间转换过程的描述,该过程由科学原理和系统属性支配,并伴有现象发生。每一个效应都有输入和输出,还可以通过辅助量来控制或调整输出,可控制的效应模型扩展为三个接口(三级),如图 11-1 所示。一个效应可以有多个输入、输出或控制流,图 11-2 所示 8 种效应模型中,每一种效应模型的输入流、输出流或控制流均不多于两个,其他情况可同理类推。

图 11-1 效应模型

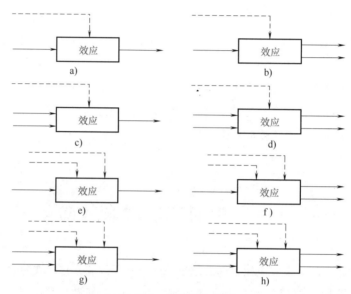

图 11-2 多级效应模型

输入和输出的预期转换可以通过一个效应实现,也可以通过多个效应联合应用,形成效应链。效应的应用模式大致分为以下 5 种。

1) 单一效应模式:由一个效应直接实现。

例如,杠杆效应可以改变力的大小或方向,如图 11-3 所示。长度 l 是杠杆效应的控制流,假设力 F_1 不变,改变动力臂和阻力臂的长度可以改变力 F_2 的大小。

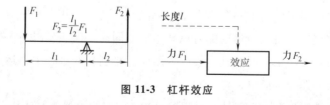

图 11-3 杠杆效应

2) 串联效应模式:使多个效应按照顺序相继发生,以前一个效应的输出作为后一个效应的输入,如图 11-4 所示。例如,热传导效应和形状记忆合金效应可以构成串联效应模式,如图 11-5 所示:热传导效应可以改变物体的温度,即实现 T_1 增加到 T_2;

当温度 T_2 超过形状记忆合金的相变点温度 T_0 时,形状记忆合金会恢复原状而产生形变 TF,形状记忆合金效应就是由 T_2 产生 TF。

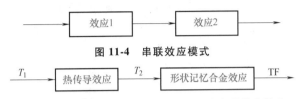

图 11-4 串联效应模式

图 11-5 热传导与形状记忆合金效应的串联效应模式

3)并联效应模式:由同时发生的多个效应共同实现,如图 11-6 所示。例如,电磁感应效应和流体效应与玻意耳效应构成并联效应模式,将电磁感应效应输出的动能和流体效应输出的水结合产生液流实现行为,如图 11-7 所示。

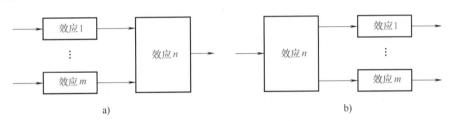

图 11-6 并联效应模式

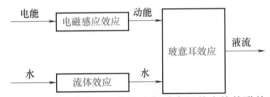

图 11-7 电磁感应效应、流体效应与玻意耳效应的并联效应模式

4)环形效应模式:由多个效应共同实现,后一效应的输出流的一部分或全部通过一定的方式返回到前一效应的输入端,如图 11-8 所示。例如,热传导效应与热力学第一效应构成环形效应模式,将热力学第一效应输出的水反馈到热传导效应的输入端实现行为,如图 11-9 所示。

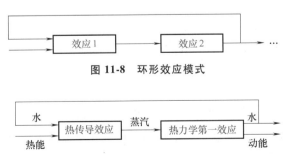

图 11-8 环形效应模式

图 11-9 热传导效应与热力学第一效应的环形效应模式

5）控制效应模式：由多个效应共同实现，其中一个或多个效应的输出流由其他效应的输出流控制，如图 11-10 所示。例如，弹性-塑性变形效应与形状记忆合金效应构成控制效应模式，将弹性-塑性变形效应的输出流连接到形状记忆合金效应的控制端实现行为，如图 11-11 所示。

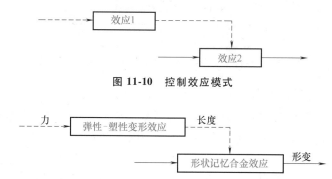

图 11-10　控制效应模式

图 11-11　弹性-塑性变形效应与形状记忆合金效应的控制效应模式

科学效应知识库的建立过程以解决用户存在的问题为根本出发点。在进行设计时，设计人员首先要发现和确定问题，然后进行系统分析、功能分析，确定需求功能，建立功能结构，进而按照需求功能从科学效应知识库中查找恰当的效应和实例，利用关联和控制方式对现有功能进行改进，确定出问题的原理解，并对该原理解进行检验。如果原理解不能满足需求功能，则应该重新对问题进行分析或选择其他效应。

11.2　How to 模型概述

在日常生活中，人们总会遇到"如何"句式的问题，如"如何降低温度？""如何修改尺寸？""如何筛选混合物？"而这些问题有着统一的标准表达形式，即"如何+动词+宾语名词"，也就是"How to+V+O"，因此把这样一类问题统一称为"How to 模型"。其中，名词多是某一物体的特性或参数，如温度、尺寸等。根据提炼总结，阿奇舒勒提出了应用"How to"模型结合科学效应知识库进行发明创造的方法，并给出了 30 个标准的 How to 模型，它们分别用功能代码 F1～F30 表示（见表 11-1），以及这些模型的实现经常要用到的 100 个科学效应（详见附录 A），来帮助我们解决工程中常见的问题。

How to 模型是指采用简单明了的短语词汇，深入浅出地描述系统所需功能的一种定义问题的方法。例如，一个盛满水的玻璃杯放置在桌面上，如何在不移动玻璃杯或移动桌子的情况下，将杯中水移除？可以采用表 11-2 所列模板来进行描述。

表 11-1 功能代码

功能	实现的功能	功能	实现的功能
F1	测量温度	F16	传递能量
F2	降低温度	F17	建立移动的物体和固定的物体之间的交互作用
F3	提高温度	F18	测量物体的尺寸
F4	稳定温度	F19	改变物体的尺寸
F5	探测物体的位移和运动	F20	检查表面状态和性质
F6	控制物体位移	F21	改变表面性质
F7	控制液体及气体的运动	F22	检查物体容量的状态和特征
F8	控制浮质的流动	F23	改变物体空间性质
F9	搅拌混合物形成溶液	F24	形成要求的结构,稳定物体结构
F10	分解混合物	F25	探测电场和磁场
F11	稳定物体位置	F26	探测辐射
F12	产生/控制力,形成高的压力	F27	产生辐射
F13	控制摩擦力	F28	控制电磁场
F14	解体物质	F29	控制光
F15	积蓄机械能与热能	F30	产生及加强化学变化

表 11-2 How to 模型问题描述模板

问题/简单的问题 (Problem/Simple Question)	系统所需的功能 (Function)
如何移除玻璃杯中的水? (How to remove water from a glass?)	移动液体 (Move a liquid)

化学专业人员可能会考虑化学反应改变水的方法,工程专业人士可能会考虑利用压力、势差、温度变化(加热、常温挥发、冷冻成固体)等,各行各业的专业解决方案非常多,没有专业知识的小孩也会有自己的答案,他们依据从快餐店喝饮料获取的经验知识,可能会考虑用吸管吸的方法。问题是,当碰到类似问题时,如何来获得大量的各专业领域已有的解决方案呢?

显然,按照"如何移除玻璃杯中的水?(How to remove water from a glass?)"这种针对特定问题的特定描述方法很难得到全面的解决方案,有必要对特定问题的特定描述进行一定意义上的转换。转换的基本要求是:功能描述一般化和物质(属性)描述通用化。对初始问题"如何移除玻璃杯中的水",可采用的一般化和通用化的处理为

移除→移动(remove→move)

水→液体(water→liquid)

这样转换之后，初始问题"如何移除玻璃杯中的水"就变成了"如何移动液体（How move a liquid）"，系统功能是"移动液体"，那么问题的解决方案就可以从"移动液体"的效应来获取，开发设计人员所需做的就是将这些"移动液体"的效应比对到初始系统问题的求解中。TRIZ 效应搜索会给出从世界范围专利库中提取的关于"移动液体"的相关创新概念（或概念设计，如吸收、蒸发、声波振动、阿基米德原理、巴勒斯效应、伯努利效应、沸腾等），且大多数为公共领域知识并且可免费使用。当然，高效和快速地使用这些效应，则需要一些相关专业知识的支撑。

11.3　How to 模型与科学效应知识库的运用

若想应用 How to 模型与科学效应知识库解决实际问题，就必须利用"功能桥"来连接它们。"功能桥"是指对某一发明问题寻找解决方法的一种程式化步骤，所体现的解题步骤如下。

1）分析待解决问题，明确要实现的功能。

2）用标准表达形式"如何做"描述问题，并从 30 个 How to 模型中选取一项建立问题模型。

3）根据建立问题模型时选择的 How to 模型，查找对应的科学效应。

4）根据查找获得的科学效应及应用示例，结合专业知识和领域经验得到解决方案。

功能桥流程图如图 11-12 所示。

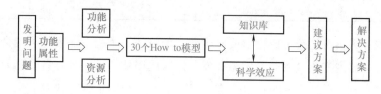

图 11-12　功能桥流程图

在应用功能桥解决问题的过程中，关键的就是构建合适的 How to 模型。因此，正确运用 30 个 How to 模型尤为重要。

运用 How to 模型和科学效应解决问题的实际步骤如图 11-13 所示。

1）问题描述及功能抽象：根据待解决的问题，将问题描述为"如何做……"句式，并根据问题进行分析，将解决此问题所要实现的功能转化为抽象化表述。

2）查找 How to 模型：根据抽象的功能从表 11-1 所列功能代码表中确定与此功能相对应的代码（F1~F30 中的一个）。

3）查找和筛选科学效应与现象：从附录 B 所列功能与科学效应对应表中查找步骤 2）确定的代码下 TRIZ 推荐的科学效应，并得到这些科学效应的名称，对这些科学效应逐一分析，确定可以选用的科学效应。

4）方案验证：由查找选出的科学效应，根据附录 A 所列现象详解，将科学效应应用于问题的解决并进行验证。

5）得出解决方案：通过上述查询和验证，得出最终解决方案。

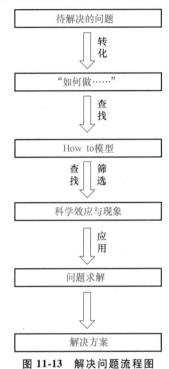

图 11-13 解决问题流程图

11.4 科学效应知识库应用实例

接下来通过几个具体的工程实例来了解如何运用 How to 模型与科学效应知识库解决实际问题。

【例 11-1】 灯泡内部存在压力，而压力比正常所需压力高（低）时，有可能会导致灯泡爆裂。因此需要可以随时测量灯泡内部压力的大小。

1）问题描述及功能抽象：将问题定义为"如何正确测量灯泡内部气体的压力"，通过对问题的描述与分析，可将功能抽象为"探测气体"或"测量压力"。

2）查找 How to 模型：通过查询表 11-1，发现相关功能包括 F7 "控制液体及气体的运动"与 F12 "产生/控制力,形成高的压力"。

3)查找和筛选科学效应与现象:通过查询附录 B 得到 F7 和 F12 对应的科学效应和现象,分析发现均不适用。进一步分析可知,可以通过检测电压来间接检测气压,故重复步骤 1)~3),将功能抽象为"检测电压",找到相关功能为 F25 "探测电场和磁场",确定适用的科学效应和现象为"电晕放电"。电晕的出现依赖于气体成分和导体周围的气压,所以电晕放电适合测量灯泡内部气体压力。

4)方案验证:若在灯泡灯口处加上额定高电压,当灯泡内部气体达到额定压力时就会产生电晕放电现象,从而发出"皇冠"形状的电光,灯光的亮度依赖于灯泡内部的气压,由此可得灯泡内部的压力。

5)得出解决方案:通过上述查询与验证,得出最终解决方案:利用电晕放电现象测量灯泡内部气体的压力。

需要注意的是:若抽象的功能超出 30 个 How to 模型(表 11-1)列举的范围,也可直接在 100 个推荐的科学效应(附录 A)中寻找相关的科学效应。

【例 11-2】 人们在给婴儿喂食时,为了不让过热的食物烫伤婴儿往往会用嘴对着食物吹气,然后用嘴尝试,使食物温度降低至婴儿可接受的范围。然而人的口中往往存在很多细菌,呼出的气体会将细菌带出,不利于婴儿健康。但不尝试又可能导致食物温度过高而烫伤婴儿。因此需要发明一种可以测量温度的儿童汤匙。

1)问题描述及功能抽象:将问题定义为"如何准确测量食物的温度",通过对问题的描述与分析,可将功能抽象为"测量温度"。

2)查找 How to 模型:通过查询表 11-1,发现相关功能为 F1 "测量温度"。

3)查找和筛选科学效应与现象:经过查询附录 B,得到可以测量温度的科学效应有热膨胀、热双金属片、汤姆逊效应、热电现象、热敏性物质等。经过逐一分析后,发现热敏性物质受热时可在很窄的温度范围内发生明显变化,因此选用热敏性物质来解决问题。

4)方案验证:用热敏性的感温变色材料制作可随温度变换颜色的汤匙,当温度超过 40℃ 时,汤匙深色的边缘会快速变成浅色,如图 11-14 所示,从而达到测量温度的目的。

图 11-14 变色汤匙

5）得出解决方案：经过上述查询与验证，得出最终解决方案是利用热敏性物质中的感温变色材料制作可测量温度的儿童汤匙。

【例 11-3】 传送带在工程上的使用十分广泛，利用皮带的一面进行物料的输送，如图 11-15 所示。传送带的工作寿命有限，而为了方便，即无须频繁更换传送带，最简单的方法就是增加皮带长度，但成本也随之上升。怎样才能既不增长皮带，又能使传送带的工作寿命延长呢？

1）问题描述及功能抽象：将问题定义为"如何在不增长皮带的同时延长传送带的工作寿命"。

2）查找 How to 模型：本例问题超出 30 个 How to 模型列举的范围，也可直接在 100 个推荐的科学效应中寻找相关的效应。

3）查找和筛选科学效应与现象：经过查询附录 A 和研究后，发现利用形状（E86）中默比乌斯圈这个现象可以有效解决这个问题。如果拿出一张纸条，将它的一端扭转 180°后再将两端粘贴连接，就只有一个持续的面，如图 11-16 所示。

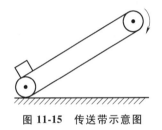

图 11-15 传送带示意图

图 11-16 默比乌斯圈

如果一个人在默比乌斯圈的外层表面沿着圈行走，不越过圈的边界，就会回到开始的地方。在这个圈上行走的时间是在一个普通圈上行走时间的两倍，并且走过的是原来圈的两面。

4）方案验证：可以将皮带圈的一端翻转 180°，这样皮带圈的长度和材质没有改变，但它的工作面却从原先的一面变为两面，增加了一倍，所以它的寿命也会增加一倍。

5）得出解决方案：利用默比乌斯圈特性将原先传送带的皮带圈扭转为默比乌斯圈，增加其工作面，从而延长工作寿命，如图 11-17 所示。

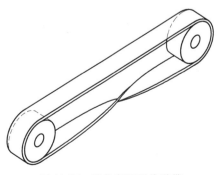

图 11-17 默比乌斯圈传送带

【例 11-4】 冬季高压输电线结冰往往会导致严重后果，如图 11-18 所示，因此需要及时发现并清理输电线上的冰块。而清除高压输电线上的冰块是一件危险且劳动强度极大的工作，需要有效利用已有的廉价能源让冰块自动融化脱落,即提高电线温度。

1)问题描述及功能抽象:将问题定义为"如何提高电线的温度"。通过对问题的描述与分析,可将功能抽象为"提高温度"。

2)查找 How to 模型:通过查询表 11-1,发现相关功能为 F3"提高温度"。

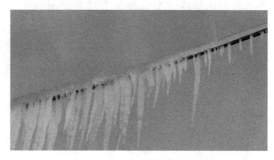

图 11-18 输电线结冰问题

3)查找和筛选科学效应与现象:通过查询附录 B,得到可以提高温度的科学效应有电磁感应、电介质、放电、吸收、热辐射等。经过逐一分析后,发现焦耳-楞次定律可用于解决问题,继续分析电线的电阻,因为由低电阻材料制成的电线在现存电流下不能自行加热,由高电阻材料制成的电线能够自行加热,但用户不能正常用电。这构成物理矛盾。

通过物-场分析,提出加入第二种物质。可行方案是在电线上每隔一段距离安装一个高电阻的铁磁体环,这种铁磁体环会由于电磁感应产生电流而很快产生热,同时为电线加热。但是铁磁体环会持续为电线加热,而即使在冬天,实际上也只需要为低于 0℃ 的电线加热,铁磁体持续加热会浪费很多能量。因此需要铁磁体环在气温低时通电,在气温高时断电。

为解决该问题,进一步提出新的功能需求:稳定温度(F4)。在查询科学效应后发现可以利用居里效应解决问题,即使用居里点在 0℃ 左右的铁磁体。

4)方案验证:在高压输电线上,每隔一段距离装设一个居里点在 0℃ 左右的铁磁体环,这些铁磁体环只会在气温低于 0℃ 时通电,且在气温高于 0℃ 时断电。气温一旦低于 0℃ 且电线通电时,铁磁体环内由于电磁感应效应产生电流并很快产生热量,能为电线加热并使电线上的冰块融化脱落。

5)得出解决方案:经过上述查询与验证,得出最终解决方案为利用焦耳-楞次定律、电磁感应和居里效应,在电线上每隔一段距离安装一个居里点在 0℃ 左右的铁磁体环,从而解决输电线结冰的问题。

思考题

【分析题】

1. 简述何为 How to 模型。
2. 简述效应。
3. 简述几种简单的物理效应和化学效应。
4. 简述效应的作用,以及为什么有这种作用。

5. 假如我们正在田野里玩耍，这时发现了一个坑洞，如果我们想要知道这个坑洞究竟有多深，那么该怎么做呢？请结合 How to 模型和科学效应知识库进行分析。

思政拓展：

东方超环这个像个大锅炉的庞然大物，总是让初次见到其真容的人既惊叹又困惑，它为何会被称为"人造太阳"？扫描下方二维码了解其中奥妙，体会其中蕴含的创新精神。

科普之窗
中国创造：东方超环

第12章 功能导向搜索

本章将介绍现代 TRIZ 体系中解决问题的功能导向搜索工具。它不是经典 TRIZ 中解决问题的工具,而是 20 世纪 80 年代末在苏联开始发展,大约在 2004 年由 TRIZ 大师 Simon Litvin 总结形成的,是一种十分重要的解决问题工具。

12.1 功能导向搜索概述

1. 功能导向搜索的含义

功能导向搜索(Function Oriented Search,FOS)是一种针对国际上的成熟技术进行功能分析后寻找解决问题的方法的 TRIZ 工具。本章中的功能与功能分析中的功能是一致的。功能导向搜索主要用来解决在产品设计时既想突破,又无法突破的问题。这种情况下,为提高工程设计理想度并尽量少地利用资源,需要寻找出新的解决办法。功能导向搜索利用领先领域现有的解决方案,在更容易实现项目目标的同时,耗用的资源(人力、时间、研发经费等)也更少。

功能导向搜索本质上是搜索领先领域解决类似问题的方案。在搜索到相关方案后,进行技术移植,使解决问题的效率大大提高,同时由于利用的是领先领域已经十分成熟的技术,其方案的可行性能够得到保证。

2. 功能导向搜索的特点

功能导向搜索是通过搜索已经存在的类似的解决方案解决当前问题,而不是进行全新的发明创新。通常情况下,工程师对本领域的知识已经有深刻的了解,遇到的难以解决的问题通常是超出自己的认知范围,无法预估可行性的。但是对于某个工程问题,在别的领域或许已经有完善的解决方案。简而言之,就是将其他领域的解决方案移植到当前的工程问题中,解决项目中所面临的问题,由于相关技术已经成熟,因此该解决方案的风险和成本较低。在这种情况下，通过功能导向搜索找到的解决方案既新颖又成熟。

3. 具体功能的一般化处理

具体功能的描述中往往存在一些术语，它们的存在会将解决方案局限于一个非常狭窄的领域，因此需要进行一般化处理，去掉术语。例如，牙齿上的牙屑和地面上的灰尘都可以用微粒来代替；把水用液体来代替，把蚀刻用去除来代替等。

将具体功能进行一般化处理是功能导向搜索的核心环节之一，进行一般化处理也就是将功能载体和功能对象一般化，以便在不同领域中查找技术解决方案。功能导向搜索工具中的功能是与功能分析工具中的功能相一致的，也就是将功能用"动词+名次"的方式进行描述，所以一般化处理也就是将动词一般化、将功能对象一般化。

4. 领先领域

领先领域是指目前某个技术最为成熟的领域，或者是该技术在这个领域应用十分广泛。也就是说，这个领域的这种技术已经经过大量的人力和物力的投入，产生了一系列十分完善的问题解决方案。例如，对于精度问题，芯片智造领域是领先领域；对于发动机推力问题，航空航天领域是领先领域。这些领域面临的问题比我们一般情形下所遇到的问题要更加严格，而且投入的成本更高，技术也相当成熟。

功能导向搜索一般有如下主要技术来源。

1）领先的领域或技术领先公司（某个技术应用最为成熟）。
2）投入人力和物力巨大的行业，如航天、军事、人工智能、医药和环保等。
3）自然现象或物体的固有属性。
4）知识库（企业内部或外部专业知识库）。

12.2 功能导向搜索的步骤

与大多数现代 TRIZ 的工具相同，功能导向搜索也有一系列的步骤。

1）确定关键问题：可利用功能分析、因果链分析等问题分析工具分析问题。
2）功能化模型：用功能语言对关键问题进行描述。
3）一般化处理：将动词一般化、将功能对象名词一般化，或者同时将二者进行一般化处理。
4）确定领先领域：根据一般化处理后的功能表述进行功能导向搜索，分析确定领先领域。

5) 得到领先领域方案：在领先领域中，选择能够改善这个功能的最合适技术，得到领先领域中关于该功能实现的方案。

6) 具体场景下的解决方案：将领先领域的技术移植到待改进系统，进行技术移植通常会有次生问题出现，解决次生问题得到具体解决方案。

功能导向搜索的工作原理如图 12-1 所示，可利用功能分析工具（功能分析、因果链分析等）确定关键问题，将关键问题转为功能化模型，通过功能化模型对功能进行描述，由于存在专有名词，在不同领域中进行寻找范围太小，因此进行一般化处理，一般化处理的结果是去掉专有名词，例如，加热催化剂的搜索范围比加热固体的搜索范围窄。虽然在不同领域中得到的方案会很多，但进行方案筛选的工作量很大。解决的方法是利用一般化的功能模型确定领先领域，在领先领域中寻找解决方案。

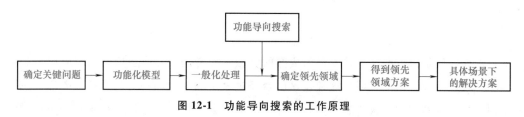

图 12-1 功能导向搜索的工作原理

12.3 功能导向搜索应用实例

【例 12-1】 智能手表外露传感器部分、按键处、扬声器处保护不足，日常生活中洗手、下雨时容易有水进入手表内部，运动时容易有汗液渗入手表内部。针对此问题进行功能导向搜索，并初步确定解决方案。

1) 确定关键问题：防止水、汗液由智能手表外露传感器部分、按键处、扬声器处渗入智能手表。

2) 功能化模型：防止水、汗液渗入手表。

3) 一般化处理：抵御液体。

4) 确定领先领域：可以从防水手表借鉴解决方案，查找知识库，可以得出小孔、疏水性、物理隔离等关键词。

5) 得到领先领域方案：根据防水手表的经验，可以将大孔换成更小的孔，更小的孔可以阻止液体的渗透。

6) 具体场景下的解决方案：参考 iPhone 的设计，还可以将孔做成两层，外层大口，内层小口。

【例 12-2】 对蒸发催化剂中的水分,传统的加热方法耗能高,需要研究如何降低能耗。对此问题进行功能导向搜索,并初步确定解决方案。

1) 确定关键问题:采用低能耗方式蒸发干燥剂中的水分。

2) 功能化模型:蒸发干燥剂中的水分。

3) 一般化处理:去除固体中的水分。

4) 确定领先领域:干衣机。

5) 得到领先领域方案:干衣机有多种脱水方法,可以借鉴干衣机的热泵原理进行脱水。

6) 具体场景下的解决方案:用热泵原理使干燥剂脱水。

对于更加具体的问题和细致的功能,还可以增加确定重要参数的步骤,即根据项目需要确定具体需要改进的参数。

【例 12-3】 花粉过敏是许多人面临的一个问题。有很多方案可以防止花粉过敏,例如服药、佩戴呼吸面罩或内置鼻腔过滤器。这些方案都有缺点,如不方便或不舒服等。现在计划开发一种新的过滤器。应用功能导向搜索的方法解决这个问题。

1) 确定关键问题:关键问题为阻止过敏物质,但是存在有害功能,过滤器增加了呼吸阻力。

2) 功能化模型:去除吸入鼻腔空气中的花粉。

3) 确定所需要的参数(一般为项目目标):①对大于 5μm 粉尘的过滤率不低于 95%;②低呼吸阻力;③成本<12 元/打;④无副作用;⑤不碍眼。

4) 一般化处理:可以将花粉一般化为微小的颗粒,将鼻腔中的空气一般化为气流,一般化处理后的功能表述为"去除气流中的微小颗粒"。

5) 确定领先领域:工业气体净化行业,对微小颗粒进行分离是这个领域的核心问题。

6) 得到领先领域方案:对领先领域进行分析,在这个领域中,去除微小颗粒的方法很多,有水洗、静电除尘、布袋除尘、过滤器等,该领先领域还有一种典型应用为工业粉尘收集器,其核心工作原理是"工业气旋"。

工业粉尘收集器工作时,其工作原理如图 12-2 所示,风机提供气体向上流动的动力,气体通过螺旋通道被输送到空气室中,由于螺旋结构产生类似旋风的运动,气体通过圆周运动产生离心力,小颗粒的质量比空

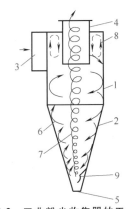

图 12-2 工业粉尘收集器的工作原理

1—空气室直管 2—空气室锥管 3—进气管
4—排气管 5—排灰口 6—外旋流
7—内旋流 8—二次流 9—回流区

气的质量大，所以小颗粒会被甩到空气室内壁上并被分离。

7）具体场景下的解决方案：具体场景下存在两个次生问题，分别是"如何无风机实现气流流动"和"如何分离粉尘颗粒"。对于第一个问题，因为微粒很小，人的呼吸就能够代替风机起到使空气流动的作用，只要在气体流动的路径上形成螺旋的形状，气体就可以进行螺旋流动。对于第二个问题，在气体流动通道内表面涂以黏性物质，空气的呼吸螺旋进入该通道，螺旋流动的空气增加了空气中的微粒和内壁的接触，微小的粉尘颗粒就会充分被吸附在鼻腔过滤器的内壁上，阻止微粒进入鼻腔。

思考题

【判断题】

1. TRIZ 中，功能导向搜索是搜索经过一般化处理的功能。（   ）

2. TRIZ 中，对功能进行一般化处理就是将功能中的动词及功能的对象中的术语去掉，用一般化的语言代替。（   ）

3. TRIZ 中，功能导向搜索可以将一些看起来不相关的领域的解决方案借用于当前所研究的领域。（   ）

【分析题】

4. 简述功能导向搜索。

5. 简述一般化处理。

6. 简述次生问题。

7. 简述功能导向搜索步骤。

思政拓展：

"彩云号"设备刀盘开挖直径达到 9.03m，填补了国内 9m 以上大直径硬岩掘进机的空白，扫描下方二维码了解"彩云号"硬岩掘进机成功研制施工的历程，体会其中蕴含的创新精神。

科普之窗
中国创造：彩云号

第13章 技术系统裁剪

对系统组件进行功能分析建立功能模型,分析组件价值可以得到成本高但是功能等级不高的组件,系统中此类组件的必要性不高,可以考虑将其去掉,但去掉组件后与其相应的有用功能必须得到执行。去掉组件并转移功能也是一种创新方法,这种方法就是本章将介绍的重要工具——裁剪。

13.1 裁剪概述

13.1.1 裁剪的含义

裁剪是一种现代 TRIZ 分析问题的工具,指利用功能分析等问题分析工具找到存在问题的组件,将其去掉后,用系统或超级系统的其余组件替换裁剪的组件执行有用功能。换句话说,裁剪是通过系统或超系统的其他组件执行并保留被裁剪组件的有用功能。通过对系统中执行有害功能的组件进行裁剪,将组件与有害功能一同去掉。如此一来,技术系统的成本得到降低,系统得到进一步完善。

如第 5 章所述,功能关系如图 13-1 所示。

功能载体:系统中的某个组件是功能的提供者或施加者,当考虑对其他组件进行作用时,该组件就是功能载体。

图 13-1 功能关系

功能对象:被作用的对象,功能的承受者;在系统中,当考虑其他组件对其作用时,该组件就是功能对象。

作用:代表功能载体对功能对象实施的功能,在裁剪中,这种功能往往不足、过剩或有害。

裁剪具有很多优势,裁剪能够精简组件数量,降低系统的组件成本;优化功能结构,合理布局系统架构;提升功能价值,提高系统实现功能的效率;消除过度、有害、重复的功能，提高系统理想度水平；更好地利用系统内外部资源。

这里举个例子来说明什么是裁剪。

【例 13-1】 将带把水杯看成一个技术系统，根据第 5 章讲述的功能分析方法，当水杯装热水时，系统的功能模型如图 13-2 所示。

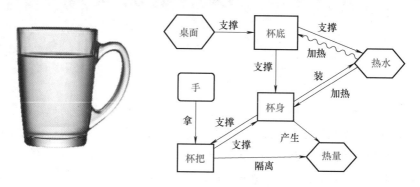

图 13-2　水杯及其功能模型

在这个系统中，杯把提供辅助功能，不规则的形状提高了加工制造的难度，也不利于运输和存储，功能价值不高。因此，可以想办法将杯把去掉，变成手直接拿杯身，功能模型如图 13-3 所示。

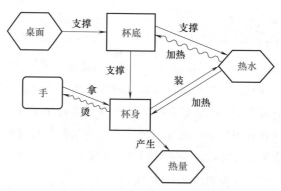

图 13-3　去掉杯把后的功能模型

对比图 13-2 和图 13-3 所示的两个功能模型，可以看到杯把的功能有支撑杯身和隔离热量进而防止杯身烫手的作用，如图 13-4 所示。对杯把进行裁剪后，需要选择其他组件对这两个功能进行替代执行。选择的原则是优先选用系统中的其他组件，尽可能减少成本，可行的情况下也可以选择超系统组件。

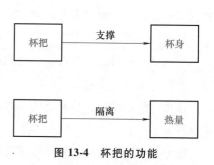

图 13-4　杯把的功能

1. 选择杯底来替代执行功能

利用杯底执行杯把支撑杯身和隔离热量的辅助功能。根据功能模型，杯底本来已经执行了支撑杯身的功能，只需想办法解决隔热的问题，这需要做因果链分析，以"杯底烫手"为初始原因建立因果链，如图 13-5 所示。

对图 13-5 所示因果链进行分析，若使手不接触杯底，则与"杯底烫手"的初始原因矛盾，因果链分析不成立，故不能以此原因作为关键原因。水温度高是一个客观事实，改为温度低的水则与水杯装热水的项目出发点相违背，故也不能以此原因为关键原因。从杯底的导热性出发，可以用杯底替代杯把执行杯把隔离热量的功能，所以从杯底材料和杯底结构出发解决这一问题。可能的解决方案有选择导热性能差的材料、加厚杯底、拉长杯底、做成双层杯底等，如图 13-6 所示。

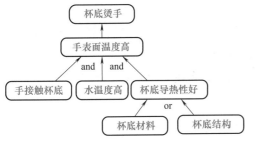

图 13-5 "杯底烫手"因果链分析

图 13-6 由杯底执行隔离热量的功能

2. 选择杯身来替代执行功能

杯身可以执行支撑自己的功能，因此还需要杯身执行隔离热量的功能，同样采用因果链分析的方法，如图 13-7 所示。

用杯身替代杯把执行杯把隔离热量的功能，解决方案也需从杯身材料和杯身结构出发，可以选择导热性能差的材料制造杯身，也可以改变结构使用双层杯身或者将杯身局部的结构加厚隔热，如图 13-8 所示。

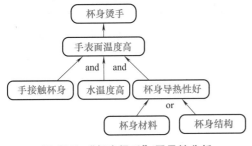

图 13-7 "杯身烫手"因果链分析

图 13-8 由杯身执行杯隔离热量的功能

3. 利用超系统组件来替代执行功能

当前系统的主要问题是寻找替代杯把执行隔离热量功能的组件，如果利用超系统组件解决隔热问题，就会为系统引入新的组件，会使得成本减少的效果较差，同时增加系统的复杂程度，但也是一种解决方案。例如，可以戴上手套抓握水杯，或者若想采用桌子这个超系统组件，则可以放置托盘，如图 13-9 所示。

图 13-9　利用超系统组件隔离热量

13.1.2　裁剪的重要作用

裁剪是现代 TRIZ 体系中重要的问题分析工具，与传统的问题分析工具有很大区别，更加强调创新性，其重要作用主要体现在如下几个方面。

1）裁剪工具直接裁剪问题组件，能够很直接地解决工程问题，裁剪通常会产生次生问题，需对功能进行再分配。

2）裁剪有害组件，相应的有害功能会同步去掉。

3）裁剪会减少组件数量，能够降低技术系统的复杂程度。

4）裁剪系统组件有可能降低系统的成本，功能被重新分配执行。

5）一般说来，裁剪意味着创新，裁剪的程度越大，创新的水平也越高。

6）裁剪是很有效的创新方法，符合技术系统朝着结构简单化进化的趋势。

13.2　裁剪组件的选择

13.2.1　是否裁剪目标组件的判断方法

通常可以用启发式提问的方式来判断是否裁剪组件，可供选择的问题举例如下。

1）是否需要目标组件提供功能？

2）系统中是否有其他组件提供目标组件的功能？

3）是否有其他资源能够提供目标组件的功能？

4）能否能够找到一个低价值组件来提供目标组件的功能？

5）对于其他组件，目标组件是否必须被移除？

6）目标组件的材料是否一定要与其他组件不同？或者是目标组件对其他配对的组件而言，需要被独立出来吗？

7）目标组件是否必须要与其他配对的组件分开或必须组装在一起？

8）是否能够采用低成本组件？

9）目标组件能否加强子系统的独立性？

10）能否消除对程序、操作或过程的分割？

11）能否使用临时的组件？

12）是否能够使用相互协调的子系统？

13）是否能够只在需要的时候使用昂贵的材料？

14）是否能够裁剪去掉辅助功能？

15）目标组件的功能对象能否自服务？

由于 TRIZ 有专用的分析工具，所以可以将启发式的裁剪提问进行模式化。

13.2.2 选择裁剪组件的方法

选择裁剪组件，主要是根据 TRIZ 中的功能分析、因果链分析等分析工具得到的结果进行选择，裁剪组件的确定方式可以参考以下几种方式。

1）关键负面因素的确定：关键负面因素是对系统存在的问题起关键作用的因素，导致系统问题的关键原因指向的因素就是关键负面因素，也就是根据第 6 章中因果链分析结果得到的关键原因，同时在功能模型上确定的最终冲突区域的组件应是首先被裁剪的组件。

2）最有害功能的确定：在功能模型中对组件进行有害功能分析，确定执行有害功能最多、产生有害影响最大的组件作为首要的裁剪对象。通过裁剪执行有害功能最多的组件提高系统的运作效率。

3）最昂贵组件的确定：利用功能成本分析可裁剪去掉成本最高而功能等级不高的组件，这样可以大幅降低系统的制造成本。成本越高的组件被裁剪的优先级别就越高。

4）最低功能价值的确定：以上三个指标对都会系统产生较大影响，但是如果不是集中在一个组件上，又如何取舍呢？此时常利用功能价值综合考虑三方面影响。评估组件功能价值的参数有功能、功能等级、问题严重性和功能价值。

（1）功能等级　基于第 5 章 5.1.3 小节讲述的功能成本分析理论，对功能等级进行评估，主要有以下规则。

规则 1：如果组件是直接作用在系统目标上，则其作用的功能等级是基本功能（Basic Function），用 B 表示。

规则 2：如果组件作用在系统内部组件上，则其作用的功能等级是第 1 级辅助功能（Auxiliary Function 1），用 A_1 表示。

规则 3：如果组件作用在产生第 $i-1$ 级的辅助功能（Auxiliary Function）的组件上，则其作用的功能等级是第 i 级辅助功能（Auxiliary Function i），用 A_i 表示。

规则 4：如果组件作用在超系统组件上，则其作用的功能等级是 A_1。

根据上述规则 1~4，某系统的功能等级如图 13-10 所示。

进一步进行功能等级量化的规则如下。

规则 5：功能等级的级数越大，级别越低。设系统中功能等级最低的辅助功能的功能等级量化值为 1。

规则 6：某一级别功能的功能等级量化值为其低一级功能的功能等级量化值加 1，即 $F(A_{i-1}) = F(A_i) + 1$。

规则 7：基本功能的功能等级量化值为 A_1 功能的功能等级量化值加 2，即 $F(B) = F(A_1) + 2$。

规则 8：对于作用多个功能组件的功能，其等级的值为所有作用的功能等级的值之和。

根据功能等级量化规则 5~7，图 13-10 中各作用的功能等级量化值如图 13-11 所示。

根据规则 8，各功能组件的功能等级量化值见表 13-1。

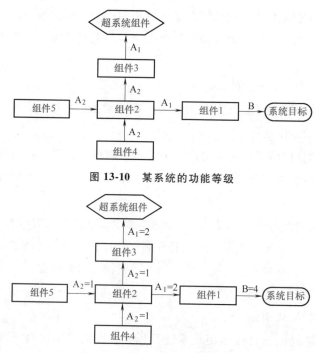

图 13-10 某系统的功能等级

图 13-11 某系统功能等级量化值

表 13-1　各功能组件的功能等级量化值

组件	功能等级	功能等级量化值 F	折算成十分制功能等级量化值
组件 1	基本功能 B	4	10
组件 2	辅助功能 A_1 和 A_2	2+1=3	7.5
组件 3	辅助功能 A_1	2	5
组件 4	辅助功能 A_2	1	2.5
组件 5	辅助功能 A_2	1	2.5

（2）问题严重性　问题严重性由组件所受到的问题功能来决定。问题功能包括有害功能、不足功能、过剩功能。而由这三种问题功能所导致的问题严重性则由有用功能和有害功能作用的等级来决定，问题严重性量化值的计算式为

$$P = 10 \times 问题严重性系数$$

式中，问题严重性系数取 1~20，代表功能作用的程度，需由设计者给定数值，由设计者的主观判断来决定其作用的程度。某一组件的问题严重性为所受到的问题功能所造成的问题严重性量化值总和。依照与功能等级定义和量化同样的规则，然后把各组件的问题严重性量化值折算成十分制数值。

（3）功能价值　计算出功能等级和问题严重性后，功能组件的价值大小计算式为

$$V = F/(P+C)$$

式中，F 为功能等级量化值；P 为问题严重性量化值；C 为成本系数。

如果不考虑成本影响，则将成本系数 C 设为 0。按照功能组件价值的计算式将所有组件的价值计算出来，并由低向高排列，即可找到功能价值较低且问题较严重的组件，通过剪裁去掉该组件以消除由此组件带来的问题。

13.2.3　判断是否裁剪组件的其他因素

对于某一个组件是否进行裁剪，有时候还要考虑如下因素。

1）通过因果链分析确定关键原因，找到技术系统中出现关键原因对应的问题的组件。将技术系统中具备关键原因对应的问题的组件进行裁剪通常会大幅度改善系统，但是要充分考虑裁剪后解决次生问题的解决成本。

2）通过功能分析，建立功能模型及功能成本图，可识别出功能价值较低的组件及产生有害功能的组件进行裁剪，提供辅助功能的组件、执行相同功能的组件、产生有害功能的组件都可考虑进行裁剪。

3）基于项目的商业和技术的限制，裁剪的程度可以是激进的（技术系统的主要组件被裁剪）也可以是渐进式的（对技术系统的改变少）。在实际的工程项目中，如

果需要保守创新，可以先考虑对不重要的组件进行裁剪（提供辅助功能的组件）。如果需要有巨大的技术创新，可考虑直接将系统中的主要组件进行裁剪，使用领域的新技术执行原组件的功能。这种裁剪方式技术系统变化很大，工作量也会加大。

4）由于裁剪过程中，组件可以被裁剪，而其有用功能必须得到保留，如果无法找到执行该功能的组件，则不能将该组件裁剪。

需要注意的是：裁剪是一种创新，裁剪的程度取决于项目的投入及技术的限制。受这两个因素的影响，通过分析工具得到的候选裁剪组件需要进一步筛选。但是裁剪的原则是尽可能对系统进行激进的裁剪，这意味着对原有系统有大幅改进。在这种矛盾下可以选择渐进式的裁剪。

13.3 裁剪规则

裁剪是有规则的，裁剪的重点实际上就是抓住功能关系。共有三条裁剪规则，如果满足了其中一条规则，则该组件就可以被裁剪。

对图 13-12a 所示功能，一般用图 13-12b 所示符号表示功能载体或功能对象被裁剪，图 13-12c 所示带箭头的曲线表示功能对象自己能完成原需要功能载体完成的功能。

图 13-12　裁剪的图形符号

裁剪规则 A：如果功能载体的功能对象被去掉了，那么该功能载体可以被裁剪，如图 13-13 所示。

图 13-13　裁剪规则 A

【例 13-2】　讨论当头发不存在时的梳子梳头发的功能裁剪。

梳子梳头发的功能载体是梳子，功能对象是头发，功能改变的参数是头发状态，所以当头发不存在时，梳子也没有存在的必要，可将梳子进行裁剪。通过裁剪规则 A，将梳子的功能对象——头发进行裁剪，那么相应的功能载体——梳子可以直接裁剪，如图 13-14 所示。

图 13-14 去掉功能对象

裁剪规则 B：如果功能载体的功能对象自身可以执行功能，那么该功能载体可以被裁剪，如图 13-15 所示。

图 13-15 裁剪规则 B

【例 13-3】 割草机具有割草功能，而科学家们研究出来一种自己控制高度的草，这种草控制自身高度长到一个固定的范围内就一直保持这个高度，讨论该变化的功能裁剪。

对于割草机割草的功能，功能载体是割草机，功能对象是草，功能改变的参数是草的高度。而草的生长能保持固定高度时，功能对象——草自己能够控制自己的高度，那么应用裁剪规则 B，功能载体——割草机就可以被裁剪掉，如图 13-16 所示。

图 13-16 草自己成为功能载体

裁剪规则 C：如果功能载体的功能可以被系统中的其他组件替代执行，那么该功能载体可以被裁剪，如图 13-17 所示。

图 13-17 裁剪规则 C

【例 13-4】 讨论汽车内部取暖的功能裁剪。

汽车内部的暖风系统一般采用空调来制热的，这时空调的有用功能是加热空气，但空调制热需要耗费大量能量，效率不高，而汽车发动机工作时会产生废热，若利用发动机产生的热量来加热空气，就可以将空调裁剪掉，如图 13-18 所示。

图 13-18 发动机替空调加热功能

13.4 功能再分配

将组件裁剪之后，有用功能要得到保留，也就是说裁剪的前提是功能能够再分配。可以使用带箭头的虚线表示功能载体的替代。

特征 1：若两个功能载体对同一个功能对象执行两种功能，但这两种功能可视为相同或类似，则可将其中一个功能载体进行裁剪，将其功能由另一功能载体替代执行，如图 13-19 所示。

特征 2：若功能载体 A 和功能载体 B 分别对功能对象 A 和功能对象 B 分别执行功能 A 和功能 B，但是功能载体 B 也能对功能对象 A 执行类似功能 A 的功能，则可将功能载体 A 裁剪，将其功能由功能载体 B 替代执行，如图 13-20 所示。

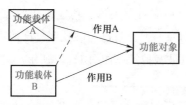

图 13-19 特征 1 的功能替代

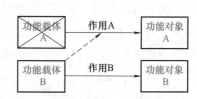

图 13-20 特征 2 的功能替代

特征 3：若功能载体 A 和功能载体 B 对同一功能对象执行功能，其中，功能载体 B 能够对功能对象执行任意功能，意味着功能载体 B 可以执行与功能 A 类似的功能，则可将功能载体 A 裁剪，将其功能由功能载体 B 替代执行，如图 13-21 所示。

特征 4：若功能载体 A 对某一功能对象执行一种功能，同时存在功能载体 B 具有实现该功能的一切条件，则可将功能载体 A 裁剪，将其功能由功能载体 B 替代执行，如图 13-22 所示。

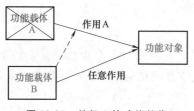

图 13-21 特征 3 的功能替代

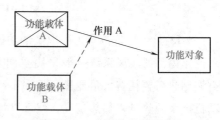

图 13-22 特征 4 的功能替代

【例 13-5】 在家庭做饭的过程中，由于某种原因，发现炒锅不能用了，相当于需要将家庭做饭系统中的炒锅进行裁剪，找一个临时的解决方案。

首先，根据裁剪的规则，最重要的是功能能否被替代，因此需要确定炒锅执行的主要功能，显然炒锅要执行最基本的有用功能是加热食物。

运用特征1：从系统内部组件出发，寻找系统中可以替代执行相同有用功能的组件，如蒸锅、电饭锅等，它们能执行的主要功能与炒锅一样，都是加热食物，改变的参数是食物的温度，如图13-23所示。

运用特征2：寻找对另外一个功能对象执行了相同或类似功能的功能载体，如热水壶。炒锅的功能对象是食物，热水壶的功能对象是水，将热水壶和炒锅执行的功能对象进行一般化，都是改变物体的温度参数，也就是执行了相类似的功能，可以选择利用热水壶对食物进行加热，如图13-24所示。

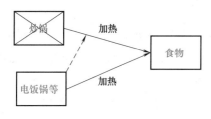

图13-23 运用特征1裁剪炒锅

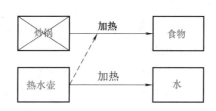

图13-24 运用特征2裁剪炒锅

运用特征3：寻找对功能对象执行任意功能的组件，也就是对食物可执行任意功能的组件，如金属盆，金属盆可执行很多种功能，如盛水、洗菜、加热食物等，因此可以代替炒锅执行加热食物的功能，如图13-25所示。

运用特征4：寻找具备执行加热功能的所有资源的功能载体。加热食物的条件是需要产生热量，家庭中的电和煤气等都具备这样的能力，因此，利用可执行加热功能的组件进行功能替代，例如，可以利用燃气直接加热食物等，如图13-26所示。

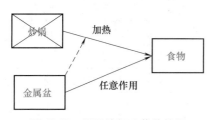

图13-25 运用特征3裁剪炒锅

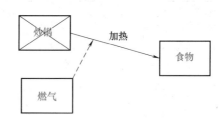

图13-26 运用特征4裁剪炒锅

13.5 裁剪的步骤

在裁剪之后会形成新的功能模型，将新得到的模型称为裁剪模型。裁剪后次生问题的解决十分关键，对于次生问题，同样可以用TRIZ问题分析工具进行分析，用

TRIZ 问题解决工具进行解决，对不同的组件进行裁剪，产生的次生问题不同，解决的方法也会不同。

运用前面几节介绍的方法、特征、规则等进行裁剪，并考虑解决次生问题的裁剪步骤如下。

1）进行功能分析，绘制功能模型，需要时绘制功能-成本图。

2）根据功能分析、因果链分析等的分析结果，选择技术系统中需要裁剪的组件范围。

3）具体判断并选择裁剪组件，分析其有用功能。

4）根据裁剪规则进行裁剪。

5）根据功能再分配的特征，选择新的替代执行功能的功能载体，得到裁剪模型。

6）解决裁剪之后产生的次生问题。描述由裁剪引起的问题，分析问题的关键原因，确定新的冲突区域。将问题进行提取，得到相应的求解方法，具体有以下几种方式：①试着消除关键原因，引起冲突，则转化为冲突求解（求解方法见第 14、15、16 章）；②把冲突区域提取出来用物-场模型表达，为应用标准解做准备（求解方法见第 17 章）；③提取冲突区域的功能，为用效应求解做准备（求解方法见 11 章）。

7）重复步骤 3）和步骤 6），保证有用功能得到重新分配。

8）重复步骤 2）和步骤 7），分析所有备选的裁剪组件。

可以利用表 13-2 所列模板来建立裁剪模型，其中功能 X、功能 Y、功能 Z 表示系统中组件所具有的功能。

表 13-2 建立裁剪模型的分析模板

组件	功能	功能等级	裁剪规则	新功能载体	裁剪的次生问题
组件 1	功能 X	基本功能	裁剪规则 C	组件 3	如何使组件 3 执行功能 X
	功能 Y	基本功能	裁剪规则 B	组件 4	如何使组件 4 执行自身功能 Y
组件 2	功能 Z	基本功能	裁剪规则 C	组件 5	如何使组件 5 执行功能 Z

13.6 渐进的裁剪与激进的裁剪

渐进的裁剪：通过有限的系统组件裁剪减少系统组件的数量而不造成系统任何有用功能的缺失，同时加强有用功能并消除有害功能，达到精简系统组件数量、降低系统复杂性和减少设计制造成本的目的。

激进的裁剪：大幅度移除零部件而彻底精简系统，实现新技术、新原理在精简系统上的应用，使技术系统向更高水平进化，又称为极端裁剪。

【例 13-6】 考虑眼镜的激进剪裁。

1）建立隐形眼镜系统的功能模型，如图 13-27 所示。

2）采用裁剪规则 C：如果功能载体的功能可以被系统中的其他组件替代执行，那么该功能载体可以被裁剪。建立裁剪后的功能模型，如图 13-28 所示。

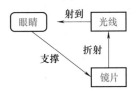

图 13-27 隐形眼镜系统的功能模型

图 13-28 裁剪后隐形眼镜系统的功能模型

3）在对隐形眼镜系统进行裁剪之后，要对产生的次生问题进行分析，见表 13-3。

表 13-3 建立裁剪模型

组件	功能	功能等级	裁剪规则	新功能载体	裁剪问题
镜片	折射光线	基本功能	裁剪规则 C	眼睛	如何使眼睛执行镜片折射光线的作用

对于如何使眼睛执行镜片折射光线的作用，可采用的解决方案是进行手术彻底解决近视的问题。

13.7 技术系统裁剪应用实例

【例 13-7】 根据裁剪模型建立的步骤，继续分析第 5、6 章讲过的油漆加注系统实例，并尝试提出一些解决方案。

1. 裁掉

1）进行功能分析，绘制功能模型。由 5.5 节例 5-2 可得油漆加注系统的功能模型，如图 13-29 所示。

2）根据功能分析、因果链分析等的分析结果，选择技术系统中需要裁剪的组件范围。由 6.5 节例 6-2 可得油漆加注系统的因果链分析结果如图 13-30 所示，油漆溢出因果链的原因之间的关系都是 and 关系，所以只要解决其中的一个关键原因对应的问题，油漆溢出的问题也就得到解决。相对来说，以泵、电动机、开关上的问题作为关键问题来解决成本太高，综合分析以"浮标上黏附油漆"为关键原因，解决该原因对应的

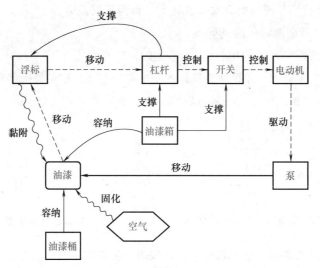

图 13-29 油漆加注系统的功能模型

问题即可将系统问题解决,因此下面以浮标作为被裁剪组件进行分析。

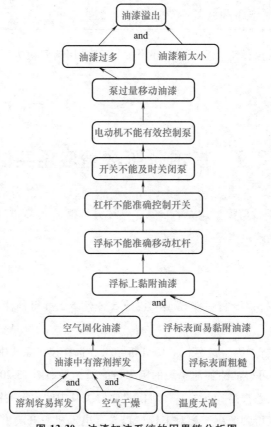

图 13-30 油漆加注系统的因果链分析图

3）具体判断并选择裁剪组件，分析其有用功能。根据功能模型，浮标的功能为移动杠杆，杠杆的功能是支撑浮标。

4）根据裁剪规则进行裁剪。优先选用激进裁剪，鉴于上面的分析，选择裁剪规则A，将功能对象——浮标裁剪的同时，裁剪掉功能载体——杠杆，如图13-31所示。

图13-31　用裁剪规则A同时裁剪掉浮标和杠杆

5）根据功能再分配的特征，选择新的替代执行功能的功能载体，得到裁剪模型。裁剪浮标和杠杆两个组件后，需要组件执行控制开关的打开和关闭的功能。根据功能再分配的特征，将新的功能载体确定为油漆和油漆箱。

6）解决裁剪之后产生的次生问题。描述由裁剪引起的问题，分析问题的关键原因，确定新的冲突区域。将问题进行提取，得到相应的求解方法。裁剪浮标和杠杆后的问题有：①如何让油漆控制开关；②如何让油漆箱控制开关。

7）重复步骤3）和步骤6），保证有用功能得到重新分配。浮标的有用功能只有一个，杠杆的有用功能也只有一个，不用重复分析有用功能。

经过本次裁剪后，为建立裁剪模型进行分析，见表13-4。

表13-4　建立裁剪模型的分析表

组件	功能	功能等级	裁剪规则	新功能载体	裁剪的次生问题
浮标	移动杠杆	辅助功能	裁剪规则A	—	—
杠杆	支撑浮标	辅助功能	裁剪规则A		
	控制开关	辅助功能	裁剪规则C	油漆	如何让油漆控制开关
				油漆箱	如何让油漆箱控制开关

8）重复步骤2）和步骤7），分析所有备选的裁剪组件。

尝试裁剪掉其他备选组件，分析产生的新的次生问题，这里不再做分析。

2. 解决裁剪的次生问题

对于表11-4的分析表，分析可能会产生的解决方案。对于"如何让油漆控制开关"的次生问题，可以尝试在油漆底部放置压力传感器。如果油漆液位过低，将触发开关信号，由该开关信号启动电动机，电动机将驱动泵将油漆从油漆桶抽入油漆箱。当液位增加到一定水平时，压力传感器将触发开关信号，由该开关信号关闭电

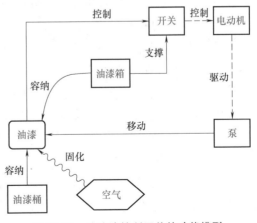

图13-32　让油漆控制开关的功能模型

动机,从而停止油漆从油漆桶中泵出的动作,如图 13-32 所示。

对于"如何让油漆箱控制开关"的次生问题,可以尝试在油漆箱底部放置称重传感器,如放置电子秤。当油漆箱中的油漆增加到一定量时,称重传感器将触发开关信号,关闭电动机,以停止从油漆桶中泵送油漆,如图 13-33 所示。

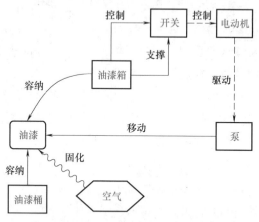

图 13-33 让油漆箱控制开关的功能模型

3. 激进的裁剪

上面的裁剪仍不够激进,还能够采取更加激进的裁剪方式,可以在上面裁剪的基础上继续裁剪掉系统的其他组件。例如,可以连续进行激进的裁剪去掉开关、电动机和泵。开关、电动机和泵有相互作用,它们都既是功能载体也是功能对象,当开关不存在了,电动机就不能正常工作,泵也就不能工作,因此可以将三者一起裁剪掉。最后的技术系统将只剩油漆、油漆桶和油漆箱,功能模型如图 13-34 所示。

在这样的一个技术系统中,裁剪组件之后,将有用功能进行再分配。可选择的组件有超系统组件,如空气、重力等;也有系统的组件,如油漆、油漆箱、油漆桶等。

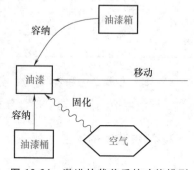

图 13-34 激进的裁剪后的功能模型

利用功能再分配的特征选择油漆自己移动自己,如图 13-35 所示。当油漆足够时,在大气压作用下油漆从油漆桶进入油漆箱;当油漆箱中充满油漆时,自动停止供油漆。

通过如上实例,可以总结出如下要点。

1) 裁剪的关键在于裁剪组件的选择,所以功能分析和因果链分析等分析工具十分关键,为裁剪提供备选的裁剪组件。裁剪带来的优势很明显,通过裁剪可以一次性解决工程问题。有时对组件运用裁剪规则后没有产生裁剪次生问题,意味着可以轻松

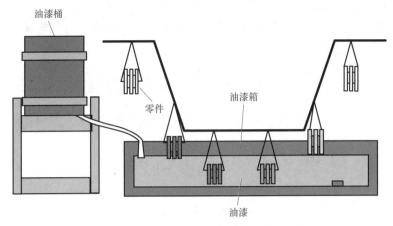

图 13-35 油漆自己移动自己的系统示意图

地解决系统问题。

2) 激进的裁剪可以产生创新程度很高的方案。

3) 裁剪作为解决工程问题的方法,与传统的解决问题的思维方法相反,传统的方法是找到方法解决有问题的组件,对其进行改进,然而裁剪这种方法是将有问题的组件去掉,这种方法带来的好处是直接去掉问题组件而同时将工程问题一并解决。在油漆加注系统的实例中,大多数人可能会直接选择解决浮标上黏附油漆的问题,但通过裁剪分析发现可以直接去掉存在问题的组件,将浮标去掉,在裁剪之后进行功能再分配,解决裁剪掉浮标之后的新问题。

4) 只有功能能够再分配的组件才能够裁剪。

5) 裁剪也是一种分析工具,能够将问题进行转化,将原始的由功能分析等分析工具产生的问题进行进一步分析,转化为新的工程问题。

思考题

【选择题】

1. 在 TRIZ 裁剪流程中,出现哪种情况,则不能裁剪掉该组件。(　　)

A. 可以对被裁剪组件的功能进行再分配。

B. 无法对被裁剪组件的功能进行再分配。

C. 无法对被裁剪组件进行解释。

D. 可以对被裁剪组件进行解释。

2. 裁剪的程度可以是激进的,或者是(　　)的。

A. 匀速　　　　　B. 和缓　　　　　C. 冒进　　　　　D. 渐进

3. 在裁剪流程中,为便于降低成本和改进剩余组件,裁剪掉(　　)组件。

A. 具有较高价值　　　　　B. 具有较低价值

C. 距离目标最远　　　　　　D. 距离目标最近

4. TRIZ 中，选择成本比较低的或比较简单的系统比较合适，但这取决于项目的（　　）以及具体的限制条件。

A. 目标　　　　B. 成本　　　　C. 功能　　　　D. 性质

【判断题】

5. 油漆加注系统的实例中，经过分析决定用渐进的裁剪方式，即将浮标和杠杆同时裁剪掉。（　　）

6. TRIZ 中裁剪的程度取决于项目的商业和技术的限制，这些限制决定了可以被裁剪的备选组件。（　　）

7. TRIZ 中裁剪的程度越大，创新的水平越高。（　　）

8. 裁剪是现代 TRIZ 中一种解决问题的工具。（　　）

【分析题】

9. 简述什么是裁剪。

10. 简述裁剪的目的。

11. 简述裁剪的重要作用。

12. 简述裁剪的规则有哪些。

13. 简述裁剪顺序。

14. 简述裁剪组件选择的依据。

15. 简述传统的眼镜→隐形眼镜→做眼睛手术的裁剪过程。

思政拓展：

"天鲲号"总长 140m，宽 27.8m，型深 9m，它是我国第一艘自主研发设计的"造岛猛兽"，也是亚洲最大的自航绞吸挖泥船，扫描下方二维码了解"天鲲号"自航绞吸挖泥船面对的难题和解决方案，体会其中蕴含的创新精神。

科普之窗
中国创造：天鲲号

第14章 矛盾及发明原理

14.1 矛盾概述

14.1.1 矛盾的概念

首先需要知道一个概念,什么是矛盾?

矛盾是对问题的进一步研究和提炼,矛盾又称为冲突。问题通常十分直观,在实际工作中,创新都是从发现问题开始。工程师通常会对实际问题提出解决方案。功能不足就增加功能或改变相应的参数。例如在技术系统中,强度不够就从提高强度的方向出发,可以更换材料、改进结构等。矛盾则不同,矛盾是在深刻理解问题之后得出的更深层次的问题,问题之中除了显而易见的内容外还涉及其他因素,例如,对于飞机油箱问题,飞机油箱装的油越多,飞机的续航能力就越强,然而飞机油箱太大会影响飞机的机动性,增加油耗,这是一对矛盾,增加油箱体积的普通解决方案已不再适用。

14.1.2 基于TRIZ的矛盾分类

根据矛盾的表现形式和形成原因,阿奇舒勒将矛盾分为管理矛盾、技术矛盾和物理矛盾三大类。一般而言,TRIZ 主要解决的是技术矛盾和物理矛盾,如图 14-1 所示。

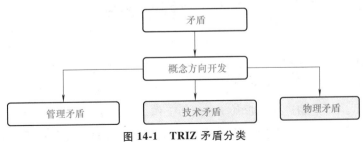

图 14-1 TRIZ 矛盾分类

1. 管理矛盾

管理矛盾对应于这样一种场景：根据现场出现的情况，相关人员内心层面认为需要做一些事情，希望取得某些结果或避免某些现象的发生，但却不知如何行动。显然，这种情况的出现是可悲的，其可悲之处在于：当人们知道需要做某些事的时候，肯定已经发现了某种不足；但不知如何去做，其原因可能是没有发现真正问题之所在，或者说是没有发现问题中的矛盾。

TRIZ 所提供的工具不能直接求解管理矛盾，但提供了有效分析问题的多种方法，通过对问题的分析，有可能获得问题的矛盾，从而解决它们。作为一种建议，在实际操作时可以根据问题给出一个方法，不必考虑这种方法的有效性究竟有多强。在此基础上试图定义矛盾，并努力解决它。通过一步步的工作，逼近问题的真相，即定义问题的关键矛盾。

2. 技术矛盾

对于技术矛盾，TRIZ 的定义为：一个系统存在多个评价参数，而技术矛盾总是涉及系统的两个基本参数，如 A 和 B，当试图改善 A 时，B 的性能变得更差；反之亦然。如果考虑的系统参数超过 2 个，则可以构建另外的技术矛盾。

技术矛盾是非常普遍的一类矛盾：增加飞机发动机功率，一般会提高发动机的质量，由于飞机发动机通常被悬挂于机翼上，因此这样会削弱机翼强度。

用某种方法去实现设计者所需要的功能（有用的功能）的时候产生了另一方面的不足（有害的功能），此时就出现了技术矛盾。

3. 物理矛盾

虽然物理矛盾也是矛盾，但它与技术矛盾有截然不同之处。物理矛盾只涉及系统中的一种性能指标，其矛盾在于：为了某种功能的实现，对这一性能指标提出了完全相反的要求，或者对该子系统或组件提出了相反的要求。

14.2 发明原理

14.2.1 发明原理的由来

1946 年，阿奇舒勒进入苏联海军专利局工作，有机会接触了来自不同国家不同工程领域内的大量专利。阿奇舒勒提取出在专利中最常用的方法和原理，共总结出 40

种，他称之为 40 个发明原理。TRIZ 主要研究技术矛盾和物理矛盾。技术矛盾和物理矛盾都是基于 40 个发明原理解决问题的。TRIZ 引导设计者挑选能解决特定矛盾的原理，其前提是要按标准参数确定矛盾，然后利用 39×39 条标准矛盾对（第 15 章内容）和 40 个发明创造原理解决矛盾。

14.2.2 40 个发明原理

40 个发明原理的序号和内容见表 14-1，序号和发明原理的内容是一一对应的。

表 14-1 40 个发明原理

序号	发明原理	序号	发明原理	序号	发明原理	序号	发明原理
1	分割	11	预防	21	减少有害作用的时间	31	应用多孔材料
2	抽取	12	等势	22	变害为利	32	改变颜色
3	局部质量	13	反向作用	23	反馈	33	同质性
4	非对称	14	曲面化	24	借助中介物	34	抛弃和修复
5	组合	15	动态特性	25	自服务	35	参数变化
6	多用性	16	未达到或过度的作用	26	复制	36	应用相变过程
7	嵌套	17	空间维数变化	27	廉价替代品	37	应用热膨胀
8	质量补偿	18	机械振动	28	机械系统替代	38	应用强氧化剂
9	预加反作用	19	周期性作用	29	应用气压和液压结构	39	应用惰性环境
10	预加作用	20	有效作用的连续性	30	应用柔性壳体或薄膜	40	应用复合材料

14.2.3 40 个发明原理详解

40 个发明原理结合案例的解释如下，本部分的许多案例来源于 Ellen Domb（美国）及互联网。

1. 分割原理

（1）详解 ①把物体切割成相互独立的较小部分；②使物体成为可以分割的状态；③提高物体分割的等级和程度。

（2）应用举例 如何提高船的远洋耐航性和抗沉没能力。解决办法：采用双体及多体船，也就是说一只船由多个浮游物体组合而成。

2. 抽取原理

（1）详解　把物体中的干扰部分、干扰特性分离出去。与原理1不同，这里是把物体分割为不同的部分。

（2）应用举例　设置在电气柜内的变压器是一个热源，致使电气柜工作温度升高，影响电器组件的工作性能。解决办法：将变压器移到电气柜外。

3. 局部质量原理

（1）详解　①物体或其环境介质的匀质结构变成不匀质结构；②物体的每个部分都应处于最有利其发挥自身作用的状态。

（2）应用举例　等截面悬臂梁在各截面上作用有不同的应力。解决办法：采用不等截面的等应力梁。

4. 非对称原理

（1）详解　①把物体的对称形式改为不对称形式；②若物体已经是不对称的形式，提高其不对称程度。

（2）应用举例　路上车辆相对行驶时，采用怎样照明方式不使对方感到刺眼。解决办法：汽车的前灯采用不对称调节。

5. 组合原理

（1）详解　把确定的多个系统或操作中的相同类型组件或协同作业结合在一起。

（2）应用举例　在设计水泥搅拌机时，如何降低材料和装配费用。解决办法：把带轮与搅拌筒体合并，可在圆柱形搅拌筒体上加工带轮槽放置传送带。

6. 多用性原理

（1）详解　让一个物体可完成多种不同功能，从而使其他一些可从该物体分开的物体成为多余部分。

（2）应用举例　如何使拍纸本节约材料。解决办法：在拍纸本的扉页反面印有格子，扉页就可以兼作影格纸用，原有的单独放在拍纸本中的影格纸可以取消。

7. 嵌套原理

（1）详解　第一个物体嵌套在第二个物体中，第二个物体又嵌套在第三个物体中，也就是说，一个物体穿过另一个物体或填充在另一个物体中。

（2）应用举例　如何使举升设备举升高，体积又小。解决办法：采用嵌套的液压缸结构。

8. 质量补偿原理

（1）详解　①用一个能产生提升力的物体来补偿另一物体的质量；②通过与环境的交互作用，产生空气动力或液体动力来补偿物体的质量。

（2）应用举例　立式铣床主轴箱升降如何克服自身重力。解决办法：采用重力平衡块，或者用气缸、液压缸平衡。

9. 预加反作用原理

（1）详解　根据要求产生一定的作用，可以预先施加反作用。

（2）应用举例　水泥等脆性材料耐压不耐拉，如何充分发挥其作用。解决办法：在水泥中加入预拉钢筋，使水泥处于受压状态，当水泥钢筋受拉工作时，水泥仍处于受压状态或轻微受拉。

10. 预加作用原理

（1）详解　①对要求的作用可全部或部分预先实施；②对物体已做事先处理，一旦投入使用可立即有效地发挥功能。

（2）应用举例　如何快速拆包。解决办法：在包装的局部位置安装拆包线，拉动拆包线即可打开包装。

11. 预防原理

（1）详解　一个物体可靠性较低，可通过预先安排辅助手段（物体）给予解决。

（2）应用举例　如何防止机床超负荷工作。解决办法：可通过各类不同的传感器对工作负荷进行检测，如通过电流传感器检测电动机工作电流的大小，在刀具或夹具上安装应力、应变传感器测量切削力的大小等。

12. 等势原理

（1）详解　改变工作条件，使物体能够处于势能不变的状态工作，不必提升或降低势能。

（2）应用举例　如何使内燃机活塞的提升和降落不消耗许多能量。解决办法：采用旋转转子内燃机，工作时旋转转子的势能为常数。

13. 反向作用原理

（1）详解　①把预先规定的操作改为反向操作；②使物体或其环境介质的运动部

分静止,而静止部分运动;③使物体位置"倒立",即颠倒过来。

(2) 应用举例　金属切削机床如何解决重型零件的切削加工。解决办法:将通常的工作台运动、床身和刀具固定的运动形式颠倒过来,变为工作台固定、机床床身与刀具运动。

14. 曲面化原理

(1) 详解　①把直线改为曲线,把平面改为曲面;②应用滚子、球等零件和螺旋运动形式把直线运动改为转动。

(2) 应用举例　如何防止汽车在发生侧向撞车事故时司机头部受伤。解决办法:采用司机头部保护结构,使头部后方不再是平面型的而是一个凹半球状的头靠。

15. 动态特性原理

(1) 详解　①物体可在工作过程中自动调节,以达到与工作过程相适应的优化值;②一个物体可划分为若干部分,这些部分可相互变动位置;③如果物体是静止的,可设法使其运动或可调节。

(2) 应用举例　超高速飞机如何通过减少空气摩擦以及提高着陆时的良好可靠性来达到极高的飞行速度。解决办法:采用可翻转的机翼和尖形机头。

16. 未达到或过度的作用

(1) 详解　如果100%达到所要求的效应很困难,可以稍微达不到或稍微超过所要求的效应。

(2) 应用举例　安瓿如何通过加热熔化细管部分达到安全封闭安装。解决办法:不要用较小的热量去加热安瓿的细管,为了保护安瓿内的药物不因过热失效,应采用较大的过热热量,迅速熔化安瓿的细管,同时用水浴方法导走多余的热量。

17. 空间维数变化

(1) 详解　①若在平面中运动不理想,改成在三维即空间中运动;②把物体从一层布置改为多层布置;③把物体倾斜布置;④充分利用给定物体的反面。

(2) 应用举例　如何减少污水处理设备所占用的面积。解决办法:采用棋盘式排列的污水处理设备,将净化剂混合在空气中以对流方式一起通入池内,包含在空气中的氧迅速发挥作用,氧化污水中的有机成分。

18. 机械振动

(1) 详解　①使物体处于振动状态;②如果已经处于振动状态,设法提高振动频率，一直到超声频率；③利用物体的自振频率；④用压电材料产生的微振动代替机械力学式的微振动；⑤把超声波振动与电磁场综合起来使用。

（2）应用举例　如何解决中小零件的自动上料问题。解决办法：利用机械振动的频率和方向，使零件沿特定方向运动。

19. 周期性作用

（1）详解　①把连续作用改为周期性或脉动式的作用；②如果作用已经是周期性的，设法变动其运动频率。

（2）应用举例　如何拆除马路的水泥路面。解决办法：利用脉冲式的冲击锤粉碎马路的水泥路面，且可调节其冲击频率，以提高工作效率。

20. 有效作用的连续性原理

（1）详解　①物体的所有组成部分都不停地工作；②消除运动过程中的停歇；③旋转运动代替往复运动。

（2）应用举例　如何解决单缸往复式发动机活塞往复运动产生的惯性力造成的振动。解决办法：采用旋转转子发动机，转子单方向匀速转动，工作平稳。

21. 减少有害作用的时间原理

（1）详解　整个过程或过程的某一时段是有害或危险的，以极高的速度急速完成该过程。

（2）应用举例　如何减轻手术刀切除人体组织时的疼痛。解决办法：用医疗器材进行点接触式手术，对局部人体组织以极高的速度做无痛穿刺并立即摘取局部组织。

22. 变害为利原理

（1）详解　①有害因素，尤其是对环境有害的作用，可变为有益的效果；②通过把另外一种有害因素附加到该有害因素上来消除这一有害因素；③把一种有害因素加以强化到使其不再有害。

（2）应用举例　如何解决超硬砂轮的修整问题。解决办法：化学溶液对金属有腐蚀作用，利用这种化学腐蚀原理通过电解液对超硬砂轮的金属黏结剂进行化学腐蚀，从而使新的超硬磨粒裸露出来，可实现砂轮的电解在线修整。

23. 反馈原理

（1）详解　①导入反馈；②如果已存在反馈，使其变化，即加强或减弱反馈。

（2）应用举例　如何保证织布机织布时经纱的张力恒定以使织物平整光洁。解决办法：对经纱张力进行测定反馈，若张力过大，则立即快送经纱，若张力过小，则慢送经纱。

24. 利用中介物原理

（1）详解　①利用中介物起传递作用，传递物体或承担作用；②将一个容易移动的物体与另一个物体暂时结合。

（2）应用举例　若两根轴相距甚远，如何把一根轴的转动传递到另一根轴上去。解决办法：利用传动带作为中介物，在两根轴上安装带轮来传递运动；自行车上采用链轮链条，把人脚踏的中间轴上的旋转运动传递到后轮轴上。

25. 自服务原理

（1）详解　①使物体通过自身的附加功能，服务于自己的主要功能；②利用产生的废弃物为自身服务。

（2）应用举例　轴承润滑很麻烦，如何找到便捷的方法。解决办法：采用含油轴承，即轴承体内储存油脂，当轴承工作发热而温度达到一定值时，油从轴承内渗出起润滑作用，当轴承不工作时，其自身温度下降，把油吸回轴承内。

26. 复制原理

（1）详解　①用简单和价廉的复制品来代替复杂、价格昂贵、不易操作和易碎的物体；②对物体或物理系统采用其光学复制品，如图片。

（2）应用举例　棒球比赛用的球棒形状较复杂，测量其形状尺寸费时费力，如何快速测量。解决办法：采用照片测量，通过照片对球棒横截面上相应的位置进行测量和分析。

27. 廉价替代品原理

（1）详解　用价廉的物体来代替昂贵的物体。这样代替自然会影响到一些特性，如寿命变短。

（2）应用举例　如何解决飞机跑道长、建跑道昂贵的问题。解决办法：在正常长度的跑道前加一段泡沫塑料跑道，虽然耐用次数少，但并不经常使用，可满足要求。

28. 机械系统替代原理

（1）详解　①用视觉、听觉、嗅觉系统代替部分机械系统；②利用电场、磁场和电磁场完成与物体的相互作用；③把固定场变为移动场，把静态场变为动态场，把随机场变为确定场；④把铁磁粒子用于场的作用之中。

（2）应用举例　车间里的运输小车在轨道上行驶，轨道高出车间地面而影响车间其他工作，如何解决运输小车行驶问题。解决办法：在车间地面上铺设与路面平齐的电磁导轨，小车在电磁导轨引导下沿指定路线行驶。

29. 应用气动和液压结构原理

（1）详解　应用气动或液压零部件代替机械零部件，以减轻振动和摩擦。

（2）应用举例　如何降低机床导轨的磨损。解决办法：采用气体、液体静压导轨。

30. 采用柔性壳体或薄膜原理

（1）详解　①用柔性壳体和薄膜来代替传统的结构；②用柔性壳体和薄膜把物体与环境隔离。

（2）应用举例　如何改善机床导轨的磨损，提高使用寿命。解决办法：可在机床导轨上粘贴聚氟乙烯导轨软带，减小导轨摩擦系数，提高导轨耐磨特性，且能提高减振性能。

31. 应用多孔材料原理

（1）详解　①把物体加工成多孔结构，或者加入多孔的填充物、涂层等；②如果物体已是多孔的，用合适的材料填充孔。

（2）应用举例　如何实现轴承的自润滑。解决办法：用多孔性质的材料制成轴承，轴承孔隙中注入油脂。

32. 改变颜色原理

（1）详解　①改变物体或周围环境的色彩；②改变物体或周围环境的透明度；③为了观察不易看清的物体或工作过程，加入附加的颜色添加剂，若加入颜色添加剂的效果不理想，可再加发光材料。

（2）应用举例　如何使机床控制系统急停操作器醒目且方便操作。解决办法：急停按钮一般为红色，较为醒目，且安装在距操作者较近的位置。

33. 同质性原理

（1）详解　①存在相互作用的物体用相同材料或特性相近的材料制成；②使用与容纳物相同的材料来制造容器以减少发生化学反应的机会

（2）应用举例　如何治疗伤口。解决办法：医学上用伤者身上其他部位的组织医治伤口。

34. 抛弃和修复原理

（1）详解　①物体的部分已完成其功能或已使用殆尽，抛弃它（溶解、蒸发等）或在工作过程中转换为另一工作功能；②物体已被使用过的部分在工作过程中自行修复。

（2）应用举例　如何解决割草刀片在使用过程中磨损变钝。解决办法：割草刀片的刀刃由基体与嵌入式刀片组合而成，草对刀刃的摩擦使嵌入式刀片变薄，成为自刃磨刀具。

35. 参数变化原理

（1）详解　①使物体在气态、液态、固态之间变化；②使物体的黏度、浓度变化；③使物体的柔性变化；④使物体的温度变化。

（2）应用举例　如何提高汽车悬挂系统的平稳性。解决办法：采用基于磁流变或电流变阻尼系统的悬挂机构，可根据检测的振幅大小相应地改变磁场或电场强度，从而使系统的阻尼发生变化，可有效地控制系统的振动。

36. 应用相变过程原理

（1）详解　在物质变化过程中实现某种效应，如利用水结冰使体积膨胀等。

（2）应用举例　如何快速导出某个物体上的热量。解决办法：利用热管内的液体在管中的发热处吸收大量热量而蒸发，蒸气运动到冷端散发热量变成液体沿管壁回流。

37. 应用热膨胀原理

（1）详解　①利用材料的热膨胀特性；②利用多种不同热膨胀系数的材料。

（2）应用举例　如何产生制造人造金刚石所需要的超高压。解决办法：电感应加热钢柱，钢柱的热膨胀产生超高压，供制造人造金刚石使用。

38. 应用强氧化剂原理

（1）详解　①把一般空气改为活性的空气；②在活性空气中再注入氧气；③进一步采用离子氧；④利用臭氧。

（2）应用举例　钢如何防锈。解决办法：为防止钢生锈氧化，对钢表面进行强氧化和钝化处理，形成致密、已氧化的保护层。

39. 应用惰性环境原理

（1）详解　①将一般环境用惰性环境代替；②作用过程在真空中进行。

(2) 应用举例　如何解决电灯泡中的灯丝因通电变热而极易氧化的问题。解决办法：在电灯泡中充入惰性气体，高温灯丝就不会氧化。

40. 应用复合材料原理

(1) 详解　把单一材料改为多种材料复合的新材料。

(2) 应用举例　如何提高玻璃的机械强度。解决办法：以织物为骨架、玻璃为基底材料，制成"玻璃钢"板。

14.2.4　发明原理归类

为了便于发明人有针对性地利用40个发明原理进行创新，德国TRIZ专家对40个发明原理进行统计分析，从应用出发总结了发明原理的三个类型，见表14-2。

表14-2　40个发明创新原理的应用类型

分类	原理序号
10个使用频率最高的发明原理	35、10、1、28、2、15、19、18、32、13
13个应用于设计场合的发明原理	1、2、3、4、26、5、7、8、13、15、17、24、31
10个可大幅降低产品成本的发明原理	1、2、3、5、10、16、20、25、26、28

思考题

【选择题】

1. 萝卜与白菜同时种植时，种植面积此消彼长的矛盾在TRIZ中属于什么矛盾？（　　）

A. 管理矛盾　　　B. 技术矛盾　　　C. 物理矛盾　　　D. 逻辑矛盾

2. 在大型项目中应用工作分解结构，是利用了40个发明原理中的（　　）。

A. 抽取　　　B. 分割　　　C. 复制　　　D. 预加作用

3. "用狗叫唤的声音，而不用真正的狗来防夜贼"是利用了40个发明原理中的（　　）。

A. 抽取　　　　　　　　　B. 反馈

C. 有效作用的连续性　　　D. 预加作用

4. 以下哪项不属于局部质量的内容？（　　）

A. 将对象或外部环境的同类结构转换成异类结构。

B. 对象的不同部分实现不同的功能。

C. 对象的每一部分应被放在最有利于其运行的条件下。

D. 用非对称形式代替对称形式。

5. "午餐饭盒中设置不同的间隔区来分别存放冷?热和液体食物"是利用了40个发明原理中的（   ）。

  A. 抽取   B. 应用相变过程   C. 局部质量   D. 预加作用

6. "并行处理计算机中的上千个微处理器"是利用了40个发明原理中的（   ）。

  A. 组合   B. 借助中介物

  C. 自服务   D. 有效作用的连续性

7. "俄罗斯套娃"是利用了40个发明原理中的（   ）。

  A. 局部质量   B. 嵌套

  C. 自服务   D. 有效作用的连续性

8. "用氦气球悬挂起广告标志"是利用了40个发明原理中的（   ）。

  A. 质量补偿   B. 嵌套

  C. 预加作用   D. 局部质量

9. "将对象暴露在有害物质之前进行遮盖"是利用了40个发明原理中的（   ）。

  A. 反馈   B. 变害为利

  C. 自服务   D. 预加作用

10. "工厂里的柔性制造单元"是利用了40个发明原理中的（   ）。

  A. 局部质量   B. 预加作用

  C. 质量补偿   D. 有效作用的连续性

11. "跑步机"是利用了40个发明原理中的（   ）。

  A. 预加作用   B. 曲面化

  C. 等势原则   D. 预加反作用

12. "用脉冲式的声音代替连续警报声"是利用了40个发明原理中的（   ）。

  A. 同质性   B. 变害为利

  C. 周期性作用   D. 动态特性

13. "用托架把热盘子端到餐桌上"是利用了40个发明原理中的（   ）。

  A. 借助中介物   B. 分割

  C. 预防   D. 嵌套

14. "用钻石制造钻石的切割工具"是利用了40个发明原理中的（   ）。

  A. 借助中介物   B. 同质性

  C. 局部质量   D. 复制

15. "用氩气来防止发热的金属灯丝退化"是利用了40个发明原理中的（   ）。

  A. 借助中介物   B. 分割

  C. 嵌套   D. 应用惰性环境

16. "在天然气中加入气味难闻的混合物,警告用户发生了泄露,而不采用机械或电气类的传感器"是利用了40个发明原理中的(   )。

    A. 机械系统替代　　　　　　　　B. 参数变化

    C. 变害为利　　　　　　　　　　D. 借助中介物

17. "通过计算机虚拟现实,而不去进行昂贵的度假"是利用了40个发明原理中的(   )。

    A. 自服务　　　　　　　　　　　B. 同质性

    C. 借助中介物　　　　　　　　　D. 复制

18. "在药品中使用消融性的胶囊"是利用了40个发明原理中的(   )。

    A. 抛弃和修复　　　　　　　　　B. 参数变化

    C. 应用多孔材料　　　　　　　　D. 应用热膨胀

19. "备用降落伞"是利用了40个发明原理中的(   )。

    A. 预防　　　　　　　　　　　　B. 廉价替代品

    C. 自服务　　　　　　　　　　　D. 借助中介物

【分析题】

20. 简述原理9(预先反作用原理)、原理11(先防范原理)、原理10(预先作用原理)之间的区别是什么。

思政拓展:

扫描下方二维码了解"天河三号"超级计算机的原理和特点,体会其中蕴含的创新精神。

科普之窗
中国创造:天河三号

第15章 技术矛盾解决理论

15.1 技术矛盾概述

15.1.1 技术矛盾的概念

为了解释技术矛盾概念,先思考这样一个问题:在手机的设计过程中,人们追求其强大的性能,但是功能强意味着耗电量的提高及成本的增加,这就产生了技术矛盾,优化其中一个参数,但恶化其他的参数。

因此,技术矛盾是指技术系统的某个参数或特性得到改善的同时,导致另一个参数或特性发生恶化而产生的矛盾,其具有如下表现形式。

1)在一个子系统中引入一种有用功能,会导致另一子系统产生一种有害功能,或者加强已存在的一种有害功能。

2)一种有害功能会导致另一子系统有用功能的削弱。

3)有用功能的加强或有害功能的削弱使另一子系统或系统变得复杂。

例如,铸造厂铸造的金属零件铸造完成后,需要用吹砂机清理干净。如果利用高速运动的砂子将铸件清理干净,会导致砂子留在铸件的缝隙里,现在需要把砂子从铸件中清除出去。由于铸件的尺寸太大,不容易将它翻过来把砂子倒掉。某个工程师提议:"如果把缝隙盖上,砂子就不会进入缝隙里。"另一个工程师反驳:"如果把缝隙盖上,就不能清理金属零件了。"

把两位工程师的话合起来,可以得到:如果把缝隙盖上,那么砂子就不会进入缝隙里,但是也不能对金属零件进行清理。

技术矛盾的格式:如果(采取某个措施),那么(技术系统中的某一部分或参数就得到了改善),但是(该系统的其他部分或参数就要不可容忍地变坏)。

15.1.2 工程参数

根据系统改造时工程参数的变化，可分为欲改善的参数、恶化的参数两大类。

1) 欲改善的参数：系统改进中将提升和加强的特性所对应的工程参数。

2) 恶化的参数：根据矛盾论，在某个工程参数获得提升的同时，必然会导致其他一个或多个工程参数变差，这些变差的工程参数称为恶化的参数。

欲改善的参数与恶化的参数就构成了技术系统内部的矛盾，TRIZ 理论就是克服这些矛盾，从而推进系统向更高的理想度进化的。

15.2　39 个通用工程参数简介

15.2.1　39 个通用工程参数

阿奇舒勒通过研究专利发现，只有 39 项工程参数会出现彼此相对改善和恶化的情况，而这些专利都是为了解决不同领域工程参数的矛盾，通过研究专利中的解决方法，他总结出 40 个创新原理用于解决矛盾。然后，将这些矛盾的技术参数与矛盾解决原理组成一个由 39 个改善参数与 39 个恶化参数所构成的矩阵，矩阵的横轴用来表示希望得到改善的参数，纵轴用来表示因为某种技术特性的改善而引起恶化的参数，横纵轴参数交叉处的数字表示用来解决技术系统矛盾时所采取的创新原理的编号。这就是著名的技术矛盾矩阵，见附录 D。阿奇舒勒矛盾矩阵为解决问题的人提供一种新的解决问题方法：可以根据系统中有严重矛盾的参数，通过查找矛盾矩阵找到相应的发明原理。

TRIZ 技术矛盾解决理论的主要思想是，当具体问题无法直接快速找到对应解时，可以将此矛盾转换为标准的 TRIZ 问题，即 TRIZ 的多组矛盾对所对应的问题，然后利用技术矛盾解决理论和工具获得 TRIZ 的解决方法，接着将 TRIZ 通用解运用到实际需要解决的问题之中，最后得到解决问题的方案。因此，核心在于如何将实际问题转化为与 TRIZ 相关的问题。关键是将实际问题用通用的工程参数进行描述，使其标准化。

在详细研究大量专利后，精炼出的 39 个工程参数是工程领域内常用的描述系统性能的通用参数。在定义、分析问题的过程中，为了描述系统的性能，应在 39 个工程参数中找到适宜的参数对实际问题进行描述。39个通用工程参数包括物理、几何和技术性能的参数，见表15-1。

表 15-1　39个通用工程参数

序号	通用工程参数名称	序号	通用工程参数名称	序号	通用工程参数名称
1	运动物体的重量	14	强度	27	可靠性
2	静止物体的重量	15	运动物体的作用时间	28	测试精度
3	运动物体的长度	16	静止物体的作用时间	29	制造精度
4	静止物体的长度	17	温度	30	作用于物体的有害因素
5	运动物体的面积	18	光照强度	31	物体产生的有害因素
6	静止物体的面积	19	运动物体消耗的能量	32	可制造性
7	运动物体的体积	20	静止物体消耗的能量	33	可操作性
8	静止物体的体积	21	功率	34	可维修性
9	速度	22	能量损失	35	适应性及多用性
10	力	23	物质损失	36	装置的复杂性
11	应力或压力	24	信息损失	37	监控与测试的困难程度
12	形状	25	时间损失	38	自动化程度
13	结构的稳定性	26	物质或事物的数量	39	生产率

对39个通用工程参数中用到的运动物体（Moving objects）与静止物体（Stationary objects）2个术语，运动物体是指自身或借助于外力可在一定的空间内运动的物体；静止物体是指自身或借助于外力都不能在空间内运动的物体。

15.2.2　39个通用工程参数解释

1. 运动物体的重量

运动物体的重量是指在重力场中运动物体受到的重力。如运动物体作用于其支撑或悬挂装置上的力。

2. 静止物体的重量

静止物体的重量是指在重力场中静止物体所受到的重力。如静止物体作用于其支撑或悬挂装置上的力。

3. 运动物体的长度

运动物体的长度是指运动物体的任意线性尺寸。

4. 静止物体的长度

静止物体的长度是指静止物体的任意线性尺寸。

5. 运动物体的面积

运动物体的面积是指运动物体内部或外部所具有的表面或部分表面的面积。

6. 静止物体的面积

静止物体的面积是指静止物体内部或外部所具有的表面或部分表面的面积。

7. 运动物体的体积

运动物体的体积是指运动物体所占有的空间体积。

8. 静止物体的体积

静止物体的体积是指静止物体所占有的空间体积。

9. 速度

速度是指物体的运动速度或是过程、活动与时间之比。

10. 力

力是指两个系统之间的相互作用。根据牛顿力学，力等于质量与加速度之积。在TRIZ中，力是试图改变物体状态的任何作用。

11. 应力或压力

应力或压力是指单位面积上的力。

12. 形状

形状是指物体外部轮廓或系统的外貌。

13. 结构的稳定性

结构的稳定性是指系统的完整性及系统组成部分之间的关系。磨损、化学分解及拆卸都降低稳定性。

14. 强度

强度是指物体抵抗外力作用使之变化的能力。

15. 运动物体的作用时间

运动物体作用时间是指物体完成规定动作的时间、服务期。两次误动作之间的时间也是作用时间的一种度量。

16. 静止物体的作用时间

静止物体作用时间是指物体完成规定动作的时间、服务期。两次误动作之间的时间也是作用时间的一种度量。

17. 温度

温度是指物体或系统所处的热状态。在 TRIZ 中，温度包括其他热参数，如影响温度变化速度的热容量。

18. 光照强度

光照度是指单位面积上的光通量。在 TRIZ 中，光照强度包括系统的光照特性，如亮度、光线质量。

19. 运动物体消耗的能量

运动物体消耗的能量是运动物体做功的一种度量。在经典力学中，能量等于力与距离的乘积。在 TRIZ 中，能量也包括电能、热能及核能等。

20. 静止物体消耗的能量

静止物体消耗的能量是指静止物体消耗的电能、热能及核能等。

21. 功率

功率是指单位时间内所做的功，即能量的利用速度。

22. 能量损失

能量损失是指为了减少能量损失，需要不同的技术来改善能量的利用。

23. 物质损失

物质损失是指部分或全部、永久或临时的材料、组件或子系统等物质的损失。

24. 信息损失

信息损失是指部分或全部、永久或临时的数据损失。

25. 时间损失

时间损失是指一项活动所延续的时间间隔。改进时间的损失指减少一项活动所花费的时间。

26. 物质或事物的数量

物质或事物的数量是指材料、组件及子系统等的数量，它们可以被部分或全部、临时或永久地改变。

27. 可靠性

可靠性是指系统在规定的方法及状态下完成规定功能的能力。

28. 测试精度

测试精度是指系统特征的实测值与实际值之间的误差。减少误差将提高测试精度。

29. 制造精度

制造精度是指系统或物体的实际性能与所需性能之间的误差。

30. 作用于物体的有害因素

作用于物体的有害因素是指有害因素将降低物体或系统的效率，或完成功能的质量，这些有害因素是由物体或系统外部环境中的一部分产生的。

31. 物体产生的有害因素

物体产生的有害因素是指有害因素将降低物体或系统的效率，或完成功能的质量，这些有害因素是由物体或系统的一部分产生的。

32. 可制造性

可制造性是指物体或系统制造过程中简单、方便的程度。

33. 可操作性

可操作性是指完成想要的操作应需要较少的操作者、较少的步骤以及使用尽可能简单的工具。一个操作的产出要尽可能多。

34. 可维修性

可维修性是指对系统出现的错误进行的维修应时间短、方便和简单。

35. 适应性及多用性

适应性及多用性是指物体或系统响应外部变化的能力，或者应用于不同条件下的能力。

36. 装置的复杂性

装置的复杂性是指系统中组件的数目及多样性，如果用户也是系统中的元素，将增加系统的复杂性。掌握系统的难易程度是系统复杂性的一种度量。

37. 监控与测试的困难程度

监控与测试的困难程度是指如果一个系统复杂、成本高、需要较长的时间建造及使用，或者组件与组件之间关系复杂，都会使得系统的监控与测试困难。测试精度高，增加了测试成本是监控与测试的困难程度的一种度量。

38. 自动化程度

自动化程度是指系统或物体在无人操作的情况下完成任务的能力。自动化程度的最低级别是完全人工操作。最高级别是机器能自动感知所需的操作、自动编程和对操作自动监控。中等级别是需要人工编程、人工观察正在进行的操作、改变正在进行的操作及重新编程。

39. 生产率

生产率是指单位时间内所完成的功能或操作数。

15.2.3 39个通用工程参数分类

根据39个通用工程参数的特点，可分为物理及几何参数、技术负向参数、技术正向参数3大类，见表15-2。

表15-2 39个通用工程参数分类

参数类型	编号
物理及几何参数	1、2、3、4、5、6、7、8、9、10、11、12、17、18、21
技术负向参数	15、16、19、20、22、23、24、25、26、30、31
技术正向参数	13、14、27、28、29、32、33、34、35、36、37、38、39

15.3 阿奇舒勒矛盾矩阵

阿奇舒勒通过对大量专利的研究、分析、比较、统计，归纳出当39个工程参数中的任意2个参数产生矛盾时，化解该矛盾应使用的发明原理（见14章）。阿奇舒勒还对工程参数的矛盾与发明原理建立了对应关系，整理成一个39×39的矩阵，以便使用者查找。这个矩阵称为阿奇舒勒矛盾矩阵。阿奇舒勒矛盾矩阵浓缩了对巨量专利研究后取得的成果，矩阵的构成非常紧密而且自成体系。

阿奇舒勒矛盾矩阵使问题解决者可以根据系统中产生矛盾的两个工程参数，从矩阵表中直接查找化解该矛盾的发明原理，并使用这些原理解决问题。该矩阵将通用工程参数的矛盾和40条发明原理有机地联系起来。阿奇舒勒矛盾矩阵外形见表15-3。

表15-3 阿奇舒勒矛盾矩阵外形

欲改善的参数		恶化的参数			
		1	2	…	39
		运动物体的重量	静止物体的重量	…	生产率
1	运动物体的重量	+	−	…	35,3,24,37
2	静止物体的重量	−	+	…	1,28,15,35
3	运动问题的长度	8,15,29,34	−	…	14,4,28,29
…	…	…	…	…	…
39	生产率	35,26,24,37	28,27,15,3	…	+

以表格表示的矛盾矩阵的横、纵表头均列出了39个通用工程参数的序号和名称。以行来罗列欲改善的参数，以列对应恶化的参数。39×39的工程参数从行、列2个维度构成矩阵的方格共有1521个，其中1363个方格中，每个方格中有几个数字，这几个数字就是TRIZ所推荐的解决对应工程矛盾的发明原理的号码。45度对角线上的方格是同一名称工程参数所对应的方格（涂灰带"+"的方格），表示产生的矛盾是物理矛盾而不是工程矛盾。物理矛盾及其解法将在第16章中进行详细介绍；带"−"的方格表示暂时没有合适的解决方法解决这类技术矛盾。

阿奇舒勒矛盾矩阵见附录D。

15.4 技术矛盾解决步骤

首先将关键问题转化为问题的模型（技术矛盾），再运用解决问题的工具（阿奇舒勒矛盾矩阵）找到解决方案的模型（发明原理），最后将解决方案的模型转化为具体的解决方案。

在运用技术矛盾和阿奇舒勒矛盾矩阵解决具体项目问题的时候，一般的具体步骤如下。

1）描述要解决的工程问题。这里的工程问题是指经过前面所讲的功能分析、因果链分析后所得到的关键问题，而不是所遇到的初始问题。

2）将这个要解决的工程问题转化为技术矛盾。根据项目目标确定系统欲改善的参数，筛选系统恶化的工程参数。

3）将欲改善的参数和恶化的参数一般化为阿奇舒勒通用工程参数。

4）在阿奇舒勒矛盾矩阵中定位欲改善的参数和恶化的参数交叉的单元，确定发明原理。

5）根据发明原理的提示确定最适合解决技术矛盾的具体解决方案。

15.5 技术矛盾解决理论应用实例

【例15-1】 早期的飞机机翼都是平直的。最初是矩形机翼，很容易制作。但由于其翼端较宽，会给飞机带来阻力，严重地影响了飞机的飞行速度。之后开发出梯形翼，大大提高了飞机的飞行速度。然后，西方发达国家的喷气式飞机先后上天。飞机开始进入喷气式时代，飞行速度很快接近声速。机翼上出现"激波"，使机翼表面的空气压力发生变化，同时使飞机飞行阻力骤增，比低速飞行时大十几倍甚至几十倍，这就是所谓的"声障"。为了突破"声障"，许多国家都在研制新型机翼。德国人发现，把机翼做成后掠形式，像燕子的翅膀一样，可以延迟"激波"的产生，缓和飞机接近声速时的不稳定现象。但是，向后掠的机翼比不向后掠的机翼平直，在同样的条件下产生的升力小，这对飞机的起飞、着陆和巡航都带来了不利的影响，浪费了很多燃料。试用技术矛盾解决理论进行求解。

1）描述要解决的工程问题。本例适合运用因果链分析工具得到关键问题，分析结果如图 15-1 所示。

分析可知，产生声障、机翼表面空气压力变化、机翼上出现"激波"、飞机高速飞行、机翼结构、发动机提供动力都是关键问题。

2）将这个要解决的工程问题转化为技术矛盾。运用因果链分析得到的关键问题明确欲改善的参数和恶化的参数。

欲改善的参数：飞机飞行速度。恶化的参数：飞机发动机燃料消耗。

3）将改善和恶化的参数一般化为阿奇舒勒通用工程参数。

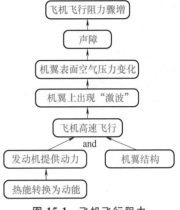

图 15-1 飞机飞行阻力增大因果链分析

欲改善的参数：速度。恶化的参数：运动物体能耗。

4）在阿奇舒勒矛盾矩阵中定位欲改善的参数和恶化的参数交叉的单元，确定发明原理。

在阿奇舒勒矛盾矩阵中，在欲改善的参数中找到"速度"，在恶化的参数中找到"运动物体消耗的能量"，由两个参数分别横向和纵向延伸交叉定位发明原理序号，见表 15-4。进而确定发明原理：8——质量补偿，15——动态特性，35——参数变化，38——应用强氧化剂。

表 15-4 在阿奇舒勒矛盾矩阵中定位发明原理序号

欲改善的参数		恶化的参数				
		1	2	…	19	…
		运动物体的重量	静止物体的重量	…	运动物体的能量	…
1	运动物体的重量	+	−	…	35,13,34,31	…
2	静止物体的重量	−	+	…	…	…
…	…	…	…	…	…	…
9	速度	2,28,13,38	−	…	8,15,35,38	…
…	…	…	…	…	…	…

5）应用发明原理的提示确定最适合解决技术矛盾的具体解决方案。综合考虑后，选择原理 15 和原理 35，即动态特性原理和参数变化原理。

改变飞机的飞行形态，即在不同的飞行状态下采用不同的气动外形，可以在很大程度上节约不必要的能耗。根据原理 15 和原理 35 的启示，将飞机的机翼做成活动部件。在起飞和降落过程中使用平直翼，低速飞行中可得到较大的升力，从而缩短跑道的长度，借此节约能量；而在高速飞行过程中使用三角翼，可以轻易地突破声障，减轻机翼的受力，提高飞机在高速飞行时的强度，也降低了能量的消耗。

思考题

【选择题】

1. 在TRIZ的39个通用工程参数中，可操作性属于哪一类用工程参数？（   ）
   A. 物理及几何参数　　　　B. 技术负向参数
   C. 技术正向参数　　　　　D. 通用几何参数

2. 在39个通用工程参数中，结构的稳定性是指（   ）。
   A. 物体抵抗外力作用使之变化的能力
   B. 系统的完整性及系统组成部分之间的关系
   C. 系统在规定的方法及状态下完成规定功能的能力
   D. 物体或系统响应外部变化的能力，或者应用于不同条件下的能力

【分析题】

3. 什么是技术矛盾？

4. 增加汽车车壳的厚度可增加安全性，但是厚度越厚，相应的油耗越高。试提取其中的技术矛盾。

5. 简述阿奇舒勒矛盾矩阵如何使用。

6. 为了保证车辆乘坐人员的安全，我们希望汽车制造得结实一些，因此要增加车的重量，而车重量大会导致燃油消耗量上升。试提取其中的技术矛盾。

7. 在波音公司改进737设计的过程中，出现的技术矛盾为：希望发动机吸入更多的空气，但又不希望发动机罩与地面的距离变小。试提取其中的技术矛盾并找出相应的工程参数。

8. 试利用阿奇舒勒矛盾矩阵解决传统型扳手易损坏的问题。

思政拓展：

脑谱图实际上是对不同的脑区进行划分，寻找它的边界，包括脑区精细的分区与连接，扫描下方二维码了解脑图谱的奥秘，体会其中蕴含的创新精神。

科普之窗
中国创造：脑图谱

第16章 物理矛盾解决理论

第 15 章介绍了 TRIZ 中的技术矛盾，以及利用技术矛盾解决问题的方法和步骤，本章将继续介绍 TRIZ 中的另外一个问题模型——物理矛盾。

16.1 物理矛盾概述

16.1.1 物理矛盾的含义

技术矛盾针对的情况是技术系统的某个参数或特性得到改善的同时，导致另一个参数或特性发生恶化而产生的矛盾。但当矛盾中欲改善的工程参数和恶化的工程参数为同一参数时，则构成另一类矛盾——物理矛盾。物理矛盾的概念以及最初的按时间和空间分离的原理是由苏联 TRIZ 大师 Boris Goldovskiy 在 20 世纪 60 年代末 70 年代初提出的，TRIZ 的创始人阿奇舒勒将其进行扩展，形成分离原理。21 世纪初，TRIZ 大师 Alex Lyubomirskiy 将本部分内容进行了进一步发展。

阿奇舒勒对物理矛盾的定义：如果对一个技术体系的工程设计参数产生了对立的需求，就产生了物理矛盾。相较于技术矛盾，物理矛盾是一个更尖锐的问题，在科学发展中必须予以克服。

物理矛盾是以"同一子系统"为对象确定的，是对同一个物体或系统的某一个参数具有相反的但却合乎情理的需求。它与技术矛盾不同，技术矛盾是指两个参数之间的矛盾，而物理矛盾则是单一参数的矛盾。例如，我们希望缝衣针的针眼（图 16-1）大，可以轻易地将线头穿入；但又希望缝衣针的针眼小，在缝衣服

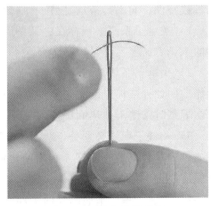

图 16-1 缝衣针的针眼

时不会令衣服的破损处变大，这里只有一个参数即缝衣针针眼的大小，对针眼的大小有相反的但却合乎情理的需求，这就是一种物理矛盾。此外，人们希望树高能为路人遮阴，而又希望树低不要遮挡附近建筑物的视野，这也是单一参数的物理矛盾。

根据不同的需求出发点，物理矛盾有多种形式，其中的本质都是：一个子系统有害功能的降低导致该子系统中有用功能降低；一个子系统有用功能的加强导致该子系统中有害功能的加强。

16.1.2 物理矛盾的描述格式

对于某一问题进行物理矛盾的定义时，其描述具有固定格式。通常将物理矛盾进行如下描述：

参数 A 需要 B，因为 C；但是，参数 A 需要 -B，因为 D。

其中，A 表示单一参数；B 表示正向需求；-B 表示相反的需求，即负向需求；C 表示在正向需求 B 被满足的情况下可以达到的效果；D 表示在负向需求 -B 被满足的情况下可以达到的效果。

对于上述针眼的大小的物理矛盾可以将其描述为：

缝衣针针眼需要大，因为可以便于穿针引线；但是，缝衣针针眼需要小，因为可以防止加大衣物破损。

物理矛盾是 TRIZ 研究的关键性问题之一，相较于技术矛盾，物理矛盾是一种更为突出和不易解决的矛盾。一方面，物理矛盾的双方是排斥的，即同一参数应处于两种相反的状态；另一方面，物理矛盾能促又要求相互排斥的双方能够共存于一个统一体之中。这种矛盾能促使人们抛弃惯性思维，从更本质的角度进行多方面思考。

16.1.3 关键子系统

物理矛盾所在子系统即为系统中的关键子系统，即关键子系统须具备满足某需求的参数特性，而不具备满足另一种需求的特性。具体来讲，物理矛盾表现在如下方面。

1) 关键子系统必须存在，又不能存在。例如，赛车应该存在下压装置以保证有足够的下压力；但又不希望赛车存在下压装置，因为这将增加阻力。

2) 关键子系统具有性能"F"，同时应具有性能"-F"，"F"与"-F"是相反的性能。例如，茶杯应该能完全隔热以使保温性能好，但又不希望茶杯因完全隔热而使人在喝茶时感受不到热而烫伤。

3) 关键子系统必须处于状态"C"及状态"-C"，"C"与"-C"是不同的状态。例如，为了有更多的道路，必须使道路有更多的通行路线；但又希望道路是单向的，以保证通行不存在干涉。

4) 关键子系统不能随时间变动，而又要随时间变动。例如，一个产品的性能通常是渐变的、不断衰退的；但又不希望在使用过程中系统的性能是下降的。

16.1.4 常见物理矛盾

物理矛盾可根据系统面临的具体问题，选取合适的描述方法。在学术上共总结了以三大类物理学中的常用参数种类：几何类、材料及能量类、功能类。每大类中的具体参数与矛盾见表 16-1。

表 16-1 常见物理矛盾

类别	物理矛盾
几何类	长与短、对称与非对称、平行与交叉、厚与薄、圆与非圆、锋利与钝、窄与宽、水平与垂直
材料及能量类	多与少、密度大与小、导热率高与低、温度高与低、时间长与短、黏度高与低、功率大与小、摩擦系数大与小
功能类	喷射与堵塞、推与拉、冷与热、快与慢、运动与静止、强与弱、软与硬、成本高与低

16.2 分离原理

物理矛盾的解决方法一直是 TRIZ 研究的重要内容，但与技术矛盾不同，物理矛盾是由同一参数的两个相反方向构成，它不能从矛盾矩阵中获得解决问题的方式。因此，阿奇舒勒在 20 世纪 70 年代提出分离方法来解决物理矛盾，共 11 种，见表 16-2。

表 16-2 物理矛盾的解决方法及应用举例

序号	解决方法	应用举例
1	矛盾特征的空间分离	用齿形带进行运动传递可降低齿轮啮合运动产生的噪声
2	矛盾特征的时间分离	折叠式自行车在行走时体积大，在存放时折叠起来而使体积变小
3	不同系统或组件与另一系统相连	轧钢时，传送带上的钢板首尾相连，以使钢板端部保持一定温度
4	将系统改为反系统，或将系统与反系统相结合	为防止润滑系统渗漏，常采用密封装置
5	系统作为一个整体具有特性"+B"，其子系统具有特性"-B"	链条与链轮组成的传动系统是柔性的，但是每一个链节是刚性的
6	微观操作为核心的系统	微波炉可代替电炉加热食物
7	系统中一部分物质的状态交替变化	氧气在运输时处于液态，使用时处于气态

(续)

序号	解决方法	应用举例
8	工作条件变化使系统从一种状态向另一种状态过渡	形状记忆合金管接头在低温下很容易安装，而在常温下不会松开
9	利用状态变化所伴随的现象	一种冷冻物品输送装置的支撑部件是由冰制成，最大限度地减少摩擦力
10	用两相的物质代替单相的物质	抛光液可由一种液体与一种粒子混合组成
11	利用物理作用及化学反应使物质从一种状态过渡到另一种状态	为了增加木材的可塑性，可将木材注入含有盐的氨水

现代 TRIZ 在分析物理矛盾解决的各种研究方法的基础上，总结为四大分离原理：空间分离原理、时间分离原理、基于条件的分离原理、整体与部分分离原理。

16.2.1　空间分离原理

所谓空间分离，是指将矛盾双方在不同空间上分开以解决问题或降低解决问题的难度。

当矛盾双方在某一空间只出现一方时，空间分离是可能的。利用空间资源，使物体的一部分表现为一种特性，而其他部分表现为另外一种特性。应用该原理时，首先应回答如下问题：是否矛盾一方在整个空间中"正向"或"负向"变化？在空间中的某一处矛盾的一方可否不按一个方向变化？如果矛盾的一方可不按一个方向变化，利用空间分离原理是可能的。

例如，在快车道上方设置人行天桥，车与人即可各行其道，达到对空间的有效分离。空间分离原理可以按照如下步骤进行运用。

1）分析系统存在的问题，定义物理矛盾。

分析：根据存在的问题进行分析。

确定矛盾参数：A。

明确第一种要求：即要求参数 A 向某一方向发展。

明确第二种要求：即要求参数 A 向相反方向发展。

2）如果想实现技术系统的理想状态，参数 A 的两种不同要求分别应该在什么空间得以实现？

确定技术系统实现参数 A 第一种要求的空间，即第一空间，可记为 Space1。

确定技术系统实现参数 A 第二种要求的空间，即第二空间，可记为 Space2。

3）判断 Space 1、Space 2 两空间是否交叉。

如果 Space 1、Space 2 不交叉，则可以应用空间分离原理解决问题。

如果 Space 1、Space 2 交叉，则继续分析并试用其他三个分离原理。

【例 16-1】 利用普通麻花钻头加工孔时，切削下来的金属屑由螺旋形的容屑槽导出。当加工孔径较大的孔时，由于所去除的材料非常多，钻头的磨损会很严重，金属屑导出困难，同时加工过程消耗的能量也很大。试用分离原理分析并改善这种状况。

1) 分析系统存在的问题，定义物理矛盾。

分析：从加工过程可以看出，为了加工孔，需将孔内的金属切削去除；而为了减少刀具磨损和金属屑的导出消耗，孔内金属最好不切削或少切削。这是典型的物理矛盾，即对孔内金属料是否切削提出了两种不同的要求，特别是在加工孔径较大的时候矛盾更为明显。

确定矛盾参数：孔内金属料切削量。

明确第一种要求：孔内金属料要全部切削掉。

明确第二种要求：孔内金属料不要切削或少切削。

2) 在理想状态下，对孔内金属料切削量提出的两种不同要求，分别应该在什么空间得以实现？

实现第一种要求的第一空间 Space 1：要加工出孔，只需将孔径位置以内的一层薄料去除，如激光切割的效果，即实现第一种要求的第一空间 Space 1 是"以孔径为外径的环形空间"，这部分金属需全部切削，如图 16-2a 所示。

实现第二种要求的第二空间 Space 2：被加工孔的中心部位的材料只需去除，不用切削成金属屑，这部分空间是 Space 2，如图 16-2b 所示。

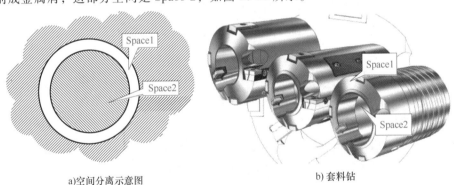

a) 空间分离示意图　　　　b) 套料钻

图 16-2　套料钻空间分离

3) 判断 Space 1、Space 2 两空间是否交叉。

Space 1、Space 2 不交叉，可以应用空间分离原理解决问题。根据加工孔的空间分割，把钻头也分成 Space 1、Space 2 两个空间，把内部空间 Space 2 舍去，经改进的钻头即可为套料钻。

16.2.2　时间分离原理

所谓时间分离，是指将矛盾双方在不同时间段上分开以解决问题或降低解决问题的难度。

当矛盾双方在某一时间段只出现一方时,时间分离是可能的。使关键子系统在某一时间段表现为一种特性,满足矛盾的一方;而在另一时间段表现为另外一种特性,满足矛盾另一方。应用该原理时,首先应回答如下问题:是否矛盾一方在整个时间段中"正向"或"负向"变化?在时间段中的一方可否不按一个方向变化?如果矛盾的一方可不按一个方向变化,利用时间分离原理是可能的。

例如,将飞机机翼设计为可随时调节的活动机翼,从而适应在飞行不同时间段的不同要求。又如,为了缓解用电高峰期电能紧缺的问题,政府在用电低峰时降低电费,以鼓励人们尽量在低峰时间用电。

时间分离原理可按照如下步骤进行运用。

1) 分析系统存在问题,定义物理矛盾。

分析:根据存在的问题进行分析。

确定矛盾参数:A。

明确第一种要求:要求参数 A 向某一方向发展。

明确第二种要求:要求参数 A 向相反方向发展。

2) 如果想实现技术系统的理想状态,参数 A 的两种不同要求分别应该在什么时间得以实现?

确定技术系统实现参数 A 第一种要求的时间段,即第一时间段,可记为 Time1。

确定技术系统实现参数 A 第二种要求的时间段,即第二时间段,可记为 Time 2。

3) 判断 Time 1、Time 2 两时间段是否交叉。

如果 Time 1、Time 2 不交叉,则应用时间分离原理可以解决问题。

如果 Time 1、Time 2 交叉,则继续分析并试用其他三个分离原理。

【例 16-2】 人们常常使用地脚螺栓把某些物体或装备固定在混凝土等坚固的墙面或地面上。但地脚螺栓在使用时需先打一孔,将螺栓头插入孔底,再用水泥把孔封死,使螺栓固定。这种方法工艺复杂,费工费时。直到 1958 年,德国的费希尔发明了膨胀螺栓,如图 16-3 所示,彻底改变了这一现状。试用时间分离原理分析该发明机理。

1) 分析系统存在的问题,定义物理矛盾。

分析:从施工工艺过程可以看出,为了便于把螺栓放入孔中,螺栓和孔应该有足够的间隙,而为了使螺栓牢固固定,螺栓和孔不仅不应该有间隙,还要结合紧密;这是典型的物理矛盾,即对螺栓和孔的配合提出了两种不同的要求。

确定矛盾参数:螺栓和孔的配合间隙。

明确第一种要求:螺栓和孔的配合间隙要大。

明确第二种要求:螺栓和孔的配合间隙要小。

2) 在理想状态下,对螺栓和孔的配合间隙提出的两种不同要求分别应该在什么

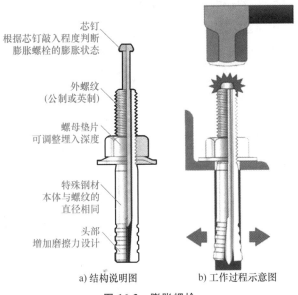

图 16-3 膨胀螺栓

时间得以实现?

实现第一种要求的第一时间段 Time 1：安装过程中。

实现第二种要求的第二时间段 Time 2：安装完成后。

3) 判断 Time 1、Time 2 两时间段是否交叉。

Time 1、Time 2 不交叉，可以应用时间分离原理解决问题。使螺栓直径在不同时间段上不同，将螺栓放入打好的孔里时螺栓直径小，放入孔里开始旋转螺栓时螺栓直径膨胀变大，膨胀螺栓就满足了这种要求。

16.2.3 条件分离原理

所谓条件分离，是指将矛盾双方在不同条件上分开以解决问题或降低解决问题的难度。当矛盾双方在某一条件下只出现一方时，基于条件分离是可能的。使关键子系统在某一条件下表现为一种特性，满足矛盾的一方；而在另一条件下表现为另外一种特性，满足矛盾另一方。应用该原理时，首先应回答如下问题：是否矛盾一方在所有的条件下只能"正向"或"负向"变化？在某些条件下，矛盾的一方可否不按一个方向变化？如果矛盾的一方可不按一个方向变化，利用条件分离原理是可能的。

例如，利用条件分离原理对水的射流状态进行分析，水射流的"软""硬"在一定条件下可以切换变化，不同压力下，可获得水射流的不同速度和压力，例如，在低压条件下，水射流可以是软物质，用于洗澡等，在高压条件下，水射流可以是硬物质，用于加工零件。

条件分离原理可以按照如下步骤进行运用。

1）分析系统存在问题，定义物理矛盾。

分析：根据存在的问题进行分析。

确定矛盾参数：A。

明确第一种要求：要求参数 A 向某一方向发展。

明确第二种要求：要求参数 A 向相反方向发展。

2）如果想实现技术系统的理想状态，参数 A 的两种不同要求分别应该在什么条件得以实现。

确定技术系统实现参数 A 第一种要求的条件，即第一条件，可记为 Condition1。

确定技术系统实现参数 A 第二种要求的条件，即第二条件，可记为 Condition2。

3）判断 Condition1、Condition2 两条件是否交叉。

如果 Condition1、Condition2 不交叉，则应用条件分离原理可以解决问题。

如果 Condition1、Condition2 交叉，则继续分析并试用其他三个分离原理。

【例 16-3】 某公司在生产某一产品时，需将钢板加热至 1300℃，并放置于压力机上冲压成型。然而，钢板在加热到 800℃ 时，就会发生严重氧化，使得加工出的零件无法使用。试用分离原理分析并解决该问题。

1）分析系统存在的问题，定义物理矛盾。

分析：根据描述可知，这里存在一对物理矛盾，矛盾参数是钢板的温度，希望温度高便于成形，希望温度低防止氧化。

确定矛盾参数：钢板温度。

明确第一种要求：钢板温度要高以便于成形。

明确第二种要求：钢板温度要低以防止氧化。

2）在理想状态下，对钢板温度提出的两种不同要求分别应该在什么条件下得以实现？

实现第一种要求的第一条件 Condition1：高温下钢板被加热。

实现第二种要求的第二条件 Condition2：钢板加热时不与氧气接触。

3）判断 Condition1、Condition2 两条件是否交叉。

Condition1、Condition2 不交叉，可以应用条件分离原理解决问题。将空气与钢板用惰性气体隔开，如使用氮气。在氮气保护下，将钢板加热到 1300℃ 进行冲压成形，加工完毕后，待钢板温度降低到 800℃ 以下，再去掉氮气的保护，这样既能保证成形的温度需要，又能防止钢板氧化。

16.2.4 整体与部分分离原理

所谓的整体与部分分离，是指将矛盾双方在不同的系统级别上分开以解决问题或降低解决问题的难度。

当矛盾双方在某一关键子系统层次只出现一方时，基于条件分离是可能的。当矛盾双方在关键子系统的不同层次中只出现一方，而该方在子系统、系统或超系统的其他层次内不出现时，利用整体与部分分离原理是可能的。

例如，选用柔性生产线，满足大众化和个性化市场的不同需求。

整体与部分分离原理可以按照如下步骤进行运用。

1）分析系统存在问题，定义物理矛盾。

分析：根据存在的问题进行分析。

确定矛盾参数：A。

明确第一种要求：要求参数 A 向某一方向发展。

明确第二种要求：要求参数 A 向相反方向发展。

2）如果想实现技术系统的理想状态，参数 A 的两种不同要求分别应该在什么系统层次或级别上得以实现？

确定技术系统实现参数 A 第一种要求的系统层次或级别，即第一种系统层次或级别，可记为 System1。

确定技术系统实现参数 A 第二种要求的系统层次或级别，即第二种系统层次或级别，可记为 System2。

3）判断 System1、System2 两种系统层次或级别是否交叉。

如果 System1、System2 不交叉，则应用整体与部分分离原理可以解决问题。

如果 System1、System2 交叉，则继续分析并试用其他三个分离原理。

【例 16-4】 人们对自行车链条的性能要求存在物理矛盾。一方面希望它是柔性的，以便于像带传动一样在两链轮之间环绕进行运动传递，另一方面又希望它是刚性的，以克服像带传动一样因弹性变形而存在的柔性滑动，避免运动传动比不准确。

1）分析系统存在的问题，定义物理矛盾。

分析：分析可知，这里存在一对物理矛盾，矛盾参数是自行车链条的性能要求，一方面希望它是柔性的，另一方面又希望它是刚性的。

确定矛盾参数：自行车链条的性能要求。

明确第一种要求：自行车链条是柔性的。

明确第二种要求：自行车链条是刚性的。

2）在理想状态下，对自行车链条提出的两种不同要求分别应该在什么系统层次或级别上得以实现？

实现第一种要求的第一种系统层次或级别 System1：自行车链条整体是柔性的。

实现第二种要求的第二种系统层次或级别 System2：自行车链条各个链节是刚性的。

3）判断 System1、System2 两种系统层次或级别是否交叉。

System1、System2 不交叉，可以应用整体与部分分离原理解决问题。自行车链条在宏观层次上（整体上）是柔性的，在微观层次上（每个链节）是刚性的，进行在不同层次上的分离，可以同时满足了两种不同的需求。

16.2.5 用分离原理解决物理矛盾的一般步骤

通过利用内部资料，解决物理矛盾的四大分离原理已用于解决不同工程领域中的很多技术问题。所谓内部资源，是指在特定的条件下，系统内部能发现并可利用的资源，如材料及能量。若关键子系统是物质，则几何或化学效应的应用是有效的；若关键子系统是场，则物理效应的应用是有效的。有时从物质到场，或者从场到物质的传递是解决物理矛盾问题的有效方案。

用分离原理解决物理矛盾的一般步骤如下。
1) 分析问题。
2) 物理矛盾提取。
3) 解决问题。

16.3 技术矛盾与物理矛盾之间的对应关系

16.3.1 技术矛盾与物理矛盾的转化

物理矛盾、技术矛盾都是 TRIZ 中问题的基本模型，二者相互联系，并且可以互相转化。通常来说，技术矛盾经分解和细化可转化为物理矛盾，从而可以用四个分离原理来解决矛盾。在类似"若 A，则 B，但 C"这样的技术矛盾描述中，就暗含了两种矛盾的转化，即 B 与 C 是一对技术矛盾，则 A 与 -A 便是物理矛盾中某一参数的相反需求。

例如，以手机屏幕（图 16-4）为例，存在的技术矛盾可以描述为：
若手机屏幕做得更大，则使用者能看得更清楚，但携带不方便。

图 16-4　手机屏幕的大与小

相应地，描述为物理矛盾则是：

手机屏幕需要大一些，因为要看得清楚；但是手机屏幕需要小一些，因为要携带方便。

相对于技术矛盾而言，物理矛盾的描述更加准确，更能反映真正的问题，也正是因为这个原因，用物理矛盾得到的解决方案更加富有成效。

16.3.2 分离原理与发明原理的关系

如前所述，技术系统中存在物理矛盾时，主要利用四大分离原理解决。近年来，TRIZ 专家们对分离原理和 40 个发明原理的研究结果显示两者间存在一定联系，研究发现有 10 个发明原理可与空间分离原理相关，13 个发明原理可与时间分离原理相关，12 个发明原理可与条件分离原理相关，9 个发明原理可与整体与部分分离原理相关，具体见表 16-3。若能合理运用这些联系，那么 40 个发明原理就能够为解决物理矛盾提供更加广阔的思路，从而更好、更快地获得解决方案。

同时，许多技术矛盾经过分解细化，最终都能够转化为物理矛盾，并运用分离原理解决，因此 40 个发明原理和四大分离原理就得到了综合运用。

表 16-3 四大分离原理与 40 个发明原理的对应关系

分离原理	发明原理序号	发明原理名称	分离原理	发明原理序号	发明原理名称
空间分离原理	1	分割	条件分离原理	1	分割
	2	抽取		5	组合
	3	局部质量		6	多用性
	4	非对称		7	嵌套
	7	嵌套		8	质量补偿
	13	反向作用		13	反向作用
	17	空间维数变化		14	曲面化
	24	借助中介物		22	变害为利
	26	复制		23	反馈
	30	应用柔性壳体或薄膜		25	自服务
时间分离原理	9	预加反作用		27	廉价替代品
	10	预加作用		33	同质性
	11	预防		35	参数变化
	15	动态特性	整体与部分分离原理	12	等势
	16	未达到或过度的作用		28	机械系统替代
	18	机械振动		31	应用多孔材料
	19	周期性作用		32	改变颜色
	20	有效作用的连续性		35	参数变化
	21	减少有害作用的时间		36	应用相变过程
	29	应用气压和液压结构		38	应用强氧化剂
	34	抛弃和修复		39	应用惰性环境
	37	应用热膨胀		40	应用复合材料

16.4 物理矛盾解决理论应用实例

本节用几个工程实例来展示如何运用物理矛盾解决理论,即四大分离原理解决实际问题。

【例 16-5】 百叶窗的发明。

1)分析问题。人们希望新鲜的室外空气进入房间,所以应该将窗户开着,但是为了防止强烈的阳光进入房间,人们又希望窗户是关着的。所以希望窗户要通风,但又不让阳光进入室内。

2)物理矛盾提取。根据需求不同,希望窗户又开又关,构成物理矛盾,确定矛盾参数是窗户的开关状态。对于空气,需要窗户的状态是开着的,因为需要空气可以流通;但是对于阳光,需要窗户的状态是关着的,因为要防止阳光照射到室内。

3)解决问题。根据物理矛盾描述,可知可以使用分离原理中的空间分离原理来解决存在的矛盾。查表 16-3 并剖析了空间分离原理推荐的发明原理后,确定"空间维数变化"原理是最合适的。

根据"空间维数变化"原理的提示,可利用百叶窗来改变风的运动方向,从而达到既可以让空气流通,又可以阻止阳光进入房间的效果。即对空气,窗户是开着的,但对阳光,窗户是关着的。这就解决了窗户需要既开又关的矛盾,如图 16-5 所示。

【例 16-6】 动态化写字板的发明。

1)分析问题。会议室的椅子上需配备一个写字板,以便于听众记笔记。但是,写字板会占用空间,让听众在进场和退场时活动不方便,因此既需要有写字板,又不能有写字板。

图 16-5 百叶窗效果图

2)物理矛盾提取。根据条件不同,希望写字板存在与不存在,构成物理矛盾,确定矛盾参数是写字板的存在状态。在开会的时候,需要有写字板,因为要使听众能做笔记;但是在听众进场和退场的时候,又不能有写字板,因为要便于听众移动(行走)。

3)解决问题。根据物理矛盾描述,可知可以使用分离原理中的时间分离原理解决存在的矛盾。

查表 16-3 并剖析了时间分离原理推荐的几个发明原理后,确定"动态特性"原理是最合适的。

根据"动态特性"原理的提示,可以将椅子配备的写字板设计为动态化的结构,即设计为可以收放的写字板,如图 16-6 所示。不需要记笔记的时候,可以将写字板折叠收起,以便于走路;开会记笔记的时候,将写字板取出和展开。这样就解决了既要有写字板又不能有写字板的矛盾。

图 16-6　配备可收放写字板的椅子

【例 16-7】　燃气灶燃气输入量控制装置的发明。

1) 分析问题。在燃气灶工作时,希望燃气输入量的大小可控,从而尽量减少能源的浪费。在加热锅时,应加大燃气输入量,而当锅是空的或锅不在燃气灶上时,应减少燃气输入量。

2) 物理矛盾提取。根据条件的不同,希望燃气输入大小可控,构成物理矛盾,矛盾参数是燃气输入量。

3) 解决问题。可以使用分离原理中的条件分离原理来解决。一种名为"大小火自控装置"的设备对燃气灶进行控制,如图 16-7 所示。当锅被取走或锅内食物较轻时,移动杆受弹簧推力而向上移动,移动杆上的控制孔几乎封合输气管道上的孔,燃气输入量变小。当锅内装有食物并放在此燃气灶上时,移动杆受锅的重力而下移量增加,控制孔与输气管道上的孔相连部分变大,燃气输入量也随之变大。

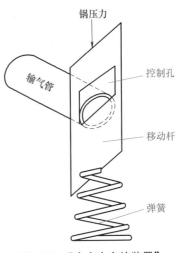

图 16-7　"大小火自控装置"示意图

【例 16-8】　捕鱼笼的发明。

1) 分析问题。如图 16-8 所示,在捕鱼的时候,需要捕鱼器的开口大一些,以便于鱼进入,但如果捕鱼器开口太大,进入网中的鱼又很容易游出来,所以需要捕鱼器的开口既要大,又要小,使捕鱼器可以非常方便地让鱼进入网中,同时鱼在向外游的时候又很困难。

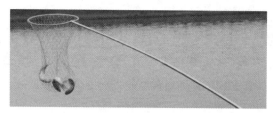

图 16-8　普通捕鱼器

2）物理矛盾提取。根据需求不同，希望捕鱼器的开口又大又小，构成物理矛盾，矛盾参数是捕鱼器开口大小。在鱼进入的方向，需要捕鱼器开口大，因为要便于鱼进入网中；但是在鱼外逃的方向，需要捕鱼器开口小，因为要防止鱼的外逃。

3）解决问题。根据物理矛盾描述，可知可以使用分离原理中的空间分离原理来解决存在的矛盾。查表16-3并剖析空间分离原理推荐的发明原理后，确定"非对称"和"空间维数变化"原理是最合适的。

综合运用"非对称"和"空间维数变化"发明原理，可产生如图16-9所示的捕鱼笼，在鱼从外向内游的方向上逐渐缩小口径，当鱼进入捕鱼笼后，鱼向外游变得困难。

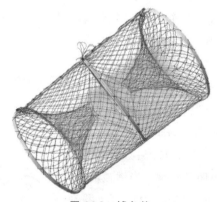

图 16-9　捕鱼笼

【例 16-9】　链条式钢丝绳的发明。

1）分析问题。用于拉重物的钢丝绳必须足够硬，以具有足够的强度，如图16-10所示。同时又必须足够柔软，以便于折叠起来放在一个很小的空间内。所以需要钢丝绳既是硬的，又是软的。

2）物理矛盾提取。根据需求不同，希望钢丝绳又硬又软，构成物理矛盾，确定矛盾参数是钢丝绳的软硬。对于折叠收纳，希望钢丝绳整体上是软的；对于拉重物，希望钢丝绳在部分上是硬的。

3）解决问题。根据物理矛盾描述，可知可以使用分离原理中的整体与部分分离原理来解决存在的矛盾。可以将绳子做成链条，在整体上，它是柔软的，很便于折叠，但单个链条又是很硬的。这样就解决了钢丝绳既要软又要硬的矛盾，如图16-11所示。

图 16-10 钢丝绳

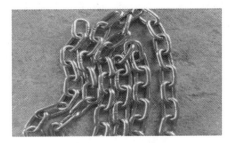

图 16-11 链条式钢丝绳

【例 16-10】 变色眼镜的发明。

1）分析问题。对于眼镜，人们希望当环境光线比较弱的时候，眼镜的透光率高，以看清周围的物体，但是当环境光线较强烈的时候，又希望眼镜的透光率低，以避免强光刺眼，因此人们希望眼镜的透光率既高又低。

2）物理矛盾提取。根据需求不同，人们希望眼镜透光率既高又低，构成物理矛盾，确定矛盾参数是眼镜的透光率。

3）解决问题。可以使用分离原理中的整体与部分分离原理解决。

查表 16-3 并剖析了整体与部分分离原理推荐的发明原理后，确定"应用相变过程"原理是最合适的。

根据"应用相变过程"原理，在镜片中加入卤化银微粒，在强光照射时卤化银分解为银和卤素，银元素透光率低使眼镜透光率低；在弱光下，银和卤素重新化合为卤化银，卤化银透光率高使眼镜透光率高，如图 16-12 所示。这就解决了镜片的透光率既要低又要高的矛盾。

图 16-12 变色眼镜

思考题

【选择题】

1. 折叠式自行车的发明是利用了四大分离原理中的（　　）原理。

    A. 空间分离　　　　　B. 时间分离

    C. 条件分离　　　　　D. 整体与部分分离

2. "降低医学标本的温度来保存它们，以便今后研究使用，并在使用时恢复其温度"是利用了条件分离原理中的（　　）发明原理。

    A. 分割　　　　　　　B. 参数变化

    C. 变害为利　　　　　D. 反向作用

3. 以下（　　）原理不是解决物理矛盾的有效方法。

A. 时间分离　　　　　B. 空间分离

C. 大小分离　　　　　D. 整体与部分分离

4. 炮管直径必须足够大才能确保炮弹容易射出，但同时又必须足够小以免火药爆炸推力泄漏，这一矛盾可以应用（　　）原理来解决存在的矛盾。

A. 时间分离　　　　　B. 空间分离

C. 条件分离　　　　　D. 整体与部分分离

5. 训练池里的水要软，以减轻水对运动员的冲击伤害；同时要求水足够硬，以支撑运动员的身体，水的软硬取决于跳水者入水的速度，应采（　　）原理来解决这一问题。

A. 时间分离　　　　　B. 空间分离

C. 条件分离　　　　　D. 整体与部分分离

6. 将矛盾双方在不同的条件下分离开来，以获得问题的解决或降低问题的解决难度是利用（　　）原则。

A. 时间分离　　　　　B. 整体与部分分离

C. 条件分离　　　　　D. 空间分离

7. 下列选项中，（　　）不是解决物理矛盾的方法。

A. 分离矛盾需求　　　B. 满足矛盾需求

C. 倒置矛盾需求　　　D. 绕过矛盾需求

【分析题】

8. 简述物理矛盾的含义。

9. 简述物理矛盾具体如何表现。

10. 简述有哪些分离原理，以及如何理解发明原理和分离原理之间的关系。

思政拓展：

　　它是中国完全拥有自主知识产权的第三代核电技术，标志着中国从核电大国迈进核电强国，它就是惊艳世界的"国家名片"——"华龙一号"，扫描下方二维码了解"华龙一号"核电机组的创新突破之处，体会其中蕴含的创新精神。

科普之窗
中国创造：华龙一号

第17章 物-场分析及其解法

17.1 物-场模型

17.1.1 物-场模型的构成

物-场模型是 TRIZ 的重要分析工具,用来分析与现存技术有关的模型类问题。所有技术系统的作用都是实现某种功能,它们都可分解为两个物质和一个场三个组件,即物-场模型的三要素。

物质:物质可以为自然界中的任何东西,如太阳、地球、空气、水、桌子、人等。一般以 S_1 表示系统动作的接受者,S_2 表示系统动作的发出者。

场:区别于物理中场的概念。在物-场分析中,场的定义更广泛,它其实是物质之间的相互作用,如重力场、机械场(压力、冲击、脉冲、惯性)、气动场(空气静力学场、空气动力学场)、液压场(流体静力学场、流体力学场)、声学场(声波、超声波、次声波)、热学场(热传导、热交换、热膨胀)等。一般用 F 表示场,常用场的符号及名称见表 17-1。

表 17-1 场的符号及名称

符号	名称	举例
F_G	重力场	重力
F_{Me}	机械场	压力、冲击、脉冲、惯性
F_P	气动场	空气静力学场、空气动力学场
F_H	液压场	流体静力学场、流体力学场
F_A	声学场	声波、超声波、次声波
F_{Th}	热学场	热传导、热交换、热膨胀
F_{Ch}	化学场	氧化、还原、酸性环境、碱性环境、燃烧、电解、置换
F_E	电场	静电、感应电、电容电
F_M	磁场	静磁场、铁磁场
F_O	光学场	光源光线、反射光线、折射光线、偏振
F_R	放射场	X 射线、不可见电磁波
F_B	生物场	发酵、腐烂、降解
F_N	粒子场	α、β、γ 粒子束、同位素

场 F 通过物质 S_2 作用于物质 S_1 并改变 S_1，因此一个最简单的完整的系统模型是两个物质和一个场的三要素的组合，如图 17-1a 所示。复杂的系统可由 S_1、S_2、S_3 等多个物质和 F_1、F_2、F_3 等多个场形成的三角形构成，如图 17-1b 所示。

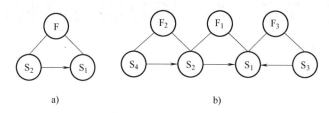

图 17-1　物-场模型

物质之间的作用分为正常作用、有害的作用、不充分的作用、过度作用，作用类型和符号见表 17-2。场与物质之间用细实线连接，表示场对物质存在作用。

表 17-2　作用类型和符号

作用类型	正常作用	有害的作用	不充分的作用	过度作用
符号	→	～→	------→	⇒

针对物-场模型的分析即为物-场分析。物-场分析就是利用物-场模型这种简洁的模型，找到解决问题的方法并萌发不同的创新方案。

17.1.2　物-场模型的分类

用物-场模型进行产品创新设计时，通常有如下四种基本类型。

1. 有效模型

组成系统模型的三要素都存在，且都有效，能实现设计者所追求的效应，如图 17-2 所示。

图 17-2　有效模型

2. 缺失模型

组成系统模型的三要素中部分组件不存在，需要增加系统组件实现有效、完整的系统功能，如图 17-3 所示。

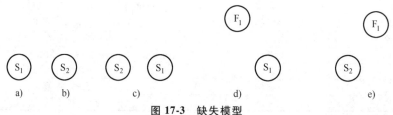

图 17-3　缺失模型

3. 不充分模型

模型中的三要素都存在,但设计者追求的效应未能完全实现,如产生的力不够大、温度不够高等,如图17-4所示。为了实现预期的效应,需要对原有系统进行改进。

4. 有害模型

模型中的三要素都存在,但产生的是与设计者所追求的相冲突的有害效应,如图17-5所示。在创新设计过程中,要消除系统这种有害的效应。

图 17-4　不充分模型　　　　　图 17-5　有害模型

如果系统模型三要素中的任何一个组件都不存在,则表明该模型需要进一步完善,同时也为发明创造、创新性设计指明了方向。若模型具备了所需的三要素,则通过物-场分析,可得到改进系统的方法,从而使系统具有更好的功能。

17.2　物-场分析的解法与流程

17.2.1　物-场分析的一般解法

物-场分析方法产生于1947至1977年,经历了多次循环改进,每一次的循环改进都增加了可利用的知识。针对物-场模型的类型,TRIZ提出了对应的一般解法。物-场分析的一般解法共6种,下面逐一进行阐述。

一般解法1:补齐所缺失的组件,增加场 F_1 或场 F_1 和工具 S_2,如图17-6所示。该解法的成功实施须研究各种能量场,如机械能、热能、化学能、电能和磁能等。例如,采煤时,从井口中采出的煤炭中存在着矸石 S_1,使用浮选机 S_2 施加作用 F_1 将矸石从煤中分解出来。

图 17-6　一般解法1

一般解法 2：加入第 3 种物质 S_3 来阻止有害作用。S_3 可以改变 S_1 或 S_2 而阻止有害作用，或者同时改变 S_1 与 S_2 而阻止有害作用，如图 17-7 所示。例如，对于办公室的隐私性而言，办公室的透明玻璃是 S_1，光线是 S_2，可以增加磨砂物质 S_3，使玻璃变成半透明的，以保护办公室的隐私。

一般解法 3：用额外的场 F_2 来抵消原有场 F_1 的有害作用，如图 17-8 所示。例如，在细长轴的切削过程中，为了防止细长轴工件 S_1 变形，引入与长轴协同的支架产生的反作用力 F_2 来防止细长轴的变形。

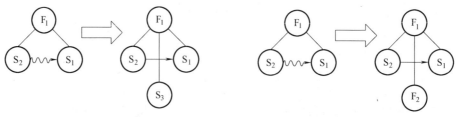

图 17-7　一般解法 2　　　　　　图 17-8　一般解法 3

一般解法 4：用额外的场 F_2（或额外的场 F_2 与额外的物质 S_3 一起）代替原有场 F_1（或原有场 F_1 与原有物质 S_2）以增强有用作用，如图 17-9 所示。例如，链牵引采煤机以链的作用为 F_1，链牵引采煤机 S_2 采集煤 S_1，这种采煤机功率小，故障率高，故采用无链牵引采煤机 S_3 以液压作用 F_2 替代链牵引采煤机来实现大功率、快速采集。

一般解法 5：增加额外的场 F_2 来增强有用作用，如图 17-10 所示。例如，当人骨折后，医生通过钢钉 S_2 等利用机械作用 F_1 将病人的骨骼 S_1 固定，在骨骼长好前，要打上石膏、缠上绷带进行封闭，石膏和绷带的束缚力就是外加的场 F_2。

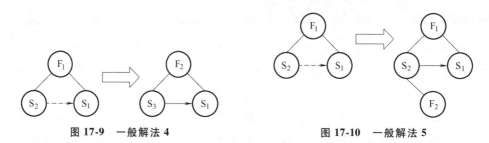

图 17-9　一般解法 4　　　　　　图 17-10　一般解法 5

一般解法 6：引入额外物质 S_3 并加上额外的场 F_2 来增强有用作用，如图 17-11 所示。例如，为了过滤空气 S_1，通常使用金属网的过滤器 S_2，但过滤网只能隔离大颗粒

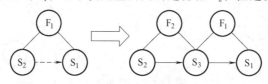

图 17-11　一般解法 6

的物质，通过给过滤器加装集尘板 S_3 和电场 F_2，过滤器就可以有效吸附细小的粒子，提高过滤效果。

6 种一般解法都有所对应的物-场模型类型，见表 17-3。

表 17-3 物-场模型与一般解法的对应关系

对应的模型类型	缺失模型	有害模型	不充分模型
一般解法编号	1	2、3	4、5、6

17.2.2 物-场分析的 76 个标准解

上一小节所介绍的一般解法是解决问题物-场模型的一般方法，标准解可以认为是更加具体、更加深层次的物-场模型变换规则。标准解是阿奇舒勒等人在 1975—1985 年之间完成的，"标准"一词表示解决不同领域问题的通用解决"诀窍"。条件基本相同的解称为标准解，标准解给出解决问题的有效方法。

物-场分析的标准解共有 76 个，被分为 5 类，具体如下。

第 1 类：不改变或仅少量改变系统，包含 13 个标准解。

第 2 类：改变系统，包含 23 个标准解。

第 3 类：系统传递，包含 6 个标准解。

第 4 类：检测与测量，包含 17 个标准解。

第 5 类：简化与改进，包含 17 个标准解。

物-场分析的 76 个标准解的具体内容将在 17.3 节进行介绍。

17.2.3 物-场分析流程

利用物-场模型和解法解决问题的物-场分析流程如图 17-12 所示。

在图 17-12 所示流程图中，系统完整是指系统的物-场模型不是缺失模型，系统中的三要素齐全；系统完整且有用是指系统的物-场模型不是有害模型，系统中的三要素齐全且作用不是有害作用；系统完整、有用且有效是指系统的物-场模型不是不充分模型，也就是能正常实现系统功能的有效模型。该流程图给出了分析性思维和知识性工具之间进行衔接运用的思路，物-场分析可以按如下 4 步进行。

1. 识别组件

根据问题所在的区域和问题的表现，确定造成问题的相关组件，确定物质 S_1、S_2 和作用其上的场 F_1。

2. 构造物-场模型

根据步骤 1 的结果绘制出问题所在的物-场模型，并对系统的完整性、有用性、有效性进行评价。如果缺少组成系统的某组件，则要尽快确定它。模型反映出的问题与实际问题应一致。

3. 选择解法

按照物-场模型所表现出的问题，应用一般解法，或者从 76 个标准解中选择一个最恰当的解法。如果有多个解法，则逐个进行分析并进行比较，寻找最佳解法。

4. 发展概念

将找到的解法与实际问题相对照，并考虑各种限制条件下的实现方式，在设计中加以应用，从而获得解决方案。

5. 应用其他知识性工具

充分挖掘和利用其他知识性工具，直到建立一个完整的模型。步骤 3 有时可使研究人员的思维有重大的突破，同时，为了建立一个完整的系统，应该考虑多种选择方案。

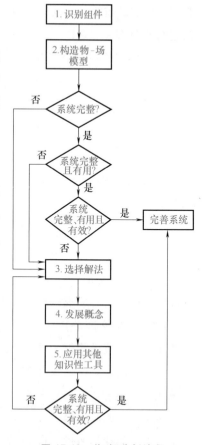

图 17-12　物-场分析流程

17.3　物-场分析 76 个标准解的具体内容

17.3.1　第 1 类标准解

第 1 类标准解用于改进一个系统使其具有所需要的输出或消除不理想的输出。对系统只进行少量的改变或不改变。

该类解包含完善一个不完整系统或完整非有效系统所需要的解。在物-场模型中，不完整系统是指一个系统的物-场模型为缺失模型，系统中不包含 S_2 或（和）F_1；完整非有效系统是指系统的物-场模型是不充分模型或有害模型，系统中的 F 不足够强或有害。

标准解1.1：改进具有非完整功能的系统

No.1（1.1.1）完善缺失的物-场模型： 根据缺失模型的具体情况，完善系统三要素，并使其有效，如图17-13所示。

【例17-1】 钉钉子时，如果只有钉子S_1，则缺少锤子S_2和力F_{Me}；如果只有锤子S_2，则缺少钉子S_1和力F_{Me}；如果只有钉子S_1和锤子S_2，则缺少力F_{Me}。

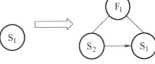

图17-13 完善缺失的物-场模型解决图示

No.2（1.1.2）内部合成物-场模型： 假如系统不能改变但可接受永久或临时添加物，则可以向S_1或S_2内部添加添加物使系统有效。如图17-14所示，S_1为被作用物，S_2为作用物，F_1为作用场，S_3为添加物。

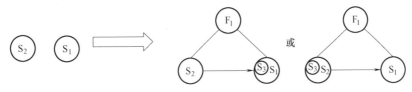

图17-14 内部合成物-场模型解决图示

【例17-2】 油轮有时会渗漏油液S_1而污染海洋，检测装置S_2很难根据S_1确定漏油的游轮，为了准确查明海上渗漏的油液属于哪艘油轮，装油过程中会在油液S_1中添加很少量的磁性物质S_3（不同油轮加的物质有不同的特点），因此检测装置S_2取样并利用磁场作用F_M就可以判断漏油船只是哪艘。

No.3（1.1.3）外部合成物-场模型： 假如系统不能改变但可接受永久或临时添加物，则可以向S_1或S_2外部添加添加物使系统有效，如图17-15所示，S_1为被作用物，S_2为作用物，F_1为作用场，S_3为添加物。

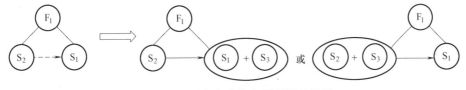

图17-15 外部合成物-场模型解法图示

【例17-3】 系统由雪S_2、滑雪板S_1及摩擦力F_{Me}组成，加蜡S_3到滑雪板S_1底部可提高滑雪速度。

No.4（1.1.4）利用环境资源： 系统不能改变，但可利用环境资源作为内部或外部添加剂，如图17-16所示，S_1为被作用物，S_2为作用物，F_1为系统内作用场，S_E为环境资源，F_2为环境作用场。

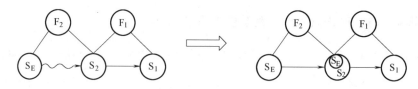

图 17-16 利用环境资源解法图示

【例 17-4】 航道标记浮标由标记 S_1 和浮筒 S_2 组成,浮筒 S_2 在海水 S_E 中摇摆太厉害,充入海水 S_E 可使浮筒 S_2 在浮力场 F_H 中较稳定。

No.5(1.1.5)改变系统环境: 系统不能改变,但可以改变系统所处的环境,如图 17-17 所示,S_1 为被作用物,S_2 为作用物,F_1 为作用场,S_E 为环境资源。

【例 17-5】 机房里的计算机 S_1 工作使室温升高,热气流 S_2 在气动场 F_P 的作用下作用到计算机 S_1 上,可能使其不能正常工作,空调 S_E 可改变环境温度使计算机 S_1 正常工作。

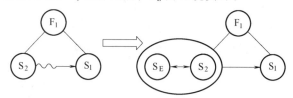

图 17-17 改变系统环境解法图示

No.6(1.1.6)施加过度物质: 微小量的精确控制是困难的,但可以通过施加一个过度物质并在功能实现后移除过度物质来控制微小量,如图 17-18 所示,S_1 为被作用物,S_2 为作用物,F_1 为作用场,S_3 为施加的过度物质。

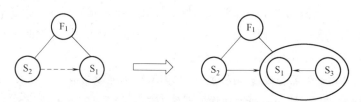

图 17-18 施加过度物质解法图示

【例 17-6】 注塑时在机械场 F_{Me} 的作用下,流动的塑料 S_2 精确地充满一个空腔 S_1 是困难的,可以在合适的位置留一个冒口 S_3,使空腔 S_1 内的空气流出,同时也使一部分塑料 S_2 流出,然后在完成注塑后去除冒口。

No.7(1.1.7)传递最大化作用: 假如一个系统中的场强度不够,提高场强度又会损坏系统,则可以将强度足够大的一个新增场施加到一个新作用物上,再将该物质连接到原系统上,如图 17-19 所示,S_1 为被作用物,S_2 为作用物,S_3 为新作用物,F_1 为原作用场,F_2 为新增场。同理,一种物质不能很好地发挥作用,但连接到另外一种可用物质上则可能会发挥作用。

【例 17-7】 在制作预应力混凝土构件时,方法之一是在高温场 F_{Th} 下用火 S_2 将钢筋 S_1 加热,伸长之后用夹具 S_3 固定并冷却钢筋 S_1,机械场 F_{Me} 使钢筋 S_1 产生拉应力,浇注混凝土后，松开固定处，混凝土便产生了压应力。

No.8（1.1.8）选择性最大化作用：同时需要大的、强的和小的、弱的作用时，小的、弱的作用的位置可由引入物 S_3 来保护，如图 17-20 所示，S、S_1 为被作用物，S_2 为作用物，S_3 为引入物，F_1 为强场，F_2 为弱场。

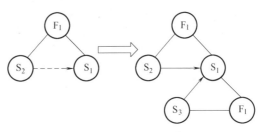

图 17-19　传递最大化作用解法图示

【例 17-8】在热学场 F_{Th} 作用下，对盛注射液的玻璃瓶 S_1 用火焰 S_2 密封的，但火焰 S_2 对药液 S 的加热作用 F_2 将降低药液 S 的质量，密封时将玻璃瓶 S_1 放在水 S_3 中，则相当于用水 S_3 保护药液 S，可保持药液 S 在一个合适的温度。

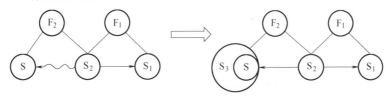

图 17-20　选择性最大化作用解法图示

标准解 1.2：消除或抵消有害作用

No.9（1.2.1）引入新物质消除有害作用：若在一个系统中有用及有害作用同时存在，且物质 S_1 与 S_2 不必直接接触，则可以引入新物质消除有害效应，如图 17-21 所示，S_1 为被作用物，S_2 为作用物，S_3 为引入物，F_1 为作用场。

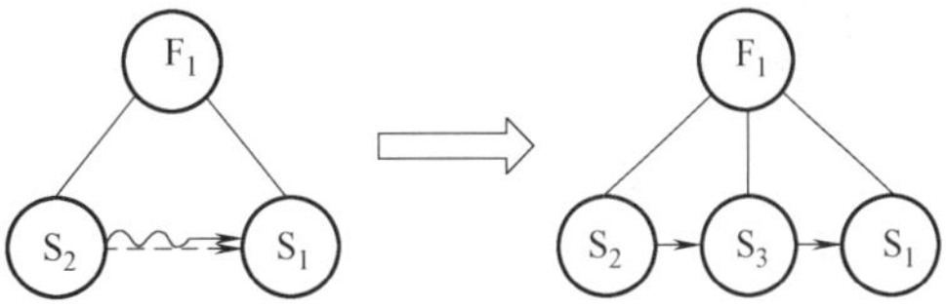

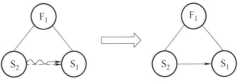

图 17-21　引入新物质消除有害作用解法图示

【例 17-9】在机械场 F_{Me} 的作用下，房子用支撑柱 S_2 支撑承重梁 S_1，因接触面积小而压强大，故支撑柱 S_2 会损害承重梁 S_1，在两者之间引入一块钢板 S_3 分散负载，则可保护承重梁 S_1。

No.10（1.2.2）利用物质变形消除有害作用：若在一个系统中有用及有害作用同时存在，且不允许增加新物质，则可以利用物质 S_1 或 S_2 的变形消除有害作用，如图 17-22 所示，S_1 为被作用物，S_2 为作用物，F_1 为作用场。该类解包括增加"虚无物质"，如空位、真空、空气、气泡、泡沫等，或者增加一种场，场的作用相当于增加一种物质。

图 17-22　利用物质变形消除有害作用解法图示

【例 17-10】为了将两个工件装配到一起，将内部工件 S_1 冷却使其收缩，之后在机械

场 F_{Me} 的作用下将外部工件 S_2 和内部工件 S_1 装配,然后在自然条件下让内部工件 S_1 膨胀。

No.11(1.2.3)引入新物质吸收有害作用: 有害作用是由一种场引起的,引入物质 S_3 吸收有害作用,如图 17-23 所示,S_1 为被作用物,S_2 为作用物,S_3 为引入物,F_1 为作用场。

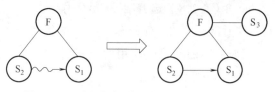

图 17-23 引入新物质吸收有害作用解法图示

【例 17-11】 电子组件 S_2 所发出的热量 F_{Th} 将使安装该组件的电路板 S_1 变形,可利用一个散热器 S_3 吸收热量并将热量传递到空气中。

No.12(1.2.4)引入场抵消有害作用: 在一个系统中有用及有害作用同时存在,但物质 S_1 与 S_2 必须处于接触状态,则可以引入新场消除有害作用,如图 17-24 所示,S_1 为被作用物,S_2 为作用物,F_1 为原作用场,F_2 为引入场。

【例 17-12】 水泵 S_2 在流体场 F_H 工作时产生噪声,引入一个与所产生的噪声相位相差 180° 的声学场 F_A 抵消噪声。

No.13(1.2.5)消除磁场的有害作用: 在一个系统中,由于一个组件存在磁性而产生有害的磁场作用,将该组件加热到居里点以上消除磁性,或者引入一相反的磁场抵消原磁场,如图 17-25 所示,S_1 为被作用物,S_2 为作用物,S_3 为引入物,F_1 为原作用场,F_2 为引入场。

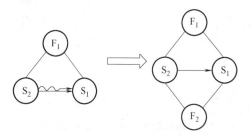

图 17-24 引入场抵消有害作用解法图示

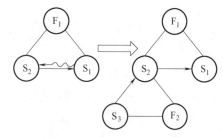

图 17-25 消除磁场的有害作用解法图示

【例 17-13】 汽车上经常放一指南针 S_2 指引汽车 S_1 的方向,但汽车 S_1 本身的磁场 F_{M1} 将改变指南针 S_2 的精确读数,在指南针 S_2 内部装一个小的永久磁体 S_3 产生磁场 F_{M2} 消除汽车本身的磁场 F_1 影响是该类指南针设计的特点。

17.3.2 第 2 类标准解

第 2 类标准解的特点是通过对系统的物-场模型做较大改变来改善系统。

标准解 2.1:转化成复杂的物-场模型

No.14(2.1.1)串联物-场模型: 假如一个系统中的作用不够有效且系统不能改

变，则可将 S_2 及 F_1 作用到 S_3 上，再将 S_3 及 F_2 作用到 S_1 上，两串联模型独立可控，如图 17-26 所示，S_1 为被作用物，S_2 为作用物，S_3 为原增强物，F_1 为原作用场，F_2 为增强场。

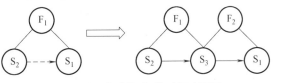

图 17-26　串联物-场模型解法图示

【例 17-14】　自动张紧刮板输送机的改向链轮 S_2 在机械场 F_{Me1} 的作用下起到为刮板链 S_1 改向的作用，链条由金属制成，刮板输送机运行过程中会出现链条松弛现象。链轮由于存在多边形作用，会发生跳齿等事故。将机尾链轮转化成独立控制的有效模型，使用可控液压缸 S_3 在机械场 F_{Me2} 的作用下根据刮板链 S_1 所受到的动张力动态调整两链轮中心距，从而控制刮板链 S_1 的张紧力。

No.15（2.1.2）并联物-场模型：　假如一个系统中的作用不够有效且系统不能改变，则可并联第二个场，如图 17-27 所示，S_1 为被作用物，S_2 为原作用物，F_1 为原作用场，F_2 为增强场。

【例 17-15】　汽车轮胎 S_2 与地面 S_1 的附着度不仅与汽车的自重 F_G 有关，还与特殊胎面的花纹有关，空气从胎面花纹的凹面处挤出，借助已经形成的真空 F_P，汽车轮胎 S_2 就像粘在地面 S_1 上一样。

标准解 2.2：加强物-场模型

No.16（2.2.1）使用易控场：　对于可控性差的场，用一个更易控制的场代替原有场，或者增加一个易控场，如图 17-28 所示，S_1 为被作用物，S_2 为作用物，F_1 为原作用场，F_{ctr} 为易控场。例如，将重力场变为机械场，将机械场变为电场或电磁场，其核心是将物体的物理接触转化为场的作用。

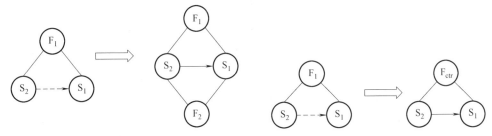

图 17-27　并联物-场模型解法图示　　　图 17-28　使用易控场解法图示

【例 17-16】　为提高内燃机进出气阀的可控性，将内燃机进出气阀 S_1 的运转由通常的转动轴产生的机械场 F_{Me} 控制改为用电磁铁产生的磁场 F_{ct} 来控制。

No.17（2.2.2）将宏观物质变为微观物质：　对于不够有效的作用场，将 S2 由宏观变为微观，相应地，原作用场变为增强场，本质上代表了技术系统从宏观向微观进化的进化定律，如图 17-29 所示，S_1 为被作用物，S_2 为作用物，S_{2n} 为微观状态的物质，F_1 为原作用场，F_2 为增强场。

【例 17-17】 用钢丝 S_{2n} 代替钢筋混凝土中常用的较粗钢筋 S_2，可以制造出"针式"混凝土，增强其结构能力。

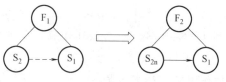

图 17-29 将宏观物质变为微观物质解法图示

No.18（2.2.3）使用多孔物质或具有毛细孔的材料： 对于不够有效的作用场，将 S_2 变为多孔物质或具有毛细孔的材料，允许气体或液体通过，相应地，原作用场变为增强场，如图 17-30 所示，S_1 为被作用物，S_2 为作用物，$S_{2\text{-cp}}$ 为毛细状态的作用物，F_1 为原作用场，F_2 为增强场。

【例 17-18】 将普通胶水瓶头 S_2 改用多孔的毛细管束（海绵）瓶头 $S_{2\text{-cp}}$ 后，可以明显提高胶水涂布的质量和效率。

No.19（2.2.4）提高系统柔性或动态性能： 将刚性物质变为柔性物质，将系统的刚性固定部分变为可动部分等，相应地，原作用场变为动态场，如图 17-31 所示，S_1 为被作用物，S_2 为作用物，$S_{2\text{-d}}$ 为柔性或可动物质，F_1 为原作用场，F_2 为动态场。

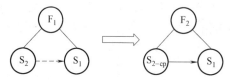

图 17-30 使用多孔物质或具有毛细孔的材料解法图示

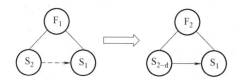

图 17-31 提高系统柔性或动态性能解法图示

【例 17-19】 在机械场 F_{Me} 的作用下，为了便于椅子 S_2 在地面 S_1 上移动，在椅子腿上安装滚轮 $S_{2\text{-d}}$，使椅子移动更灵活。

No.20（2.2.5）使用异构场： 将一个均匀场变为不均匀场，或者将无序结构的场变为永久或临时具有预定空间结构的不均匀场，如图 17-32 所示，S_1 为被作用物，S_2 为作用物，F 为原作用场，F_d 为异构场。

【例 17-20】 采用超声波 S_2 进行焊接时，为了确定焊接的位置，在焊接区域 S_1 内安装

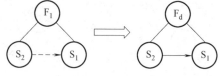

图 17-32 使用异构场解法图示

一个调谐装置，利用调节组件将振动定向集中到一个很小面积的区域内，在动态场 F_d 的作用下产生区域振动，根据位置不同确定振动频率。

No.21（2.2.6）使用异构物质： 将一个均衡物质或不可控物质变为永久或临时具有预定空间结构的不均衡物质，如图 17-33 所示，S_1 为被作用物，S_2 为作用物，$S_{1\text{-\#}}$ 为异构物质，F_1 为原作用场，F_d 为异构物质的场。

【例 17-21】 在热学场 F_{Th} 的作用下，为制作更耐火焰 S_2 燃烧的有定向多孔的耐火材料 $S_{1\text{-\#}}$，将耐火材料沿着丝绸线绕成型，随后将丝绸线烧掉。如果需要在系统指定

的位置上获得强热，推荐事先引入发热物质。

标准解 2.3：控制或改变频率

No.22（2.3.1）协调场与物质频率： 使场与物质的固有频率相匹配以增强作用，如图 17-34 所示，S_1 为被作用物，S_2 为作用物，F_1 为原作用场，F_1' 为协频场。

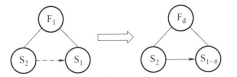

图 17-33 使用异构物质解法图示

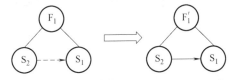

图 17-34 协调场与物质频率解法图示

【例 17-22】 对煤矿岩层 S_1 进行打眼放炮时，使用凿岩机 S_2 进行钻孔，使凿岩机 S_2 的脉冲频率与煤矿岩层 S_1 的固有频率相同，在协频场 F_1' 的作用下，钻孔频率可大大提高。

No.23（2.3.2）增加协调场： 增加一个与原有场频率相同的协调场以增强作用，如图 17-35 所示，S_1 为被作用物，S_2 为作用物，F_1 为原作用场，F_1' 为协调场。

【例 17-23】 强磁矿石分选。在分选机 S_2 分选强磁成分的矿石 S_1 时，除了原有振动场 F_1，还必须增加磁场 F_1'，且磁场的频率与振动频率必须匹配。

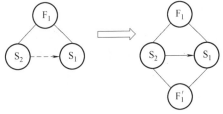

图 17-35 增加协调场解法图示

No.24（2.3.3）协调动作间的频率： 协调不相容或相互独立的动作间的频率，两个不相容或独立的动作可相继完成，如图 17-36 所示，S_1 为被作用物，S_2 为主作用

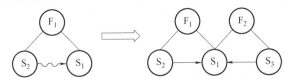

a) 协调动作间的频率解法图示

b) 冲压机示意图

图 17-36 协调动作间的频率解法图示

物，S_3 为次作用物，F_1 为主作用场，F_2 为次作用场。

【例 17-24】 冲压零件时，需要冲压工人手工移动冲压零件和板材，过去常发生在机械场 F_{Me} 作用下冲头 S_2 压到手 S_1 的事故，为了防止工人受伤，使工人在移动冲压零件和板材后完成一项工作台 S_3 上的动作，冲头才可以冲压。

标准解 2.4：磁性材料与磁场结合

No.25（2.4.1）加入磁性物质改变作用： 在一个系统中增加磁性材料和（或）磁场以增强作用，如图 17-37 所示，S_1 为被作用物，S_2 为作用物，S_f 为磁性物质，F_1 为原作用场，F_f 为磁化场。

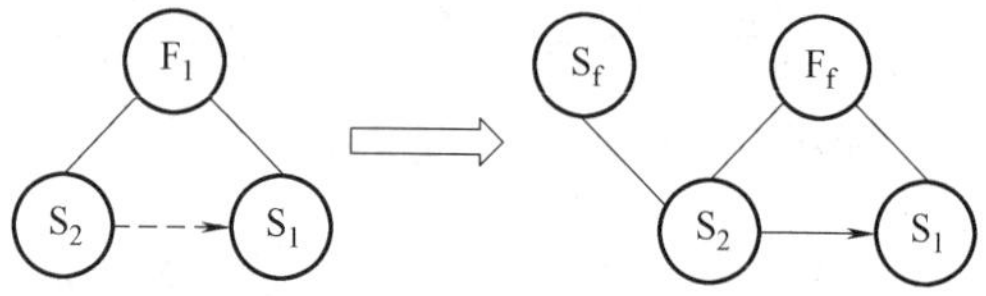

【例 17-25】 安装排水系统的同时进行挖沟、安装水管、用填充料密封接口、回填等工程。为避免水管 S_2 间产生错位，事先用磁化的磁性物质 S_f 覆盖排水管 S_2 的端面和填充料，产生一个磁化场 F_f。

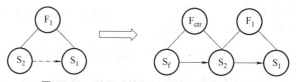

图 17-37 加入磁性物质改变作用解法图示

No.26（2.4.2）利用磁性材料增强作用： 用磁性材料改善物质，增强场的可控性，如图 17-38 所示，S_1 为被作用物，S_2 为作用物，S_f 为磁性材料，F_1 为原作用场，F_{ctr} 为控制场。

图 17-38 利用磁性材料增强作用解法图示

【例 17-26】 针式飞镖 S_2 使用时间长会把箭靶 S_1 扎烂，将箭靶 S_1 和飞镖 S_2 使用磁性材料填充制作，则获得磁性场作用，可以达到多次使用而不会损毁箭靶 S_1 的目的。

No.27（2.4.3）利用磁流体增强作用： 利用磁流体改善物质，增强场的可控性，是标准解 No.26 的一个特例，如图 17-39 所示，S_1 为被作用物，S_2 为作用物，S_{fl} 为磁流体，F_1 为原作用场，F_{ctr} 为磁化场。

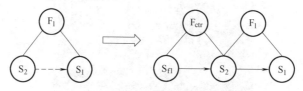

图 17-39 利用磁流体增强作用解法图示

【例 17-27】 为减小管道中的压强，在贴近管壁 S_2 处形成一层低黏度液体 S_1，为降低黏度液体的消耗，应用磁性液体 S_{fl}，利用 F_{ctr} 控制场将 S_{fl} 沿管道放置。

No.28（2.4.4）利用磁性毛细结构： 利用含有磁粒子或液体的毛细结构，如图 17-40 所示，S_1 为被作用物，S_2 为作用物，F_f 为原磁化场，S_{2f} 为磁性作用物，S_{cpm} 为毛细结构，F_f' 为优化后的磁化场。

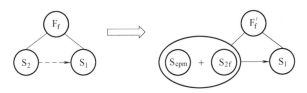

图 17-40 利用磁性毛细结构解法图示

【例 17-28】 在两个磁体之间建造一个磁性材料 S_1 的过滤器 S_2，由磁场控制磁性材料 S_1 的阵列。用包含磁性粒子的毛细管 S_{cpm} 和多孔一体制造的可逆过滤器 S_{2f} 替代原过滤器来过滤磁性粒子，优化了系统的可控性。

No.29（2.4.5）利用磁性材料并附加磁场： 附加磁性材料到非磁性物质上使其永久或临时具有磁性，并附加磁场以达到所需作用，如图 17-41 所示，S_1 为被作用物，S_2 为作用物，F_1 为原作用场，S_f 为磁性物质，F_f 为磁化场。

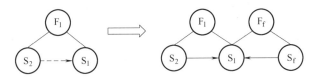

图 17-41 利用磁性材料并附加磁场解法图示

【例 17-29】 为了使药物 S_1 精确地到达人体需要的部位 S_2，把磁性分子 S_f 附着在药物 S_1 上，在患者周围用外部磁化场 F_f 引导药物到达需要的部位。

No.30（2.4.6）在环境中引入磁性物质： 假如系统不能具有磁性，可将磁性物质引入到环境之中，如图 17-42 所示，S_1 为被作用物，S_2 为作用物，F_1 为原作用场，S_f 为环境资源中的磁性物质，F_f 为环境中的磁化场。

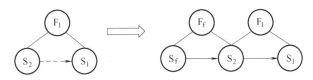

图 17-42 在环境中引入磁性物质解法图示

【例 17-30】 焊接装置包括一个旋转工作台 S_2 和一个放在液体中且与工作台连接的浮动装置 S_1，为提高工作台 S_2 的移动速度，向液体中混合磁性混合物 S_f 并且在容器上环绕上电磁线圈以形成磁场。

No.31（2.4.7）利用自然现象和物理作用改变场： 利用自然现象和物理作用，如使物体按场排列，或者使物体达到居里点以上使其失去磁性，如图 17-43 所示，S_1

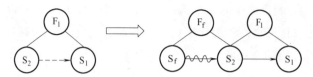

图 17-43 利用自然现象和物理作用改变场解法图示

为被作用物，S_2 为作用物，F_1 为原作用场，S_f 为磁性物质，F_f 为磁化场。

【例 17-31】 为提高磁放大器 S_1 的测量灵敏性，加热放大器 S_1 的磁心部分 S_2，同时为降低磁干扰，磁心部分的绝对温度保持在其居里点的 0.92～0.99 倍，以利用霍普金斯作用 S_f。

No.32（2.4.8）利用动态化磁场： 将场变成可自调整的磁场，如图 17-44 所示，S_1 为被作用物，S_2 为作用物，F_1 为原作用场，S_f 为磁性物质，F_{fd} 为动磁场。

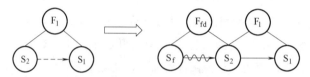

图 17-44 利用动态化磁场解法图示

【例 17-32】 提高无磁性产品 S_1 孔壁厚测量的准确性，测量无磁性产品孔壁厚的设备 S_2，包括作为测量仪器的感应换能器和置于洞壁两侧的磁性零件。为提高测量的准确性，磁性零件做成覆盖磁性薄膜的可膨胀弹性壳状 S_f。

No.33（2.4.9）应用结构化磁场： 加磁性粒子改变材料结构，施加磁场来移动粒子，使非结构化系统变为结构化系统，或者反过来，如图 17-45 所示，S_1 为被作用物，S_2 为原作用物，F_1 为原作用场，$S_{1-\#}$ 为结构被作用物，$S_{2-\#}$ 为结构作用物，S_f 为磁性物质，$F_{1\#}$ 为结构场，$F_{f\#}$ 为结构磁化场。

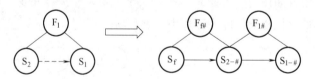

图 17-45 应用结构化磁场解法图示

【例 17-33】 在塑料零件的磁成型过程中，将磁粉 S_1 加热到居里点以上，在 $F_{1\#}$ 的作用下把处于最小伸张的适当状态的铁磁粉 $S_{2-\#}$ 制成模具 $S_{1-\#}$。

No.34（2.4.10）协调磁场的频率： 协调磁场的频率使其与原作用场 F_1 的自然频率相匹配。对于宏观系统，采用机械振动增加铁磁粒子的运动。在分子及原子水平上，材料的复合成分可通过改变磁场频率的方法用电子谐振频谱确定。如图 17-46 所示，S_1 为被作用物，S_2 为作用物，F_1 为原作用场，S_1' 为协调被作用物，S_2' 为协调作用物，S_f 为磁性物质，F_1' 为协调场，F_f' 为协调磁场。

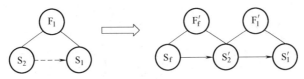

图 17-46 协调磁场的频率解法图示

【例 17-34】 为降低粒子间的黏附、改善分离效率，使磁场 F_1' 与振动产生的机械场 F_1' 相反。

No.35（2.4.11）运用电流产生磁场： 用电流代替磁粒子产生磁场，如图 17-47 所示，S_1 为被作用物，S_2 为作用物，F_1 为原作用场，S_{ef} 为电磁体，F_{ef} 为电磁场。

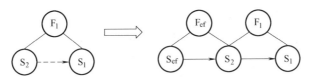

图 17-47 运用电流产生磁场解法图示

【例 17-35】 为改善从金属混合物 S_2 中提取无磁性部分 S_1 的可靠性，将其放置在一个磁场 F_1 中，并且使一个电场 F_{ef} 从垂直于磁场 F_1 的方向穿过。

No.36（2.4.12）运用电流变流体： 电流变流体的黏度可以通过改变电磁场强度控制，将此性质与其他方法一起使用，如图 17-48 所示，S_1 为被作用物，S_2 为作用物，S_{ecv} 为电流变液体，F_1 为原作用场，F_{ecv} 为电流变场。

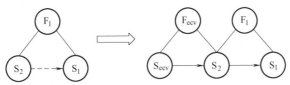

图 17-48 运用电流变流体解法图示

【例 17-36】 一种用电场控制黏度的电-流变学的液体 S_{ecv}，被用做阻尼器。

17.3.3 第 3 类标准解

当第 1、2、4 类标准解解决问题的效果不是非常理想时，可以采用第 3 类标准解。该类标准解的特点是系统向双系统、多系统转换或转换到微观水平。

标准解 3.1：传递到双系统或多系统

No.37（3.1.1）将系统转变为双系统或多系统： 一般记为系统转变 a，如图 17-49 所示，作用物 S_3 与场 F_2 作用于物质 S_2，作用物 S_{2-1} 与场 F_3 作用于物质 S_1，物质 S_1 与场 F_1 作用于物质 S_2。

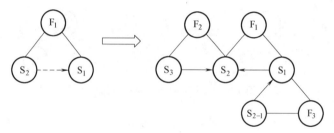

图 17-49 将系统转变为双系统或多系统解法图示

【例 17-37】 将单层布 S_3 叠加在单层布 S_2 上,将单层布 S_{2-1} 叠加在单层布 S_1 上,将 S_{2-1} 与 S_1 形成的双层布叠加在 S_3 与 S_2 形成的双层布上,从而形成多层布,叠在一起后可用于被切成所需要的形状。

No.38(3.1.2)**改进系统连接:** 改进双系统或多系统中的连接,提高系统动态性,如图 17-50 所示,物质 S_3 和作用场 F_2 作用于物质 S_2,物质 S_2 和作用场 F_1 作用于物质 S_1,物质 S_{2-1} 和作用场 F_3 作用于 S_1。

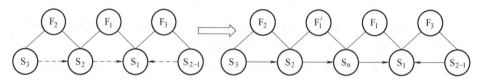

图 17-50 改进系统连接解法图示

【例 17-38】 对于四轮驱动的汽车,前轮 S_3 与 S_2 与后轮 S_1 和 S_{2-1} 在调节速度前无法完成转弯动作,因此采用差速器 S_n 使前、后轮具有动态的连接关系,完成转弯动作。

No.39(3.1.3)**增大物质差异性:** 一般记为系统转变 b,增加双系统或多系统的组件之间的差异性,如图 17-51 所示,S_1 为被作用物,S_2 为作用物,F_1、F_2、F_3 为作用场,S_{1-1} 为差异小物质,S_{2-1} 为差异小作用物,S_3 为差异大物质,S_4 为差异大作用物。

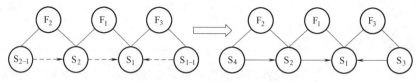

图 17-51 增大物质差异性解法图示

【例 17-39】 传统复印机无法利用喷嘴 S_2 和 S_{2-1} 打印不同纸张 S_1,且无法利用 S_{1-1} 分类不同纸张 S_1,现代复印机不仅能复印不同尺寸、不同介质的复印件,还能实现自动分类、排序、装订等功能。

No.40(3.1.4)**简化系统:** 将双系统及多系统简化,如图 17-52 所示,S_{2-1}、S_{2-2}、S_{2-3}、…、S_{2-n} 为双、多系统的作用物,S_{2n} 为新的系统作用物,S_1 为被作用物,F_1 为

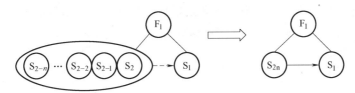

图 17-52 简化系统解法图示

作用场。

【例 17-40】 消防员防护服 S_2 的保护能力受制于其重量，人们提出将冷冻和呼吸系统进行组合，在此系统中，单冷物质（氧）S_{2n} 完成 2 种功能：（液态）氧先冷冻形成液态氧，待其蒸发成氧气又可用来呼吸。不再需要沉重的呼吸设备，但冷冻物质携带量得增加。

No.41（3.1.5）利用相反特性： 一般记为系统转变 c，利用整体与部分之间的相反特性转变系统，如图 17-53 所示，S_1 为被作用物，S_2 为作用物，F_1、F_2、F_3 为作用场，$-S_1$ 为个体被作用物，$+S_{1n}$ 为整体被作用物，$-S_2$ 为个体作用物，$+S_{2n}$ 为整体作用物。

【例 17-41】 刮板输送机由链轮 S_2 通过柔性链条 S_1 牵引做功，将链轮与链条设计为小单元 $-S_1$ 与 $-S_2$，将小单元组成整体的 $+S_{2n}$ 与 $+S_{1n}$ 形成刮板链的链环、接链环却是刚性的。

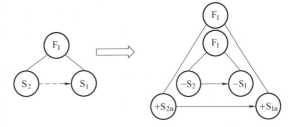

图 17-53 利用相反特性解法图示

标准解 3.2：传递到微观水平

No.42（3.2.1）传递到微观水平： 一般记为系统传递 d，如图 17-54 所示，S_1 为被作用物，S_2 为作用物，F_1 为作用场，S_{1s} 为微观被作用物，S_{2s} 为微观作用物。

【例 17-42】 普通手术 S_2 对人体 S_1 伤害很大，γ 刀 S_{2s} 利用聚焦的射线替代普通手术刀 S_2，对于脑部手术，可以不用开颅即可完成治疗。每条 γ 射线的能量非常小，单束射线几乎不起任何作用，但很多束射线的交点，可在局部产生巨大的能量，而对周围组织 S_{1s} 只有很小的损伤或无任何损伤。

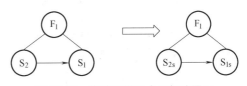

图 17-54 传递到微观水平解法图示

17.3.4 第 4 类标准解

第 4 类标准解是用于检测与测量问题。检测与测量是典型的控制环节，检测是指检查某种状态发生或不发生，测量具有定量化的特点。一些创新解采用物理、化学、几何的方式完成自动控制，而不采用检测与测量。

标准解 4.1：间接法

No.43（4.1.1）系统的变化代替检测或测量： 修改系统，使系统不再需要检测与测量，如图 17-55 所示，S_1 为被测物，S_2 为作用物，S_3 为测量者，F_1 为作用场，F_2 为测量场，S_{1s} 为替代被测物，S_{2s} 为替代作用物，S_r 为替代测量者，F_2' 为替代测量场。

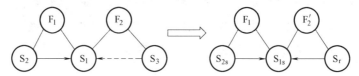

图 17-55　系统的变化代替检测或测量解法图示

【例 17-43】 用铁锅 S_2 做米饭 S_1，为了防止烧糊，需要经常用饭勺 S_3 进行手动翻动，为了省力可以先把米放入铁质容器中，然后放入水中煮或放到蒸屉中蒸；同理，用电饭锅做米饭时为了控制温度，可以使用双金属片制造开关 S_r，实现温度的自动控制。

No.44（4.1.2）利用复制品： 如果标准解 No.43 无法实现，则可测量复制品或肖像，如图 17-56 所示，S_1 为被测物，S_2 为作用物，S_3 为测量物，S_r 为被测物的复制品。

【例 17-44】 预测天气时，可以不用探测器 S_2 检测云层 S_1，而是通过拍摄云层 S_1 获取卫星云图 S_r，对云图进行研究判断空气中水分 S_3 含量，从而进行天气预测。

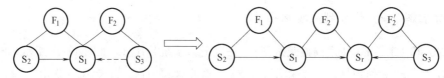

图 17-56　利用复制品解法图示

No.45（4.1.3）两次间断测量代替连续测量： 若标准解 No.43 及 No.44 不可能实现，则利用两次间断测量代替一次连续测量，如图 17-57 所示，S_1 为被作用物，S_2 为作用物，F_1 为测量场，S_{3n} 为多次测量物，S_{3-1} 为第一次测量物，S_{3-2} 为第二次测量物。

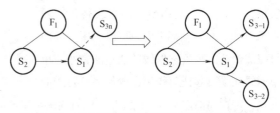

图 17-57　两次间断测量代替连续测量解法图示

【例 17-45】 铜矿石的提炼是在巨大的地洞中进行的。由于各种原因，地洞天花板时常会塌陷。因此，有必要定时检查天花板 S_1 状况，测量所有新出现的孔 S_{3n}，但是这项工作十分困难，因为洞顶可达 15m 高。可以事先在天花板 S_1 上钻洞，并填入不同色谱的发光体 S_{3-1}。如果某部分天花板倾斜，很容易通过探测发光体 S_{3-1} 确认，通过颜色判断孔的深度。

标准解 4.2：创造或合成一个测量的物-场模型

将零件或场引入已存在的系统中，如图 17-58 所示，S_1 为被作用物，S_2 为作用物，F_1 为原作用场，S_{3m} 为测量物，F_m 为测量场。

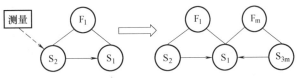

图 17-58　将零件或场引入到已存在的系统解法图示

No.46（4.2.1）建立新的测量物-场模型：如果一个不完整的物质-场系统不能被检测或测量，增加单或双物-场模型，且以一个场作为输出。假如已存在的场是不足的，则可以在不影响原系统的条件下，改变或加强该场。加强了的场应具有容易检测的参数，这些参数与设计者所关心的参数有关。

【例 17-46】自行车胎 S_1 漏气后，如果漏气口很小，其位置很难查找和确定，可以给车胎 S_1 充气后，然后将车胎放入水 S_{3m} 中，并挤压车胎 S_1，漏气位置即为出现气泡的点。

No.47（4.2.2）引入附加物测量：引入一个添加物，添加物在与原系统的相互作用中发生变化，测量添加物的这种变化。

【例 17-47】生物样品 S_1 很难通过显微镜 S_2 观察，可以通过加入化学染色剂 S_{3m} 观察其结构。

No.48（4.2.3）引入添加物改变场：如果系统不能引入任何添加物，则可以在环境中引入添加物，使其通过场与系统作用，检测或测量场对系统的影响。

【例 17-48】为检查内燃机的磨损，需要测量磨损的金属量 S_1。磨损下来的金属颗粒 S_1 混合在润滑油中，可以在润滑油中加入发光粉 S_{3m}，金属颗粒会扑灭发光粉 S_{3m} 的发光，进而可获得磨损的颗粒量 S_1。

No.49（4.2.4）引入环境中的添加物：如果系统环境不能引入添加物（标准解 No.48 无法实现），通过环境中已有物质分解或状态变化创造添加物，然后测量系统对创造的环境添加物的作用。

【例 17-49】进行管中流速的测量时，使用气穴现象来产生"标记"，标记物是一群小的、稳定的、可视的气泡 S_{3m}，可以通过检测这些气泡 S_{3m} 测量流速 S_1。

标准解 4.3：加强测量系统

加强测量系统完成测量，如图 17-59 所示，S_1 为被作用物，S_2 为作用物，F_1 为原

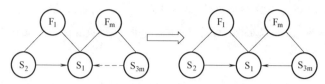

图 17-59 加强测量系统解法图示

作用场，S_{3m} 为测量物，F_m 为测量场。

No.50（4.3.1）利用物理作用或现象： 应用系统中存在的已知科学作用，通过观察作用中相关量的变化，确定系统的状态。

【例 17-50】 液体的热传导率 S_{3m} 会随液体温度 S_1 的改变而改变，因而液体的温度 S_1 可以通过测量液体热传导率 S_{3m} 的变化来确定。

No.51（4.3.2）应用系统整体或部分的频率谐振： 如果系统变化不能直接测量或通过场测量，可以通过测量系统或组件激励下的谐振频率来确定系统的变化。

【例 17-51】 对地下煤层的埋层深度，可以通过测量空气的共振频率 S_{3m} 得知空气量，从而确定地下煤层的埋层深度 S_1。

No.52（4.3.3）应用加入物体的谐振： 如果标准解 No.51 无法实现，加入特性已知的组件后测量组合体的谐振频率。

【例 17-52】 不直接测量物体的电容 S_{3m}，而是将该未知电容的物体插入已知感应系数的电路中，改变电压的频率后，通过测定该组合电路的共振频率 S_{3m}，换算出物体的电容 S_1。

标准解 4.4：测量磁场

在遥感、微装置、微处理器应用之前，引入磁性材料完成测量任务是很普遍的方法。如图 17-60 所示，S_1 为被作用物，S_2 为作用物，F_1 为原作用场，S_{3m} 为测量工具，F_m 为测量场，S_{3fm} 为磁性测量工具，F_{fm} 为磁性测量场。

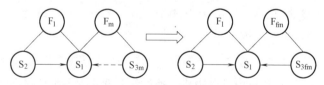

图 17-60 测量磁场解法图示

No.53（4.4.1）预设磁场模型： 添加或利用磁性物质和系统中的磁场以便于测量。

【例 17-53】 统计十字路口等待的车辆数时，如果想知道车辆需要等候多久或者想知道车辆已经排了多长的队伍，可在十字路口内设置含有磁性组件的传感器 S_{3fm}，便可以方便地统计通过十字路口的车辆数 S_1。

No.54（4.4.2）改变磁场模型： 向系统中添加磁性粒子或者将其中一种物质用磁性材料代替以便于测量（只需测量新系统的磁场）。

【例17-54】 为鉴别货币的真假，可以将固体磁性物质 S_{3fm} 混合到特定的颜料中，并将颜料印在货币上，在判别货币 S_1 真假时，将磁场 F_{fm} 作用在货币 S_1 上，通过磁性粒子 S_{3fm} 即可确定货币 S_1 的真假。

No.55（4.4.3）合成磁场模型： 如果标准解 No.54 无法实现，则可以通过在物质中添加磁性添加物构建一个磁场模型。

【例17-55】 对非磁性物体进行裂纹检测时，通过在非磁性物体表面涂覆含有磁性材料和表面活化剂颗粒的流体 S_{3fm}，检测该物体的表面裂纹 S_1。

No.56（4.4.4）在环境中引入磁性物质模型： 如果系统中不允许添加磁性粒子，则可将其添加到环境中。

【例17-56】 船从一片水面驶过时，会形成波浪 S_1。若想研究船在水中行驶时波浪 S_1 的形成过程，可以向环境（水）中引入磁性粒子 S_{3fm}，用磁性粒子代替指示器，在光学场作用下对水中的磁性粒子 S_{3fm} 分布进行跟踪拍照（或者曝光在屏幕上），通过研究磁性粒子 S_{3fm} 的运动来研究波浪 S_1 的特性。

No.57（4.4.5）应用物理作用和现象： 测量与磁性有关的自然现象完成测量，如测量居里点、磁滞、超导失超、霍尔效应等。

【例17-57】 为了让床单上的棉絮自动脱离或者是要让羽毛与羽毛杆分离，可以用电离气流 S_{3fm} 吹，使两者带上同一类型的静电电荷，运用"同性相斥"的原理，小块的棉絮 S_1 会被排斥，并容易被吸尘器 S_2 吸入。

标准解 4.5：测量系统的改进方向

No.58（4.5.1）利用双系统或多系统： 假如一个测量系统不能得到足够的精度，则可应用两个或更多个测量系统，或者采用多种测量方式，如图 17-61 所示，S_1 为被测物，S_{3m} 为测量工具，F_m 为测量场，S_{3m1} 为转换测量工具，F_{m1} 为转换测量场。

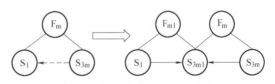

图 17-61 利用双系统或多系统解法图示

【例17-58】 验光师在给人们眼睛 S_1 验光进行配镜时，可以使用多传感器融合技术的仪器 S_{3m} 测量远处聚焦、近处聚焦、视网膜整体的一致性等多项指标 S_{3m1}，以全面反映视力水平。

No.59（4.5.2）利用进化或衍生方向： 以测量对象对时间或空间的一阶或二阶导数代替对现象的直接测量，如图 17-62 所示，S_1 为被测物，S_{3m} 为测量工具，F_m 为测量场，S_{1d} 为衍生物，F_d 为衍生场。

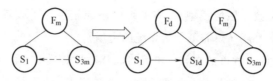

图 17-62 代替直接测量解法图示

【例 17-59】 用测量速度或加速度来替代位移的测量，速度和加速度 S_{1d} 就是位移 S_1 派生的二阶衍生物。

17.3.5 第 5 类标准解

第 5 类标准解是简化或改进前述标准解。

标准解 5.1：引入物质

引入新的物质到原系统，如图 17-63 所示，S_1 为被作用物，S_2 为作用物，S_x 为引入的或变形的物质，F_1 为原作用场，F_t 为转化场。

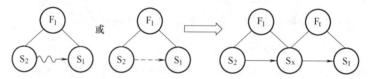

图 17-63 引入物质解法图示

No.60（5.1.1）间接方法：包括使用无成本资源、利用场代替物质、用外部添加物代替内部添加物等 9 个子标准解。

No.60-1（5.1.1.1）利用无成本的环境资源或"虚空"物质（如空气、真空、气泡、泡沫、空洞、缝隙等）。

【例 17-60】 为提高潜水服保温性能，过度增加表层橡胶 S_2 的厚度会使潜水员 S_1 感到笨重，操作不便。采用添加泡沫 S_x 的办法，既可以解决保温问题，其重量增加又几乎可忽略不计。

No.60-2（5.1.1.2）利用场代替物质。

【例 17-61】 测量移动细丝的伸展。为测量移动细丝 S_1 的伸展，可以采用给其加上电荷 S_x 测量线性电荷密度的方法。

No.60-3（5.1.1.3）用外部添加物代替内部添加物。

【例 17-62】 飞机 S_2 上备有降落伞 S_x，以备在飞机 S_2 出事时让飞行员 S_1 脱险。

No.60-4（5.1.1.4）利用少量活性很强的添加物。

【例 17-63】 为降低一种用于拉伸管道 S_1 的润滑剂 S_2 的液动压力，在润滑剂 S_2 中加入了 0.2%～0.8% 的聚甲基丙烯酸酯 S_x。

No.60-5（5.1.1.5）将添加物集中到某一特定的位置上。

【例17-64】 在靶向疗法中，为了避免药物S_2对身体S_1的健康造成严重负面影响，利用靶向物质S_x将药物集中在准确的发病部位上。

No.60-6（5.1.1.6）引入临时添加物。

【例17-65】 为了获得无磁空心零件S_2的遥控磁性取向，应预先在零件S_2中加入磁性粒子S_x。

No.60-7（5.1.1.7）向复制品或对象模型中引入添加物。假如原系统中不允许引入添加物，可在其复制品或对象模型中引入添加物。在现代应用中，包括仿真的应用和添加物的复制。

【例17-66】 视频会议（或称为网络视频会议）通过网络S_x召开视频会议，与会者S_2可以在各自不同地点召开会议S_1。

No.60-8（5.1.1.8）利用物质的反应。假如直接引入期望的化合物是有害的，引入一种化合物，反应后产生所需要的元素或化合物。

【例17-67】 木头S_1可以用氨水S_2来进行塑化，为塑化处理平面，用加工中摩擦热所分解出的盐类化合物来浸透木材S_x。

No.60-9（5.1.1.9）通过分解环境或对象本身获得所需的添加物。

【例17-68】 在花园中，掩埋垃圾S_x替代使用化肥S_2，这既充分利用了资源，又避免了因使用化肥而产生的负面影响。

No.61（5.1.2）分裂元素：将要素分为更小的单元。

【例17-69】 为凝结灰尘黏质（浮质）S_1，将气流分成两股，两股气流带上相反电荷S_x，然后彼此对准。

No.62（5.1.3）引入可自动消除的添加物：引入添加物，添加物发挥作用后自动消除。

【例17-70】 用飞碟S_2射击时，打碎的飞碟碎片很难收集，危害靶场环境。用冰S_x做飞碟，被击碎的冰碟自然变成水，不会对环境造成危害。

No.63（5.1.4）使用对环境无影响物质：假如环境不允许大量使用某种材料，则使用对环境无影响的物质。

【例17-71】 空难后要移走事故飞机S_1，将充气结构S_x放置在机翼下方，将其充满气后，运输车S_2可以移动到充气结构S_x的下方进而移动飞机S_1。

标准解5.2：使用场

使用新的场将原系统转换为新的系统，如图17-64所示，S_1为被作用物，S_2为作用物，S_x为可产生场的物质，F_1为原作用场，F_t为转化场，F_2为引入场。

No.64（5.2.1）综合使用场：使用一种场来产生另一种场。

【例17-72】 在回旋加速器中，加速度S_x产生切伦科夫辐射，这是一种光，变化

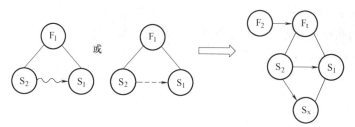

图 17-64 使用场解法图示

的磁场 F_1 可以控制光的波长。

No.65（5.2.2）利用环境中已存在的场。

【例 17-73】 电子装置是利用每个组件发出的热量 S_x 产生的温差引起空气 S_1 流动来进行冷却，而无须额外附加风扇 S_2。

No.66（5.2.3）使用能够作为场的物质。

【例 17-74】 将放射性物质 S_x 植入到肿瘤 S_1 位置（不久后再进行清除）。

标准解 5.3：相变

利用物质的相变转换原系统，如图 17-65 所示，S_{1-1} 为物质状态 1，S_{1-2} 为物质状态 2，F_1 为原作用场，F_{t1} 为转化场 1，F_{t2} 为转化场 2。

No.67（5.3.1）相变 1：替代物质的相，可利用物质的气、液、固三相。

【例 17-75】 为了运输某种气体 S_1，使其变为液相状态 S_{1-1}，使用时再使其变成气相状态 S_{1-2}。

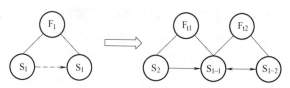

图 17-65 相变解法图示

No.68（5.3.2）相变 2：利用物质的双相状态（复相状态），应用的是物质在两相混合状态下具有的特性。

【例 17-76】 在滑冰中，摩擦力使冰刀 S_2 下的冰 S_1（固相）变成冰水混合物（固液两相）S_{1-1} 减小摩擦力。

No.69（5.3.3）相变 3：利用相变过程中的伴随现象。

【例 17-77】 当金属超导体 S_{1-1} 达到零电阻时，它变成一种非常好的热绝缘体 S_{1-2}，可以用作热绝缘开关，隔开低温装置。

No.70（5.3.4）相变 4：转换到两相状态，应用的是物质在不同相状态下所具有的不同的特性。

【例 17-78】 用"介质-金属"相材料制作可变电容 S_1，某些在层加热时变为导体 S_{1-1}，冷却时又变为绝缘体 S_{1-2}，电容的变化是靠温度控制的。

No.71（5.3.5）相之间的相互作用： 在系统中引入组件或组件之间的相互作用使系统更有效。

【例 17-79】 利用能发生化学反应的材料作为热循环发动机的工作组件。材料 S_1 受热后分解为 S_{1-1}，冷却时重新结合为 S_{1-2}，以此改善发动机的功能（分解后物质具有更小的分子质量，传热更快）。

标准解 5.4：应用自然现象

No.72（5.4.1）转换过程自控制： 假如某物质必须具有不同的状态，使其从一个状态转换到另一个状态的转变能由其自身来实现。

【例 17-80】 摄影玻璃 S_1 在有光线的环境中变黑为暗玻璃 S_{1-1}，在黑暗的环境中变回为透明玻璃 S_{1-2}。

No.73（5.4.2）放大输出场： 输入场较弱时，加强输出场，这通常可在接近相变点工作时实现。

【例 17-81】 NPN 型的三极管可以用小电流控制大电流，当对基极施加电压，让少许基极电流通过发射结时，它允许更大的集电极流向发射极，而集电极电流将比基极电流高出很多倍。

标准解 5.5：生成更高形态或更低形态的物质

将系统中原有的物质生成更高形态或更低形态的物质，如图 17-66 所示，S_{1-1} 为降解物质，S_{1-2} 为合成物质，F_1 为原作用场，F_{t1} 为转化场 1，F_{t2} 为转化场 2。

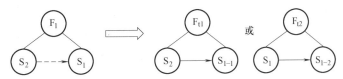

图 17-66 生成更高或更低形态的物质解法图示

No.74（5.5.1）分解物质： 通过分解获得物质粒子（离子、原子、分子等）。

【例 17-82】 如果系统中需要的氢 S_{1-1} 不存在，而水 S_1 存在，则可用电离法将水 S_1 转变成氢 S_{1-1} 与氧 S_{1-2}。

No.75（5.5.2）结合物质： 通过结合获得物质。

【例 17-83】 植物通过水与二氧化碳 S_2 进行光合作用，生长成树干、树叶及果实 S_1。

No.76（5.5.3）采用更高级或更低级的物质： 应用标准解 No.74 及 No.75 时，如果高等结构水平的物质需要分解，但它又不能分解，由次高结构水平的物质代替进行分解。反之，如果物质必须通过低等结构层次物质组合而成，而所选低等物质不能实现，则采用高一级的物质代替。

【例 17-84】 安装避雷针 S_1 保护天线免遭雷击，无论如何避雷针都会妨碍天线预期功能的实现。为解决这个问题，对避雷针 S_1 进行改进，以低压下天线内在的空气作为电介质 S_{1-1}，当避雷针受雷击工作时，空气被电离变成离子，避雷针变成电导体 S_{1-2} 以保护天线。放电完成后离子和电子的再结合而形成中性的分子，天线功能不再受到妨害。

17.4 物-场分析及其解法应用实例

【例 17-85】 当今崇尚绿色环保、健康和运动，越来越多的人成了骑车一族。但自行车使用一段时间以后就没有原来那么轻便，骑行越来越费力。即使是希望能够通过骑车增加运动量的人们也不希望骑费力的车而影响心情。维修自行车，使之变得更加轻便就成为系统提出的问题。试用物-场分析及其解法解决这个问题。

首先进行功能分析。此系统是整体自行车系统，整体自行车系统可以分为驱动系统（车轮）、传动系统（链条）、执行系统（转轴）和控制系统（车把）。其中，执行系统的功能是主要功能，并且自行车的轻便与否也主要取决于它。下面按照图 17-12 所示流程进行物-场分析，由于执行系统起主要作用，因此分析目标是改善执行系统的作用效果。

1）识别组件：车轮为 S_1，转轴为 S_2，两者之间的摩擦作用为 F_1。

2）构造物-场模型：根据本例给出的三要素构造的物-场模型，对系统的完整性、有效性进行评价。系统组件齐全，但是组件的作用效果没有达到最佳。

3）选择解法：在前述的 76 个标准解中，发现第 5 类标准解中有引入物质的解，可以在传动装置和车轮与转轴之间都添加润滑剂，减少其摩擦损耗，从而达到提高自行车轻便度的目的。改善前后的物-场模型如图 17-67 所示，其中，车轮为 S_1，转轴为 S_2，两者之间的摩擦作用

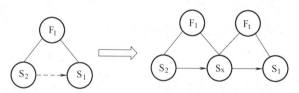

图 17-67 自行车轻便度改善前、后的物-场模型

为 F_1，润滑剂为 S_x，车轮与润滑剂之间的摩擦作为 F_t。系统原为作用不足的原系统，经过添加润滑剂，场的作用更好地进行传导，从而增强了作用，得到有效完整的系统。

标准解中的第 3 类标准解介绍的传递到双系统和多系统的解也可以运用其中。例如，挡速可调自行车就是通过将运动系统的单系统变为含有运动系统和传递调档功能

系统的双系统,可达到改善其骑行轻便度的目的。

4) 发展概念:可以选择不同的润滑剂以提高系统性能。可以综合考虑润滑剂效果、价格、耐久性及添加难易程度,从而综合选择最佳方案。

5) 应用其他知识性工具:对于在步骤 3) 中所找到的每一种可行标准解探求另外可行解,其相关的概念都应在 4) 中得到继续的发展。对于每一种情况都要思考是否能更为有效,或者是否能有更有效的解法。

【例 17-86】 在冶炼新型钢材的过程中,需向钢水中加入多种添加剂,并在钢水混合器中使两者均匀混合。如图 17-68 所示,钢水混合器内有可转动的叶片,叶片搅拌钢水,使其与添加剂均匀混合。但混合时由于钢水温度较高,叶片表面会开始熔化,既缩短了系统的寿命,又影响了钢水的成分。试用物-场分析解决这一问题。

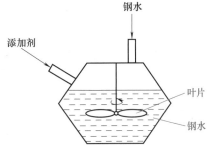

图 17-68 钢水混合器

首先进行功能分析。此系统的总功能是向钢水加入添加剂以调配钢水成分。

按照子功能的不同,此系统可以分为添加剂配置和运输子系统、钢水添加子系统、叶片搅拌子系统,其中的有害部分为叶片搅拌子系统,需要将其有害作用去除。

下面按照图 17-12 所示流程进行物-场分析。

1) 识别组件:钢水混合器叶片是 S_1,钢水是 S_2,钢水的热作用是 F_1。

2) 构造物-场模型:根据本例所确定的三组件,构造物-场模型。对系统的完整性、有效性进行评价。系统组件齐全,组件与场之间的作用是有害作用,如图 17-69 所示。

3) 选择解法:在前述的 76 个标准解中,发现第三类标准解介绍的传递到双系统和多系统的解可以运用其中,即通过引入冷空气流带来组件 S_3 的增加,抵消原系统的有害作用。改善后的钢水混合器物-场模型如图 17-70 所示。即在增加冷空气流 S_3 的同时引入一个起降温效果的场,构成双系统。

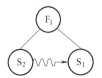 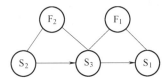

图 17-69 钢水混合器物-场模型 　　图 17-70 改善后的钢水混合器物-场模型

4) 发展概念:可以通过调节冷空气流的温度、流速、成分等对系统的作用进行调节。

5) 应用其他知识性工具:探求另外可行解,例如,增加添加物,即在叶片表面喷涂热障涂层材料,对其进行高温保护;或者改善叶片本身的材料,使其能够耐受更高温度。

思考题

【选择题】

1. 根据如下描述,所能建立的物-场模型是过度的物-场模型的是(　　)。
   A. 自行车拐弯减速时,刹车闸摩擦车轮,致使车轮停止转动,车毁人伤
   B. 为了室内照明的蜡烛产生了大量的浓烟,污染了室内的空气
   C. 汽车过桥时,桥面正好能支承住超载的汽车
   D. 由于电池供电电压过低,因此灯泡无法发光

2. 在功能分析时,组件模型中的组件可以是(　　)。
   A. 物质　　　　　　　　　　　B. 物质或场
   C. 物质、场或两者的组合　　　D. 物质、场和它们的参数

【分析题】

3. 物-场模型的三要素是什么?

4. 物-场模型有四种基本类型什么?

5. 简述物-场模型四种作用类型的符号意义。

6. 按物-场分析方法的步骤解决问题:用洗衣机洗衣服时,衣服容易打结而致使衣服不易洗干净。

7. 早期电视机的开关和频道选择需要人直接用手旋转旋钮实现,很不方便。请按照物-场分析方法的步骤构建早期电视机使用过程的物-场模型,并应用物-场分析一般解给出该问题的目前解决方案。

8. 管道里输送废酸液时,废酸液会对管路产生一定的影响。请按照物-场分析方法的步骤构建对应的物-场模型,并应用物-场分析一般解给出该问题的目前解决方案。

9. 在5.5节例5-2的基础上,试用物-场分析方法提出新的解决方案。

10. 工业上常用电解法生产纯铜,原理示意图如图17-71所示。在电解过程中,会有少量的电解液残留在纯铜的表面。但是在储存过程中,电解质会使铜的表面产生氧化斑点,这些斑点造成很大的经济损失。为了减少损失,在对纯铜进行储存前,每片纯铜都要清洗。但是,要彻底清除纯铜表面的电解质仍然很困难,因为纯铜表面的孔隙非常细小。那么,怎样才能改善清洗过程,使纯铜得到彻底的清洗?请应用物-场分析方法来解决这个问题。

11. 制造带刷毛的塑料块,传统工艺是使用定制的模子。模子是一个附有一套针形突起的金属块,针的尺寸和样式随刷毛的尺寸和样式而定。生产时,模子浸入熔化的塑料中再拉起,带动附在针上的塑料从塑料液中拉出,形成刷毛的形状,刷毛长度达到要求后,用气冷法冷却塑料,再从针的末端把塑料切下。这一工艺的缺点是会有部分塑料粘在针上,当刷毛的粗细不同时需要频繁清洗。试用物-场分析模型解决上述问题。

12. 钢珠发送机的弯管部分是强烈磨损区,如图17-72所示,而在弯管部分添加保护层的效果很有限,试用物-场分析模型解决这个问题。

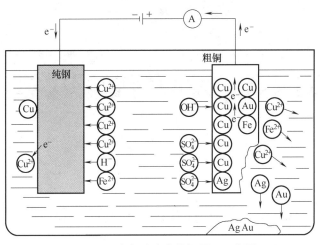

图 17-71 电解法生产纯铜原理示意图

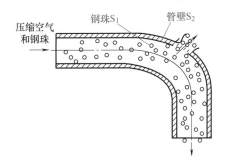

图 17-72 钢珠发送机工作原理示意图

思政拓展：

"慧眼"卫星打破了我国科学家依赖国外卫星数据的受限局面，将推动我国天文研究的发展，加深对宇宙极端物理过程的理解，使我国高能天文研究进入空间观测的新阶段，扫描下方二维码了解"慧眼"卫星的研发历程，体会其中蕴含的创新精神。

科普之窗
中国创造：慧眼卫星

第18章 发明问题解决算法

18.1 发明问题解决算法内容

18.1.1 发明问题解决算法概述

TRIZ 由很多概念、工具与方法构成，所有这些又都包含在发明问题解决算法（Algorithm for Inventive-Problem Solving，ARIZ）之中。ARIZ 以一系列的操作实施 TRIZ 中的启发式方法，从而解决发明问题。ARIZ 帮助研发人员解决问题构造、问题定义、问题解决流程等，通过综合应用理想解、可用资源、九屏幕法、聪明小人方法、矛盾解决原理、标准解、效应等解决发明问题。尽管只有 1% 的问题需要应用 ARIZ，但 ARIZ 本身也是一种方法，对研发人员理解发明问题解决的过程十分重要。

发明问题解决算法是 TRIZ 理论中的一个重要的分析问题、解决问题的方法。该算法主要针对问题情境复杂、矛盾及其相关组件不明确的技术系统。ARIZ 是发明问题解决的完整算法，该算法采用一套逻辑过程逐步将初始问题程式化。该算法特别强调矛盾与理想解的程式化，一方面技术系统向着理想解的方向进化，另一方面如果一个技术问题存在矛盾需要解决，该问题就变成了一个创新问题。

18.1.2 发明问题解决算法流程

ARIZ 解决问题过程如图 18-1 所示。作为一种规则，应用 ARIZ 取得成功的关键在于在理解问题的本质前，要不断地对问题进行细化，直至确定了问题所包含的物理矛盾。经过上述过程的应用后如问题仍无解，则认为初始问题定义有误，在 ARIZ 步骤 6 中需调整初始问题模型，或者对问题进行重新定义。在应用 ARIZ 解决问题过程中，并不要求按顺序走完所有的九个子步骤，而是，一旦在某个步骤中获得了问题的解决方案，就可跳过中间的其他几个无关步骤，直接进入后续的相关步骤来完成问题的解决。以下给出 ARIZ 九个步骤的详细介绍。

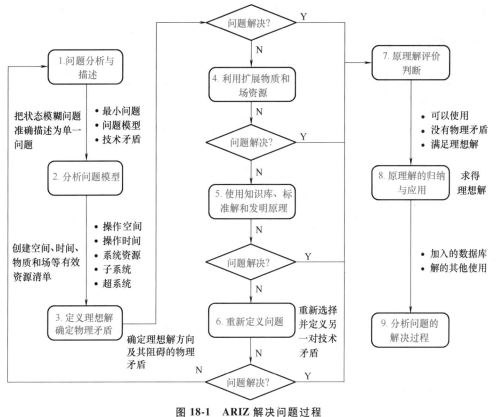

图 18-1 ARIZ 解决问题过程

18.2 发明问题解决算法各步骤详细解释

首先要进行准备工作，需要搜集问题所在系统的相关信息。

1) 收集并陈述问题相关案例，了解已经尝试过但没有成功的解决方案。
2) 通过回答以下问题，定义问题解决后应达到的目的，能接受的最大成本。
① 评价问题解决的技术和经济指标是什么？
② 问题解决后带来的好处是什么？
③ 要解决问题，技术系统哪些特性和参数必须改变？
④ 解决问题可以接受的最大成本是多少？

18.2.1 问题分析与描述

问题分析与描述的主要作用是搜集技术系统相关信息、判断问题类型，以"缩小问题"的形式描述初始问题。详细子步骤解释如下。

1. 描述技术系统

按照如下文本形式，描述技术系统：技术系统的主要目的是＿＿＿，主要子系统包括＿＿＿，有用功能包括＿＿＿，有害功能包括＿＿＿。

1）假设去除某个子系统，判断问题是否存在，通过这种方式确定问题所涉及的子系统。

2）列出子系统中对问题解决产生重要影响的组件。

3）列举出与子系统相互作用的环境组件。

4）根据如上文本形式描述子系统，问题涉及子系统需要执行一定的动作而实现有用功能。

5）指出有用功能和有害功能之间的联系。

2. 扩大问题边界

采用系统算子寻找问题解决的替代方式，将问题边界扩大，考虑在超系统、子系统、前后过程等中寻找原问题的替代解决方法。

3. 判断问题类型

回答如下问题，判断问题是常规问题还是矛盾问题，常规问题不需应用 ARIZ。

1）应用已知方法提高有用功能，有害功能是否同时提高？

2）消除或减弱有害功能，有用功能是否同时减弱？

如果两个问题答案都是否定的，则是常规问题，应用本领域的已知常规方法解决问题，不需要应用 ARIZ。

4. 采用"缩小问题"形式描述初始问题

"缩小问题"模板：如何通过对系统做最小的改动实现有用功能同时消除有害功能，或者如何通过对系统做最小改动消除有害功能且不影响有用功能。

1）如果"缩小问题"描述并没有引入过多的约束，尝试解决"缩小问题"。

2）语义分析，问题描述中是否包含过多技术用语，尽量采用非专业术语描述问题。

5. 图形表示"缩小问题"的结构

根据有用功能、有害功能的相互作用关系，分为点结构、成对结构、网状结构、线结构、星形结构等。

6. 复杂问题分解

将复杂结构问题分解为标准的简单结构问题。复杂问题分析理论还不成熟，是现在 TRIZ 研究的热点之一。

7. 应用 TRIZ 知识效应库寻找可利用的类似问题解

在 TRIZ 知识效应库中，搜索类似问题解。并且，TRIZ 类比设计不只局限于本领域内，跨领域实例也可借鉴，但目前知识效应库存储采取分类机制，跨领域实例相似性判断技术还有待研究。

8. 判断并跳转步骤

问题没有解决，转入步骤 2 分析问题模型。

18.2.2 分析问题模型

该步骤分析问题所在技术系统各要素，构建技术矛盾描述问题，并尝试采用发明原理与标准解解决技术矛盾。详细子步骤解释如下。

1. 定义矛盾要素

定义矛盾要素：原材料要素和工具要素。确定原始材料向产品转换过程中出现的有害功能和有用功能。在这一步中，应选择问题的整个结构中最重要的有用功能。

2. 以相反的两个状态分别定义技术矛盾

以相反的两个状态分别定义技术矛盾，例如，工具要素两种状态：工具要素存在，实现有用功能产生有害功能；工具要素不存在，不产生有害功能，但也不能实现有用功能。

1) 如果工具要素能够存在两种状态，应该将两种状态都指示出来。因为它们预先确定了两个可能的技术矛盾。

2) 如果问题包括了许多对类似的相互作用的元素，仅考虑一个矛盾。

3) 通常情况下问题解决方案只限制于修改工具要素，很少改变原材料和产品。

在"缩小问题"的框架内，在以下几种情况下可以改变原材料和产品。

① 如果另一个原材料能够被转换成需要的产品（通常是一个类似的原材料）。

② 如果这个改变是不重要的，不影响产品的功能。

③ 如果这个改变是在技术系统生命周期的不同阶段做出的。

4) 问题条件有时仅仅给出了原材料要素和产品要素，而没有给出工具要素或操作,所以没有清楚的工具,这种情况下,尽管初始目标或产品二者之一是显然不被允许的,但通过有条件地考虑初始目标或产品的两个状态,可以找到工具。

5) 有时确定测量问题中的主要功能和工具要素是非常困难的。工程应用上的测量几乎全是为了控制而执行,仅有的例外是为了科学目的的一些测量问题。通常在测量问题中,对主要功能来说,需要完整的测量技术(不仅是一个传感器,而是主要的测量子系统)。测量通常能够反映原材料信息的改变。

6) 问题本身通常指明了主要产品和原材料。

3. 定义技术矛盾

在产品和工具之间定义至少两个技术矛盾(TC1 和 TC2),根据技术矛盾的两种形式,构建技术矛盾 TC1 和 TC2。

TC1:增强有用功能,同时增强有害功能。

TC2:降低有害功能,同时降低有用功能。

1) 根据技术矛盾,获得一个问题的通用的陈述。

2) 技术矛盾对工具和产品都给出了补充的要求。后续步骤才可以确定最佳的矛盾描述问题。

3) 检查在分析问题模型的子步骤 1 和子步骤 2 中是否存在矛盾。如果发现任何矛盾,通过解决管理矛盾,或者改进这三步之间的逻辑关系来消除这些矛盾。

4. 选择技术矛盾

选择技术矛盾 TC1 或 TC2,以确保如步骤 1 描述技术系统所述文本形式描述的技术系统的主要功能的执行。检查应用矛盾矩阵描述被选择的技术矛盾的可能性。

1) 当已经选择了两个矛盾中的一个矛盾时,就选择了工具的两个对立的状态之一。

2) 如果两个有用功能出现在初始矛盾描述中,选择最能满足子系统主要功能的那个技术矛盾。

3) 技术矛盾矩阵给出了典型的技术矛盾描述。如果存在于矩阵之外的技术矛盾较好地反映了问题的本质,那么它们也能被使用。

5. 试用矛盾矩阵与发明原理解决问题

尝试用矛盾矩阵与发明原理解决技术矛盾,矛盾解决则转到步骤 7。

6. 加强矛盾转化问题

通过指示元素的极限状态(性能、作用),采用参数算子方法加强矛盾,直到原问题出现质变或出现新的问题。在参数的一些等级水平上矛盾加强是可能的,在每一个这样的等级处可能获得不同的新问题描述。

7. 试用标准解解决问题

构建技术矛盾的物-场模型，尝试用标准解解决问题。如果技术矛盾得不到解决，则继续步骤 3。

在第一阶段执行的问题分析模型的构建使问题描述更清楚。采用物-场模型描述问题，使更有效率地利用标准解成为可能。

8. 判断并跳转步骤

问题没有解决，继续步骤 3。

18.2.3 定义理想解确定物理矛盾

1. 初始化定义

结合设计草图，定义操作空间 Z 和操作时间 T。

2. 定义理想解 1

理想解 1 模板：在操作空间 Z 内，操作时间 T 内，不使系统变复杂的条件下，改进一种资源（X 资源）实现有用功能，不产生或消除有害功能，不影响工具要素有用功能的执行能力。

理想解 1 只是一种矛盾解决的理想结果，理想解 1 的主要含义是，实现有用功能或消除有害功能的同时，不引起系统其他方面性能的恶化。

3. 加强理想解

引入附加条件，不能引入新的物质和场，尝试应用系统内的可用资源实现理想解。

1）列出系统内所有可用资源清单，选择一种资源（X 资源）作为利用对象。依次选择矛盾区域内的所有资源，选用的顺序为工具要素、其他子系统的资源、环境资源、原材料要素和产品。资源类型主要包括功能资源（传送、推动）、物理资源（热量、超导性）、化学资源（反应、热能释放）、几何资源（长度、圆形）、生物资源（发酵）等。

2）思考利用 X 资源如何达到理想解，并思考如何能够达到理想状态（X 资源可作为假想矛盾元素，可具有相反的两种状态或属性，不必考虑是否可实现）。

3）去除明显不合理的资源相反属性。

4）遍历所有可用资源以后，选择一个最可能实现理想解的 X 资源作为假想矛盾元素。

5）这里只是初步的可用资源分析，步骤 4 进行更深入的资源利用分析；通常情况下，产品和原材料资源是不可用的，但在可用资源非常有限的情况下，输出产品也可作为可用资源。

4. 描述宏观物理矛盾

宏观物理矛盾模板：在操作空间 Z 和操作时间 T 内，所选 X 资源应该具有某一微观物理状态以满足矛盾一方，又应该具有相反的微观物理状态以满足矛盾另一方。或者所选资源在操作空间 Z 和操作时间 T 内，必须具有一种状态以实现理想解，消除有害功能；又应该具有另外一种状态（相反的），在操作空间 Z 和操作时间 T 内，更高效率地实现有用功能，并不产生其他附加有害功能。

5. 描述微观物理矛盾

微观物理矛盾模板：在操作空间 Z 和操作时间 T 内，所选 X 资源应该具有某一微观状态以满足矛盾一方，又应该具有相反的微观状态以满足矛盾另一方。

采用微观物理矛盾描述代替宏观物理矛盾描述，可以消除设计者的思维惯性，发现以前没有注意到的资源属性。

6. 定义理想解 2

理想解 2 模板：所选 X 资源在操作空间 Z 和操作时间 T 内，具有相反的两种宏观或微观状态。理想解 2 定义了一个新问题，这个问题解决则原问题解决。

7. 尝试应用标准解解决理想解 2 指出的问题。

相对于步骤 2 中应用标准解解决问题，这里问题分析更加深入，便于更好地应用标准解解决问题。

8. 判断并跳转步骤

问题没有解决继续步骤 4，问题解决则跳转到步骤 7。

18.2.4 利用扩展物质和场资源

在步骤 3 系统内可用资源分析的基础上，进一步拓展可用资源的种类和形式。只有当应用系统内资源不足以解决问题的情况下，才考虑应用外部物质资源和场资源。

1. 使用智能体仿真（也称为"聪明小人"仿真）

1）建立矛盾解决模型，定义某种智能体（在草图中通常由小人表示）以提供解决矛盾所需功能。

2）确定该智能体应具有的属性，进而产生原理解。

2. 尝试使用物质资源的混合体来解决问题

真空也可以视为一种物质，例如，稀薄的空气可以视为空气与真空区的混合体，并且真空是一种非常重要的物质资源，可以与可用物质混合产生空洞、多孔结构、泡沫等。

3. 尝试应用派生资源

派生资源可以通过物质资源的相态变化来获得。例如，如果物质资源是液体，则可以考虑将冰和水蒸气当作导出资源，此外，解体物质所获得的产品也可以当作导出资源。

4. 将产品作为一种可用资源

常见的有如下几种应用形式：①产品参数和特性的改变；②产品暂时的改变；③多层结构；④采用真空。

5. 试用场资源和场敏物质解决问题

考虑使用场和物质，或者对场有响应的物质来解决问题，典型的是磁场和铁磁材料、紫外线和发光体、热与形状记忆合金等。

6. 使用电场

考虑引入一个电场或两个有交互作用的电场解决问题，电子可被认为是存在于任何物体中的物质，此外电子与场相联系，可以获得高可控性。

7. 再次试用标准解解决问题

在应用新资源的情况下，重新考虑应用标准解解决问题。

8. 判断并跳转步骤

有解的话可跳转到步骤 7。经过以上步骤问题仍没有解决，进入步骤 5 应用 TRIZ 知识库等进一步探寻问题的解。

经过以上分析步骤，问题描述更接近问题本质，有助于问题的解决。

18.2.5 使用知识库、标准解、发明原理

1. 类比参考已解决问题

采用类比思维，参考 ARIZ 已解决的与理想解 2 类似的非标准问题。

2. 试用效应知识解决问题

应用效应知识解决物理冲突，新效应的应用常可获得跨学科高级别的发明解。

3. 试用分离原理解决问题

1）相反需求的空间分离：从空间上进行系统或子系统的分离，以在不同的空间实现相反的需求。

2）相反需求的时间分离：从时间上进行系统或子系统的分离，以在不同的时间实现相反的需求。

3）系统转换 a：将同类系统与异类系统、超系统结合。

4）系统转换 b：从一个系统转变到相反的系统，或者将系统与相反的系统进行组合。

5）系统转换 c：整个系统具有特性 F，同时其零件具有相反的特性-F。

6）系统转换 d：将系统转变到持续工作在微观级的系统。

例如，液体撒布装置中包含一个隔膜，在电场感应下允许液体穿过这个隔膜（电渗透作用）。

7）相变 1：改变一个系统的部分相态，或者改变其环境。

例如，氧气以液体形式储存、运输、保管，以便节省空间，使用时氧气压力释放转化为气态。

8）相变 2：动态改变系统的部分相态。

例如，热交换器包括镍钛合金箔片，在温度升高时，交换镍钛合金箔片位置，以增加冷却区域。

9）相变 3：综合利用相变时的现象。

例如，为增加模型内部的压力，事先在模型中填充一种物质，这种物质一旦接触到液态金属就会气化。

10）相变 4：以双相态的物质代替单相态的物质。

例如，抛光液由含有铁磁研磨颗粒的液态石墨组成。

11）应用物理-化学变化。

4. 判断并跳转步骤

问题解决则跳转到步骤 7。

经过以上步骤问题仍没有解决，进入步骤 6 重新定义问题。

18.2.6 重新定义问题

问题没有解决的重要原因是发明问题很难得到正确描述，发明问题不可能一开始就得到精确的描述，问题解决本身也伴随着修改问题陈述的过程。

1）检查步骤2的子步骤1中定义的产品要素和工具要素是否正确,是否可以定义其他产品要素和工具要素。

2）问题没有解决,则返回步骤1,分析初始问题是否可分为几个小问题,重新分析确定主要问题。

3）选择步骤2中的其他矛盾描述TC1和TC2。

4）无解返回步骤1的子步骤3,重新在超系统范围内定义"缩小问题"。

5）以上步骤无解,则定义并分析"放大问题"。

18.2.7 原理解评价判断

1. 检查每一种新引入的物质或场是否必需

1）检查新引入的物质或场,是否可从其他子系统获得。

2）检查新引入的物质或场,是否可由导出资源代替。

3）是否可以采用自控元素代替新引入的物质或场。自控元素是指某种元素自身的状态和属性能够随外界条件变化而变化。

2. 评估得到的每一个原理解

主要采用如下评价标准。

1）是否很好实现了理想解1的主要目标?

2）是否解决了一个物理矛盾?

3）方案是否容易实现?

4）新系统是否包含了至少一个易控元素?如何控制?

所有评价标准都不满足则回到步骤1。

3. 从多个方案中选择最优方案

1）应用进化路线选择最优方案。

2）采用本步骤7的子步骤2中的评价标准选择最优方案。

4. 检查解决方案的新颖性

检索专利库检查解决方案的新颖性。

5. 子问题预测

预测解决方案会引起哪些新的子问题。解决矛盾问题的解按照作用效果可分为两类:①单解,是指仅一个解就能够彻底消除现有技术矛盾,并不引起新的矛盾;②链式解,是指解能够解决现有技术矛盾,但会引起新的矛盾,需要有新的解继续解决新矛盾。

18.2.8 原理解的归纳与应用

分析原理解具体工程实现方法,评价该方法是否具有普遍意义,是否可以应用于其他问题。

1. 考虑超系统

考虑包含改进系统的超系统应如何改变。

2. 考虑改进后系统

考虑改进后系统是否有新的或不同的用途。

3. 可行性分析

检查改进后的系统和超系统是否可以按新应用目的工作。

4. 考虑应用选定的原理解决其他问题

1)陈述选定原理解的通用解法原理。
2)考虑该方法原理能否直接用于其他问题。
3)考虑使用相反的解法原理解决其他问题。
4)检查主要参数变化后,原理解如何改变。

18.2.9 分析问题的解决过程

1. 与 ARIZ 的理论过程比较

将问题解决实际过程与 ARIZ 的理论过程比较,记下所有偏离的地方。

2. 与 TRIZ 知识库比较

将解决方案与 TRIZ 知识库比较,如果 TRIZ 知识库没有包含该解决方案的原理,考虑在 ARIZ 修订时扩充。

18.3 发明问题解决算法应用实例

织物印染系统示意图如图 18-2 所示。在织物印染系统中,驱动织物运动的图案辊和橡胶辊的线速度与织物成本有直接关系，即线速度越高，生产率越高，织物成本越低，设备的生产能力越高，这是任何企业都需要的。但是提高线速度会使印染的图案颜色深度降低，即制品质量下降。因此，如何提高织物线速度又不降低制品质量，成为改进设计最应考虑的问题。

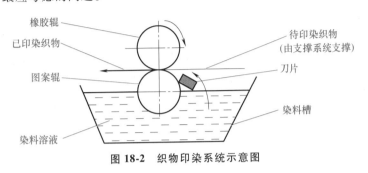

图 18-2　织物印染系统示意图

传统的改进设计有如下两种概念。

1）增加图案辊凹陷部分的深度，能容纳更多的染料溶液，使高速运动的织物能吸附更多的染料溶液。实验表明实施这种概念是不成功的。

2）降低染料溶液的黏度，使其在真空状态下更容易被吸附到高速运动的织物上去。但由于溶液黏度降低后，溶液中的溶质减少，尽管织物上吸附的溶液增加，但干燥后织物上所剩溶质是相对减少的，导致图案颜色深度降低。

18.3.1　问题分析与描述

首先建立功能模型进行功能分析，再确定初始冲突区域，步骤如下。

（1）制品、组件、超系统分析。

1）界定问题系统边界：印染系统。

2）明确问题系统功能：印染待印染织物。

3）确定问题系统制品：待印染织物。

4）进行层级划分，如图 18-3 所示，识别直接执行组件集、辅助执行组件集和超系统。

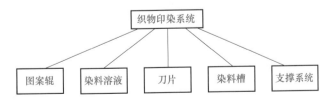

图 18-3　印染系统组件层级划分

5）填写目标、组件、超系统组件分析表，见表 18-1。

表 18-1 织物印染系统的目标、组件、超系统组件分析表

目标	待印染织物
直接执行组件集	图案辊、橡胶辊、染料溶液
辅助执行组件集	刀片、染料槽
超系统组件	支撑系统

（2）相互作用分析　建立织物印染系统的相互作用分析表，见表 18-2。

表 18-2 织物印染系统的相互作用分析表

组件	待印染织物	图案辊	橡胶辊	染料溶液	刀片	染料槽	支撑系统
待印染织物		相互压紧	相互压紧	吸收（不足）	—		被支撑（正常）
图案辊	输送（正常）		—	搬运（正常）			
橡胶辊	输送（正常）	—					
染料溶液	染色（不足）	附着（正常）			—	被容纳（正常）	
刀片	—	摩擦（有害）	—	阻止（正常）			
染料槽				容纳（正常）	—		—
支撑系统	支撑（正常）	—				—	

（3）建立功能模型　根据相互作用分析表 18-2，建立织物印染系统的功能模型，如图 18-4 所示。

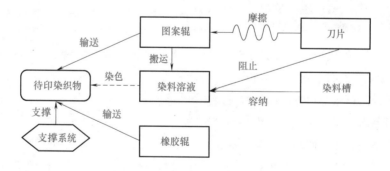

图 18-4　织物印染系统的功能模型

18.3.2　分析问题模型

1. 确定初始冲突区域

分析图 18-4 所示功能模型，确定织物印染系统初始问题相对应的初始冲突区域。

1）明确与初始问题直接相关的目标或组件。此系统的问题是已经印好的织物印染效果差，则与初始问题直接相关的是目标——待印染织物。

2）明确目标与初始问题相关的属性。待印染织物的吸湿性差、吸附性差、与染料溶液接触时间不足导致染色效果差。吸湿性是织物的固有属性；吸附性是织物的因变特性，它受染料溶液扩散速度的影响；与染料接触时间不足也是织物的因变特性，它受染料溶液运动速度的影响，也受织物自身运动速度的影响。

3）确定直接执行组件，即染料溶液。染料溶液的扩散速度影响织物的吸附性，染料溶液的扩散速度越快，织物吸附染料越多。染料溶液的运动速度越快，织物与染料接触时间越短，染色效果越差。

4）确定初始冲突区域，如图18-5所示。

2. 分析功能模型中存在的问题

针对功能模型中存在的问题进行关键原因分析。以染料溶液和待印染织物间为初始冲突区域，按照前述关键原因分析方法，建立因果链，如图18-6所示。其中，字母"C"代表综合（Combine）关系，用来表示上一层次的原因是由下一层次的多个原因综合作用而导致的结果。通过分析，确定问题的关键原因主要有辊间压力小、辊刚度大、染料溶液温度低。

图 18-5 织物印染系统的初始冲突区域

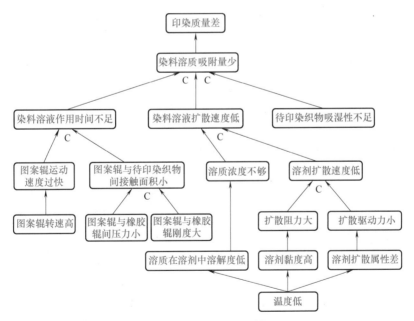

图 18-6 染色效果差的关键原因

3. 确定冲突区域

根据因果链分析结果，可确定冲突区域有如下两个。

冲突区域一：由图案辊与橡胶辊间压力小和图案辊与橡胶辊刚度大导致的图案辊与待印染织物间接触面积小、染料溶液作用时间不足，最终造成印染质量差，因此图案辊、橡胶辊与待印染织物作用区域是问题发生的一个冲突区域。

冲突区域二：由温度低导致的溶解度低、溶质浓度不够以及待印染织物吸湿性不足，造成印染质量差，因此，染料溶剂和待印染织物相互作用区域为另一个冲突区域。

18.3.3 定义理想解确定物理矛盾

回答如下问题定义理想解。

1）设计的最终目的是什么？提高生产率。

2）理想解是什么？通过提高辊的速度提高生产率（次理想解）。

3）达到理想解的障碍是什么？待印染织物与图案辊接触面积小，橡胶辊和图案辊的线速度越快，待印染织物与两辊作用时间越短，待印染织物吸附的染料溶质越少。染料溶液温度和压力低，待印染织物吸湿性不足。

4）出现这种障碍的结果是什么？待印染织物与两辊作用时间越短，已印染织物图案的颜色深度越低，即织物印染质量降低。

5）不出现这种障碍的条件是什么？待印染织物与图案辊接触面积足够大，染料溶液温度足够高，或者图案辊与橡胶辊间压力足够大、图案辊与橡胶辊刚度足够小（前提是不引起其他问题）。

18.3.4 利用扩展物质和场资源

创造理想解实现的条件，存在的可用资源是什么？建立资源列表，见表18-3。

表 18-3 资源列表

资源类型	所需资源属性描述	可用资源		资源可用性评价
物质资源	能够使织物与图案辊接触时间长的物质	内部资源	橡胶辊	改变橡胶辊的柔性,成本低
		外部资源	—	—
场资源	待印染织物表面需要大的压力场,需提高待印染织物温度的热场,需加热染料溶液的热场	内部资源	重力场	待印染织物进入印染区前,对待印染织物进行预热,将有助于在印制过程中提高织物对染料溶液的吸附能力
		外部资源	热场	通过加热染料溶液,使其黏度由2500mPa·s降低到1000mPa·s,这将改变染料溶液的流动性,提高扩散速度
			液压或气压	向橡胶辊内部引入液压或气压,以增大橡胶辊对织物的压力

通过理想解分析和资源分析，得到如下解决方案。

1）方案一：改变橡胶辊的柔性，目前装置中橡胶辊所采用的橡胶太硬，可换成较软的橡胶，提高接触面积。

2）方案二：橡胶辊采用复合结构，在钢辊外面附着橡胶材料，增大原有橡胶辊的质量，从而增大对织物的压力，如图18-7所示。

3）方案三：在待印染织物进入印染区之前，对待印染织物进行预热，将有助于在印制过程中提高织物对染料溶液的吸附能力。

4）方案四：通过加热染料溶液，使其黏度由2500mPa·s降低到1000mPa·s，这将改变染料溶液的流动性，提高扩散速度。

5）方案五：向橡胶辊内部引入液压或气压，以增大橡胶辊对织物的压力。

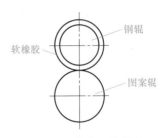

图18-7　方案二示意图

18.3.5　使用知识库、标准解、发明原理

1. 应用发明原理

1）矛盾描述：为了改善生产率，需要提高辊的转速，但这样做会导致系统可靠性降低。

2）转换成TRIZ通用工程参数。

欲改善的参数：39 生产率。

恶化的参数：27 可靠性。

3）查找附录A矛盾矩阵，得到如下发明原理：1 分割、35 参数变化、10 预先作用、38 应用强氧化剂。

4）依据选定的发明原理，得到如下解决方案。

方案六：依据发明原理1——分割原理，为了提高可靠性（可靠性降低的原因是待印染织物与图案辊接触面积小），可以把橡胶辊变成两个或更多个小辊，如图18-8所示。

依据发明原理35——参数变化原理，同样可以得到方案一、方案四。

方案七：依据发明原理10——预先作用原理，可以通过对待印染织物进行化学预处理，改变待印染织物对染料溶液在高速运动时的吸附性。

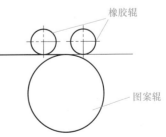

图18-8　方案六原理图

2. 应用76个标准解

1）建立冲突区域的物-场模型，如图18-9所示。

2）根据所建物-场模型，应用标准解解决流程，确定问题的通解。

在图18-8所示的物-场模型中，染料溶液对待印染织物的作用为不足作用，因此选择标准解1.1.3。

图18-9 冲突区域的物-场模型

标准解1.1.3：假如系统不能改变，但永久的或临时的外部添加剂改变S_1或S_2是可接受的。

3）依据选定的标准解，得到问题的如下解决方案。

方案八：在染料溶液中增加添加剂，改变染料溶液对高速运动的织物的吸附能力，如图18-10所示。

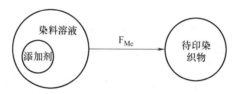

图18-10 在染料溶液中增加添加剂

18.3.6 原理解评价判断

通过对上述方案的分析和评价，确定有可能实现的方案，并进行实验。实验结果表明，方案一采用较软橡胶辊的效果好，能达到既提高线速度又不降低织物颜色深度的目的。因此，该解是概念设计的初步结果。

思考题

【选择题】

1. ARIZ算法主要包含（　　）个模块。
A. 5　　　　B. 6　　　　C. 7　　　　D. 8

2. ARIZ共有（　　）个步骤。
A. 8　　　　B. 9　　　　C. 10　　　　D. 11

3. 使用ARIZ第一步是（　　）。
A. 问题分析与描述
B. 抽象提取技术矛盾
C. 抽取提取物理矛盾

D. 建立物-场模型

4. 以下错误描述算法 ARIZ 的是（　　）。

A. 它可以运用于相关组件不明确的技术系统

B. 它是一个发明问题的解决算法

C. 它的流程有十个步骤

D. 它是 TRIZ 理论中的一个

5. ARIZ 的含义是（　　）。

A. 发明问题解决方法

B. 发明问题解决理论

C. 发明问题解决方案

D. 发明问题解决算法

【判断题】

6. ARIZ 是解决发明问题的完整算法，是 TRIZ 理论中的一个主要分析问题、解决问题的方法，其目标是解决问题的物理矛盾。（　　）

7. ARIZ 主要针对问题情境简单、矛盾及其相关组件明确的技术系统。（　　）

8. ARIZ 提供了特定的算法步骤，帮助人们实现由复杂模糊的问题情境向明确的发明问题进行转变。（　　）

9. 使用 ARIZ 必须经历九步才能有解。（　　）

【分析题】

10. 简述 ARIZ 体系主要内容？

11. 简述应用 ARIZ 需注意的事项有哪些。

12. 简述 ARIZ 有哪些特点。

思政拓展：

扫描下方二维码了解"蛟龙号"载人潜水器的研发难点及功能突破，体会其中蕴含的创新精神。

科普之窗
中国创造：蛟龙号

第4篇　应用拓展篇

创新应用是一种能产生有别于现有结果的行为，因此其结果必须是"新"的，具有不同于所有现有设计的特征。对于"新"的界定，目前没有一个标准的规定，那人们如何判断设计结果是否具备新颖性呢？

随着网络的发展，人与人之间的交流变得越来越方便，同时获取知识的方式也变得越来越便利。对于"新"的产品，人们可以在专利网站上搜索与其技术相关的专利产品，通过与搜索到的专利产品相对比，判断产品是否是"新"的。对于"新"的方法，人们可以查询相关期刊、论文网站，判断方法是否是"新"的。当产生"新"的产品和方法后，如何在不侵犯现有成果的情况下保护我们的创新成果？这些与知识产权有关。

创新设计的成果可以通过申请专利加以保护，我国专利包括发明专利、实用新型专利和外观设计专利。申请发明专利和实用新型专利的发明创造应当具备新颖性、创造性和实用性。专利规避设计是一种常见的知识产权策略，采用不同于受知识产权保护设计方案的新设计，从而避开他人某项具体知识产权的保护范围。专利规避是企业进行市场竞争的合法行为，重点在于利用不同的结构或技术方案来达成相同的功能，可以巧妙利用原有专利的遗漏点进行创新设计。所以专利规避设计是一种避免侵害某一专利的保护范围，而有针对性地进行的一种持续性创新与设计活动。本篇主要介绍专利策略和专利规避设计原则及方法等内容。

第19章 专利战略

随着TRIZ在许多企业获得越来越广泛的应用，TRIZ的发展在很大程度上不再依赖于专利分析。从近三十年来新开发出的TRIZ工具来看，新开发的工具与专利分析关联并不大，而是大量来源于运用TRIZ解决问题过程中归纳总结出来的规律。这些工具在解决实际问题时起着非常重要的作用。

虽然目前TRIZ的发展不再依赖于专利分析，但TRIZ还是与专利有着千丝万缕的联系，TRIZ起源于专利，反过来它又可以应用于专利工作之中，为专利活动提供支持。特别是随着现代TRIZ一些工具的出现，使得TRIZ可以更广泛地为专利提供更多、更强的支持。

19.1 专利与专利战略

发明一词来自拉丁文 litterae patentes，意为公开的信件或公共文献，是中世纪的君主用来颁布某种特权的证明，后来指英国国王亲自签署的独占权利证书。现代有如下三种含义。

1）专利权：政府通过国家知识产权管理部门授予发明的所有权人在法律规定的期限内，对其发明有独占制造、使用和销售的权利。

2）专利技术：专利法保护的技术，包括发明、实用新型和外观设计等。

3）专利文献：以专利说明书为主的与专利有关的所有文献。

各国对专利的种类均有规定。《中华人民共和国专利法》规定的专利种类共有三种，分别是发明、实用新型和外观设计。

欲获得专利权，需申请专利。一般需由申请人向国家相关机构提出申请，并经由机构允许并批准后颁发相关证书。申请人在申请时，还需提供相关申请文件，如请求书、说明书等。各国专利法对于专利申请的规定大致相同。

专利规避设计，是一种源自美国的合法竞争行为。企业可通过这种手段在不侵犯专利人的相关专利权的前提下，重新改进或设计技术方案，以便掌握与当前专利保护范围不同的创新技术，在产品设计思路上侧重于研究如何运用不同的结构实现同样的用途功能，从而防止侵犯他人权利。

专利战略是企业面对激烈变化、严峻挑战的环境，主动地利用专利制度提供的法律保护及其种种方便条件有效地保护自己，并充分利用专利情报信息，研究分析竞争对手状况，推进专利技术开发、控制独占市场；为取得专利竞争优势，为求得长期生存和不断发展而进行总体性谋划。

专利战略的目标万变不离其宗，是打开市场、占领市场、最终取得市场竞争的有利地位，占领市场是专利战略目标的核心内容。

19.2 基于 TRIZ 的基本专利策略

如果说专利策略支撑着专利战略的实现，那么 TRIZ 工具则可以为专利策略提供更加具体的战术层级的指导。需要注意的是，由于专利策略很大程度上依据的是各个国家的专利法规，所以专利策略在不同的国家有所不同，有的差异还比较大。这里所讲的基于 TRIZ 的专利策略依据的是我国的相关专利法规。

一些常见的基于 TRIZ 的专利策略如下。

1. 专利挖掘策略

专利不会凭空产生，没有发明创造，就不会有专利的产生。技术的突破是专利的起点。对于这一策略，TRIZ 提供了丰富的工具。

（1）专利挖掘顶层设计　运用 S 曲线进化趋势中的标志，确定技术目前处在 S 曲线的哪个阶段，在不同的阶段挖掘不同类型的专利。

1）在 S 曲线的第一阶段，要围绕核心技术布局基础性专利。

2）在 S 曲线的第二阶段，要围绕核心技术布局一些优化、应用性的专利。

3）在 S 曲线的第三阶段，可以进行专利规避。

4）在 S 曲线的第四阶段，使仍然有效的专利授权到新的应用方向，挖掘专利的新用途。

（2）运用技术系统的进化趋势　在这些进化趋势的启发之下，可以分析技术未来的发展方向，在一些关键技术节点上进行障碍式的专利布局。由于现代 TRIZ 理论提供了丰富的技术系统进化趋势，在某些进化趋势的启发下，可以产生一些核心专利，而在另外一些进化趋势的启发下，可以产生一些外围专利。

(3) 运用TRIZ分析问题和解决问题工具　TRIZ为我们提供了大量分析问题和解决问题的工具，在解决技术问题之后，往往会产生一些解决方案。在企业运用TRIZ分析问题和解决问题工具的时候，通常会伴随大量创造性的解决方案的产生。一般来说，基于此类方案提交的专利申请如果满足《中华人民共和国专利法》第22条第二款所规定的新颖性、第三款所规定的创造性和第四款所规定的实用性，通过审查后可以获得专利授权。

2. 外围专利策略

企业围绕基本专利，希望进一步增强在该领域的优势，可以运用技术系统进化理论，利用向超系统进化定律、完备性定律等，在基本专利的基础上开发质量更好的改进型专利，或者申请数量充足的外围专利。

3. 专利规避策略

专利规避最初是为了从法律上避开某专利的法律保护范围，是企业竞争时实施的合法行为，其要点在于从删除、替换、更改以及语义描述的变化等方面实现法律意义上的专利规避。

基于TRIZ的专利规避方式目前有很多，专利规避流程可分为下列四个阶段。

（1）专利检索与目标专利确定　通过对竞争对手的专利进行检索从而确定专利信息的检索范围，获取主流技术的相关专利文献。通过专利检索，往往会得到多个相关专利，企业需要对这些专利进行分析，从而确定需规避的目标专利。常用的专利分析方法有技术/功效矩阵法、专利生命周期分析法、专利地图等。

（2）保护范围　通过分析目标专利的权利要求，确定必要技术特征和附加技术特征。进而研究分析该专利文献中技术组件的功能、实现方法及结果，以了解实现各关键技术特征功能的手段。

（3）基于TRIZ的专利规避设计　在通过以上分析确定需要规避的专利技术特征或关键功能组件后，可采用TRIZ中的矛盾解决原理、物-场分析、功能裁剪、技术系统进化及效应等工具对相关专利进行规避设计。若规避后产生了新问题，就将问题转化为TRIZ问题，利用TRIZ将其解决，并产生创新方案。

（4）专利侵权判定　根据专利侵权判定原则对专利规避设计后的新产品进行专利侵权判定，以保证规避方案不构成侵权。若构成侵权，则需重新拟定规避策略，进行创新设计，直到符合设计要求且不构成侵权为止。最后可将规避设计成功的新方案申请专利。

4. 专利自我矫正策略

这一部分策略属于专利规避策略的反面。当遇到竞争专利需要规避时，可以采用专利规避策略。但如果拥有专利，希望提高被规避的难度时，就可以采用专利规避策略。对拟提交的专利申请进行规避设计，产生一个或多个规避技术方案。然后在提交专利时，可以对规避技术方案提交专利申请，或者将原有拟提交专利申请的技术方案与多个规避技术方案一并提交，形成专利组合。通过此策略为竞争对手制造困难。这一策略中所用到TRIZ工具与专利规避策略中用到的工具类似。

5. 专利布局策略

企业如果有核心专利，通常需要配合一些外围专利来增强技术优势。可以运用功能裁剪的方法产生新的解决方案，可以运用功能导向搜索及科学效应库等方法找到基于不同原理的解决方案，可以根据技术系统进化理论预测技术的发展，然后进行预测性布局，还可以运用因果链分析的方法由因果链中的关键原因出发产生解决方案。

6. 专利回输策略

企业在引进其他企业的专利后，对其进行消化吸收，加以创新后产生新的技术方案，然后可以将创新后的技术方案以专利的形式卖给原引进企业。在TRIZ中有超效应分析（Super Effect Analysis）工具，运用它可以分析专利中提出的技术方案，并与背景技术中的解决方案相对比，分析有什么新的特征、引入了哪些新的资源、可能会执行什么样的新功能，然后分析是否可以利用新特征、新资源、新功能进一步产生新的技术方案，从而产生第二代、第三代……技术方案。这些解决方案可以形成专利再回输（卖回）到原企业。当然也可以在自己的专利或专利交底书的基础上再次进行超效应分析，产生创新的技术方案，然后对这些新产生的技术方案也提交专利申请。

7. 发明转用策略

根据2019年修订版的《专利审查指南》第2部分第4章第4.4节，转用发明指的是将某一技术领域的现有技术转用到其他技术领域中的发明。对于这一策略，可以采用TRIZ中的反向功能导向搜索的方法，为自己的专利技术寻找不同的应用领域。

8. 交叉许可策略

如果竞争对手有一个核心基础专利，我们可以采用产生大量外围改进专利的方法，产生更先进或不一样的技术方案，迫使对方交叉许可。这一策略可与前面所讲的外围专利策略、发明转用策略等结合。

9. 专利分析策略

专利分析是利用统计学方法对专利信息进行分析，以获得竞争优势。TRIZ来源于对专利大数据的分析和归纳,反过来,TRIZ 也可以为专利分析提供策略指导。例如,可以利用 TRIZ 中的 S 曲线和技术系统进化理论使专利信息转化为具有总揽全局及预测功能的竞争情报,从而为企业的技术、产品及服务开发提供决策参考。TRIZ 总结了技术系统在 S 曲线第一、二、三、四阶段中每个阶段的创新战略,可以与专利申请量趋势分析进行对应,为企业的技术和产品发展提供战略方向启示。技术系统进化理论可以为专利的具体技术方案分析提供指引,甚至为重要的技术里程碑提供方向性预测。

19.3　基于初始原因识别和因果链分析的专利规避

对于一个需要规避的竞争专利,需要规避的是竞争专利中的权利要求,专利权利要求分独立权利要求和从属权利要求,范围最广的当属独立权利要求。对于专利规避设计,应认真阅读独立权利要求中所提出来的技术方案,无论技术方案提出来的是一个装置,还是一种方法,都应该是对应解决某一个技术问题而提出的解决方案,我们把这个解决方案称为 S0。如果不理解这个解决方案,则要详细阅读专利说明书以了解解决方案 S0 的细节。如果放在因果链中,专利中提出来的解决方案 S0 应该是消除了因果链中的某个或某几个关键原因所对应问题的原因。但这些原因并不一定是项目中真正的初始原因,我们可以根据第 6 章介绍的识别初始原因的方法,一步一步地找到真正的初始原因,然后在此基础上建立因果链。

如图 19-1 所示,原因 5 所对应问题是竞争专利中解决的问题。但在项目中是否只能通过解决原因 5 所对应问题才能消除初始原因导致的结果而达到项目目标呢?在大多数情况下,一个项目中不可能只有一个关键原因,有可能存在多个关键原因,如果消除这些原因,一样可以消除掉初始原因,从而达到项目目标。图 19-2 所标出的原因 2、原因 4 和原因 8 一样可以成为关键原因,如果我们能够产生相应的技术方案,则把这些方案称为 S2、S4、S8,这些解决方案一样可以消除初始原因导致的结果而达到项目目标。在这个阶段,可以运用 TRIZ 中解决问题的工具,如功能导向搜索、发明

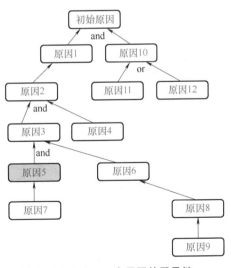

图 19-1　消除了一个原因的因果链

原理或标准解等。

由于所考虑消除的原因 2、原因 4 和原因 8 是不同的。所以产生的解决方案 S2、S4、S8 与消除原因 5 所产生的解决方案 S0 是完全不同的,所以不会构成侵权。通过这种方式,就能够实现专利规避。由此可见,运用因果链识别出来的原因越多,就越有可能提出不同的解决方案,就越有可能规避竞争专利中的权利要求。

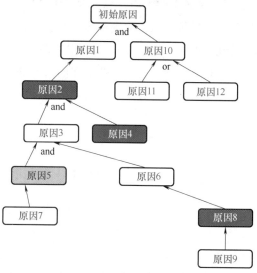

图 19-2 尚存其他原因的因果链

这里需要注意的是,在专利说明书的背景技术中,也会提出竞争专利所要消除的原因,但技术背景中的原因描述并不一定很准确,通常比较模糊,因此,有必要结合权利要求中提出的解决方案推理出原因,并在此基础上找到初始原因,然后建立因果链。

还需要注意的是对于某一个关键原因,可能会有不止一种技术方案。

具体使用方法和步骤如下。

1)认真分析竞争专利中的独立权利要求部分,并辅以专利说明书中的内容,了解专利中所提出来的解决方案。

2)将该解决方案转换为原因,即找出专利中的解决方案所消除的原因;可以辅以专利说明书的背景技术来加深理解。

3)从该原因出发,识别初始原因。

4)以初始原因为源头,建立详尽的因果链。

5)遍历因果链中所有原因,尝试运用 TRIZ 中解决问题的工具对因果链中的所有原因均提出一些解决方案。

6)将新产生的解决方案与竞争专利中所提出的技术方案进行对比,并检索是否与其他已有专利存在冲突,以防止出现侵权的可能。

19.4 基于初始原因识别和因果链分析的专利布局

一般而言,企业所实施的项目都是存在一定的问题的,可以从这个问题对应的原因出发去识别初始原因。对于即将提交的专利，同样可以将这一技术方案存在的问题转化为所要消除的原因，再根据上面类似的方法，识别出初始原因。然后通过建立因果链，对因果链上的所有原因都尝试运用 TRIZ 中的解决问题工具，如功能导向搜索、发明原理、标准解等产生相应的解决方案，再对所产生的解决方案进行评估，然后尽可能地将所有解决方案都提交专利申请，将通往项目目标的所有路径全部封死，从而形成一个严密专利组合，如图 19-3 所示。

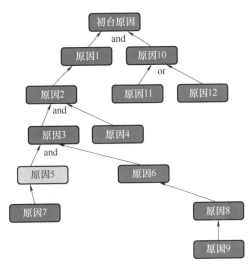

图 19-3 由因果链中所有原因出发产生专利申请

假设图中的原因 5 是我们所提交的专利中所要消除的原因，通过重新确定初始原因并在此基础上建立因果链，可以找到大量的原因。从所有的原因出发，产生解决方案。由于这些解决方案解决的问题不同，具体的解决方案也应该是不同的，因此，可以形成多个不同的专利。由多个专利所形成的专利组合能够更加全面、有效地增强我们在这个技术领域的优势。

进行专利布局的具体步骤如下。

1）根据项目存在的问题，或者基于拟提交的专利对应的技术问题，将问题转化为对应的原因。

2）识别初始原因。

3）建立因果链。

4）尝试运用 TRIZ 中解决问题的工具对因果链中的所有原因产生新的解决方案。

5）评估所有解决方案的可申请专利性。

6）提交多个专利申请形成专利组合。

思考题

【分析题】

1. 简述我国专利有哪几种类型。

2. 简述有哪几种基于 TRIZ 的基本专利策略。

3. 简述基于 TRIZ 的专利规避一般有哪几个流程。

4. 简述基于初始原因识别和因果链分析的专利规避的基本流程。

5. 简述基于初始原因识别和因果链分析的专利布局的基本流程。

> **思政拓展：**
>
> 上天为鲲鹏，入海为蛟龙，"鲲龙 AG600"这架首款我国自主研制大型水陆两栖飞机，承载着大国起飞的梦想之翼，自信启航，扫描下方二维码了解"鲲龙 AG600"大型水陆两栖飞机的研发难点及功能突破，体会其中蕴含的创新精神。
>
>
>
> 科普之窗
> 中国创造：鲲龙AG600

附　　录

附录A　科学效应和现象详解（100个）

E1. X 射线（X-Rays）

波长介于紫外线和 γ 射线间的电磁辐射。由德国物理学家 W.K. 伦琴于1895年发现，故又称为伦琴射线。波长小于 0.1 埃的称为超硬 X 射线，在 0.1~1 埃范围内的称为硬 X 射线，1~10 埃范围内的称为软 X 射线。

E2. 安培力（Ampere's force）

安培力指磁场对电流的作用力。一段通电直导线放在磁场中，通电导线所受力的大小和导线的长度 L、导线中的电流强度 I、磁感应强度 B 以及电流方向和磁场方向之间的夹角 θ 的正弦成正比。安培力 $F=LIB\sin\theta$。

E3. 巴克豪森效应（Barkhausen effect）

当铁受到逐渐增强的磁场作用时，它的磁化强度不是平稳增大的，而是以微小跳跃的方式增大的。发生跳跃时，伴随有噪声出现。如果通过扩音器把它们放大，就会听到一连串的"咔嗒"声。这就是"巴克豪森效应"。若一个铁磁棒在一个线圈里，当线圈电流增加时，线圈磁场增大，此时铁磁棒中的磁力线开始猛增，然后趋向磁饱和。

E4. 包辛格效应（Baushinger effect）

包辛格效应指经过变形，材料在反向加载时弹性极限或屈服强度降低的现象，特别是弹性极限在反向加载时几乎下降到零，这说明在反向加载时塑性变形即开始。

包辛格效应分为直接包辛格效应及包辛格逆效应。直接包辛格效应指拉伸后钢材纵向压缩屈服强度小于纵向拉伸屈服强度；包辛格逆效应指在相反的方向产生相反的结果。

E5. 爆炸（explosion）

爆炸指一个化学反应能不断地自我加速而在瞬间完成，并伴随光的发射，系统温度瞬时达极大值，同时气体的压力急骤变化，以致形成冲击波等现象。爆炸可通过化学反应、放电、激光束效应、核反应等方法获得。

E6. 标记物（markers）

在材料中引入标记物质，可以简化混合物中包含成分的辨别工作，而且使有标记物的混合物的运动和过程的追踪更加容易。

E7. 表面（surface）

用面积和状态来描述物体表面的性质或特性。表面状态确定了物体的大量特性和与其他物体交互作用时所呈现的本性。

E8. 表面粗糙度（surface roughness）

加工表面上具有的较小间距峰谷所组成的微观几何形状特性称为"表面粗糙度"。表面粗糙度反映零件表面的光滑程度。最常用的表面粗糙度参数是轮廓算术平均偏差，记作 Ra。

E9. 波的干涉（wave interference）

由2个或2个以上波源发出的具有相同频率、相同振动方向和恒定相位差的波在空间叠加时，在叠加区的不同位置振动加强或减弱的现象，称为"波的干涉"。符合上述条件的波源称为"相干波源"，它们发出的波称为"相干波"。

E10. 伯努利定律（Bernoulli's Law）

伯努利定律是理想流体做稳定流动时的能量守恒定律。在密封管道内流动的理想流体具有3种能量，即压力能、动能和势能，它们可以互相转换，并且在管道内的任一处，流体的这3种能量总和是一定的。流速越快，流体产生的压强越小；流速越慢，流体产生的压强越大。

E11. 超导热开关（super conducting heat switch）

超导热开关是一个用于低温（接近0K）下的装置，用于断开被冷却物体和冷源之间的连接。当工作温度远低于临界温度时，此装置充分发挥超导体从常态到超导状态的转化过程中热导电率显著减少的特性（高达10000倍）。

热开关由一条连接样本和冷却器的细导线组成（参见 E60. 居里效应）。当电流通过绕线螺线管时会产生磁场，使超导性消止，让热量通过导线，就相当于开关处于"打开"状态；当移开磁场时，超导性就得到恢复，电线的热阻快速增加，就相当于开关处于"关闭"。

E12. 超导性（conductivity）

超导性是指在温度和磁场都小于一定数值的条件下，许多导电材料的电阻和内部的磁感应强度都突然变为零的性质。具有超导性的物体称为"超导体"。

E13. 磁场（magnetic field）

在永磁体或电流周围所发生的力场，即凡是磁力所能达到的空间，或者说磁力作用的范围，称为磁场；所以严格来说，磁场是没有一定界限的，只有强弱之分。与任何力场一样，磁场是能量的一种形式，它将一个物体的作用传递给另一物体。

E14. 磁弹性（magnetostriction）

磁弹性效应是指当弹性应力作用于铁磁材料时，铁磁材料不但会产生弹性应变，还会产生磁致伸缩性质的应变，从而引起磁畴壁的位移，改变其自发磁化的方向。

E15. 磁力（magnetic force）

磁力是指磁场对电流、运动电荷和磁体的作用力。电流在磁场中所受的力由安培定律确定。运动电荷在磁场中所受的力就是洛伦兹力。但实际上磁体的磁性由分子电流所引起，所以磁极所受的磁力归根结底仍然是磁场对电流的作用力，这是磁力作用的本质。

E16. 磁性材料（magnetic materials）

任何物质在外磁场中都会或多或少地被磁化，只是磁化的程度不同。根据物质在外磁场中表现出的特性，物质可粗略地分为 3 类：顺磁性物质、抗磁性物质、铁磁性物质。

E17. 磁性液体（magnetic liquid）

磁性液体又称为磁流体、铁磁流体或磁液，是由强磁性粒子、基液及界面活性剂三者混合而成的一种稳定的胶状溶液。磁性液体在静态时无磁性吸引力，当外加磁场作用时，才表现出磁性。

E18. 单相系统分离（separation of monophase systems）

单相系统分离是建立在混合物中各成分物理、化学特性不同的基础上的，如尺寸、电荷、分子活性、挥发性等的不同。

分离通常通过热场作用（蒸馏、精馏、升华、结晶、区域熔化）来获得，也可通过电场作用（电渗和电泳）来获得，或者通过与物质一起的多相系统的生成来促进分离。

E19. 弹性波（elastic waves）

弹性介质中物质粒子间有弹性相互作用，当某处物质粒子离开平衡位置，即发生应变时，该粒子在弹性力的作用下发生振动，同时又引起周围粒子的应变和振动，这样形成的振动在弹性介质中的传播过程称为"弹性波"。

E20. 弹性形变（elastic deformation）

固体受外力作用而使各点间相对位置发生改变，当外力消失后，固体又恢复原状的现象称为"弹性形变"。因物体受力情况不同，在弹性限度内，弹性形变有4种基本类型：拉伸（压缩）形变、剪切形变、弯曲形变和扭转形变。弹性变形是指外力去除后能够完全恢复原状的那部分变形。

E21. 低摩阻（low friction）

研究者发现，在高度真空状态及在高能量粒子束作用下，固体表面摩擦力会下降至趋近于零。当关掉高能粒子束发射时，摩擦力会逐渐地增加。当高能粒子束发射再一次被打开时，摩擦力又消失了。即放射能量引起了固体表面的分子更自由地运动，从而减小了摩擦力。此现象产生了另一个既不需要高能粒子束也不需要真空而减小摩擦力的方案，就是可以研究如何改变物体表面的成分以减小摩擦力。

E22. 电场（electric field）

存在于电荷周围，能传递电荷与电荷之间相互作用的物理场称为电场。在电荷周围总有电场存在，同时电场对场中其他电荷发生力的作用。静止带电体周围的电场称为静电场。如果带电体是运动的，则除静电场外，同时还有磁场出现。除了电荷可以引起电场外，变化的磁场也可以引起电场，前者为静电场，后者称为涡旋电场或感应电场。

E23. 电磁场（electromagnetic field）

任何随时间而变化的电场，都要在邻近空间激发磁场，因而变化的电场总是和磁场的存在相联系。当电荷发生加速运动时，在其周围除了磁场之外，还有随时间变化的电场。一般说来，随时间变化的电场所激发的磁场也随时间变化。故充满变化电场的空间，同时也充满变化的磁场。二者互为因果，形成电磁场。

E24. 电磁感应（electromagnetic induction）

因磁通量变化产生感应电动势的现象。

电磁感应现象是电磁学中最重大的发现之一，它显示了电、磁现象之间的相互联系和转化，对其本质的深入研究所揭示的电、磁场之间的联系，对麦克斯韦电磁场理论的建立具有重大意义。电磁感应现象在电工技术、电子技术及电磁测量等方面都有广泛的应用。

E25. 电弧（electric arc）

电弧是一种气体放电现象，即在电压的作用下，电流以电击穿产生等离子体的方式，通过空气等绝缘介质所产生的瞬间火花。

E26. 电介质（dielectric）

能够被电极化的介质，在特定的频带内，时变电场在其内给定方向上产生的传导电流密度分矢量值远小于在此方向上的位移电流密度的分矢量值。

E27. 古登-波尔和 Dashen 效应（Gudden-Pohl and Dashen effects）

实验证实，一个恒定的或交流的强电场，会影响到在紫外线激发下的发光物质（磷光体）的特性，这一种现象也可在随着紫外线移开后的一段衰减期中观察到。

E28. 电离（ionization）

所谓电离，是指原子受到外界的作用，如被加速的电子或离子与原子碰撞时使原子中的外层电子，特别是价电子摆脱原子核的束缚而脱离，原子成为带一个（或几个）正电荷的离子，这就是正离子。如果在碰撞中原子得到了电子，它就成为负离子。

E29. 电液压冲压（electrohydraulic shock）

高压放电下液体的压力产生急剧升高的现象。

E30. 电泳现象（phoresis）

1809 年，一名俄国物理学家首次发现电泳现象。他在湿黏土中插上带玻璃管的正、负两个电极，加电压后发现正极玻璃管中原有的水层变浑浊，即带负电荷的黏土颗粒向正极移动，这就是电泳现象。

E31. 电晕放电（corona discharge）

带电体表面在气体或液体介质中局部放电的现象，常发生在不均匀电场中电场强度很高的区域内（如高压导线的周围、带电体的尖端附近）。其特点为：出现与日晕相似的光层，发出嘶嘶的声音，产生臭氧、氧化氮等。电晕引起电能的损耗，并对通信和广播发生干扰。

E32. 电子力（electrical force）

按照电场强度的定义，电场中任一点的场强 E 等于单位正电荷在该点所受的电场力。那么，点电荷 q 在电场中某点所受的电场力 $F=qE$。电场力 F 的大小为 $F=|q|E$，方向取决于电荷 q 的正、负。不难判断，正电荷（$q>0$）所受的电场力方向与场强方向一致；负电荷（$q<0$）所受的电场力方向与场强方向相反。

磁场对运动电荷的作用力、运动电荷在磁场中所受的洛伦兹力都属于电子力。

E33. 电阻（electrical resistance）

描述导体制约电流性能的物理量。根据欧姆定律，导体两端的电压 U 和通过导体的电流强度 I 成正比。由 U 和 I 的比值定义的 $R=U/I$ 称为导体的电阻，其单位为欧姆，简称欧（Ω），电阻的倒数 $G=1/R$ 称为电导，单位是西门子（S）。

E34. 对流（convection）

流体（液体和气体）热传递的主要方式是对流。热对流指的是液体或气体由于自身的宏观运动而使较热部分和较冷部分之间通过循环流动的方式相互掺和，以达到温度趋于均匀的过程。

对流可分自然对流和强迫对流两种：自然对流是由流体温度不均匀引起流体内部密度或压强变化而形成的自然流动；强迫对流是指受外力作用或与高温物体接触而产生的被迫对流。

E35. 多相系统分离（separation of polyphase systems）

多相系统的分离是以混合成分的聚合状态的不同为基础的，最常使用连续相的聚合状态来进行判定。

成分间具有不同分散度的多相固态系统通过沉积作用或筛分分离法来进行分解，具有连续液体或气体相位的系统通过沉积作用、过滤或离心分离机来进行分离。通过烘干将固态相中的易沸液体进行排除。

E36. 二级相变（phase transition-type II）

在发生相变时，体积不变化的情况下，也不伴随热量的吸收和释放，只是热容量、热膨胀系数和等温压缩系数等的物理量发生变化，这一类变化称为二级相变。正常液态氦（氦Ⅰ）与超流氦（氦Ⅱ）之间的转变，正常导体与超导体之间的转变，顺磁体与铁磁体之间的转变，合金的有序态与无序态之间的转变等都是典型的二级相变的例子。

E37. 发光（luminescence）

自发光：是一种"冷光"，可以在正常温度和低温下发出这种光。

光学促进的自发光：指的是可见光或红光促发的磷光。在这其中，红光或红外光仅是先前储备能量释放的促发剂。

白热光：指光从热能中来。当一个物体加热到足够高温度的时候，它就开始发出光辉。

荧光和光致发光：能量是由电磁辐射提供的。一般光致发光是指任何由电磁辐射引起的发光；而荧光通常是指由紫外线引起的，有时也用于其他类型的光致发光。

磷光：滞后的发光。

化学发光：由于吸收化学能，分子产生电子激发而发光的现象。

阴极发光：物质表面在高能电子束的轰击下发光的现象。

辐射发光：是指由核放射引起的发光。

摩擦发光：是指由机械运动或由机械运动产生的电流激发的电化学发光。

电致发光和场致发光：由电流引发的发光。

声致发光和声致冷光：如果声波以正确的方式振动液体，该液体就会"爆裂"，所产生的气泡会剧烈收缩，从而出现发光的现象。

热发光：是指由温度达到某个临界点而引发的发光现象。

生物发光：是化学发光中的一类，特指在生物体内通过化学反应产生的发光现象，主要由酶来催化产生。

E38. 发光体（luminous bodies）

物理学上指能发出一定波长范围的电磁波（包括可见光与紫外线、红外线和 X 光线等不可见光）的物体。通常指能发出可见光的发光体。凡物体自身能发光者，称为光源，又称为发光体，如太阳、灯及燃烧着的物质等。

E39. 发射聚焦（radiation focusing）

聚焦波阵面成为球形或圆筒形的形状。

光学聚焦（焦点）：理想光学系统主光轴上的一对特殊共轭点。主光轴上与无穷远像点共轭的点称为物方焦点（或第1焦点），记作 F；主光轴上与无穷远物点共轭的点称为像方焦点（或第2焦点），记作 F'。根据上述定义，中心在物方焦点的同心光束经光学系统后成为与主光轴平行的平行光束；沿主光轴入射的平行光束经光学系统后成为中心在像方焦点的同心光束。

E40. 法拉第效应（Faraday effect）

1845年9月13日法拉第发现，当线偏振光在介质中传播时，若在平行于光的传播方向上加一强磁场，则光的振动方向将发生偏转，偏转角度与磁感应强度（B）和光穿越介质的长度的乘积成正比，偏转方向取决于介质性质和磁场方向。该现象称为法拉第效应或磁光现象。

E41. 反射（reflection）

波的反射：波由一种介质达到与另一种介质的分界面时，返回原介质的现象。例如，声波遇障碍物时的反射，它遵从反射定律。在同类介质中，介质不均匀也会使波返回到原来密度的介质中，即产生反射。

光的反射：光遇到物体或遇到不同介质的交界面（如从空气射入水面）时，光的一部分或全部被表面反射回去，这种现象称为光的反射，由于反射面的平坦程度不同，有单向反射及漫反射之分。

E42. 放电（discharge）

气体放电：气体导电的现象，又称为气体导电。气体通常由中性分子或原子组成，是良好的绝缘体，并不导电。气体的导电性取决于其中电子、离子的产生及其在电场中的运动。加热、照射（紫外线、X射线、放射性射线）等都能使气体电离，这些因素统称为电离剂。在气体电离的同时，还有正、负离子相遇复合为中性分子，以及正、负离子被外电场驱赶到达电极并与电极上的异号电荷中和的过程。这3个过程中，电离、复合与外电场无关，中和则与外电场有关。随着外电场的增强，离子定向速度加大，复合逐渐减少直到不起作用，因电离产生的全部离子都被驱赶到电极上，于是电流达到饱和。饱和电流的大小取决于电离剂的强度。一旦撤除电离剂，气体中离子很快消失，电流中止。这种完全靠电离剂维持的气体导电称为被激导电或非自持导电。

当电压增加到某一数值后，气体中电流急剧增加，即使撤去电离剂，导电仍能维持。这种情形称为气体自持导电或自激放电。气体由被激导电过渡到自持导电的过程，通常称为气体被击穿或点燃，相应的电压称为击穿电压。撤去电离剂后，仍有许多带电粒子参与导电。首先，正、负离子特别是电子在电场中已获得足够大的动能，它们与中性分子碰撞使之电离，这种过程连锁式地发展下去，形成簇射，产生大量带电粒子。其次，获得较大动能的正离子轰击阴极产生二次电子发射。此外，当气体中电流密度很大时，阴极会因温度升高产生热电子发射。

气体自持放电的特征与气体的种类、压强,以及电极的材料、形状、温度、间距等诸多因素有关,而且往往有发声、发光等现象伴随发生。自持放电因条件不同,而采取不同的形式,如辉光放电、弧光放电、火花放电、电晕放电。

E43. 放射现象(radioactivity)

放射性:某些核素的原子核具有的自发放出带电粒子流或 γ 射线,或者发生自发裂变的性质。

放射性元素:具有放射性的元素。原子序数为 82(铅)之后的许多元素都具有放射性,少数位于铅之前的元素也具有放射性。

天然存在的放射性同位素能自发放出射线的特性,称为"天然放射性"。而通过核反应,由人工制造出来的放射性,称为"人工放射性"。

E44. 浮力(buoyancy force)

浸在液体(或气体)里的物体受到各方向静压力的向上合力,即浮力。浮力的大小等于物体排开的液体(或气体)的重力。

E45. 感光材料(photo sensitive material)

感光材料是指一种具有光敏特性的半导体材料,因此又称为光导材料或光敏半导体。感光材料的特点就是在无光的状态下呈绝缘性,在有光的状态下呈导电性。复印机的工作就是利用这种特性。

E46. 耿氏效应(Gunn effect)

在 n 型砷化镓两端电极上施加电压,当电压高过某一值时,半导体电流便以很高频率振荡,这个效应称为耿氏效应。

E47. 共振(resonance)

共振:在物体做受迫振动的过程中,当驱动力的频率与物体的固有频率接近或相等时,物体振幅增大的现象。

固有频率:是系统本身所具有的一种振动性质。当系统做固有振动时,它的振动频率就是"固有频率"。一个力学系统的固有频率由系统的质量分布、内部的弹性及其他力学性质决定。

E48. 固体发光(luminescence of solids)

固体吸收外部能量后部分能量以发光形式发射的现象。外部能量可来自电磁波

（可见光、紫外线、X 射线和 γ 射线等）或带电粒子束，也可来自电场、机械作用或化学反应。

固体发光的种类根据激发方式的不同，主要分为光致发光、电致发光和阴极射线致发光。

光致发光：发光材料在可见光、紫外线或 X 射线照射下产生的发光。发光波长比所吸收的光波波长要长。

电致发光：又称为场致发光，是利用直流或交流电场能量来激发发光。

阴极射线致发光：以电子束使磷光物质激发发光，普遍用于示波管和显像管，前者用来显示交流电波形，后者用来显示影像。

E49. 惯性力（inertial force）

牛顿运动定律只适用于惯性系。在非惯性系中，为使牛顿运动定律仍然有效，常引入一个假想的力，用以解释物体在非惯性系中的运动。这个由于物体的惯性而引入的假想力称为"惯性力"。它是物体的惯性在非惯性系中的一种表现，并不反映物体间的相互作用。它也不服从牛顿第三定律，于是惯性力没有施力物，也没有反作用力。例如，前进的汽车突然刹车时，车内乘客就感觉到自己受到一个向前的力，使自己向前倾倒，这个力就是惯性力。又如，汽车在转弯时，乘客也会感受到一个使他离开弯道中心的力，这个力即为"惯性离心力"。

E50. 光谱（radiation spectrum）

复色光经过色散系统（如棱镜、光栅）分光后，被色散开的单色光按波长（或频率）大小而依次排列的图案。例如，太阳光经过三棱镜后形成按红、橙、黄、绿、蓝、靛、紫次序连续分布的彩色光谱。红色到紫色，对应波长处于 7700～3900 埃的区域，是人肉眼能感觉的可见部分。红端之外为波长更长的红外光，紫端之外则为波长更短的紫外光，都不能为肉眼所觉察，但能用仪器记录。因此，按波长范围不同，光谱可分为红外光谱、可见光谱和紫外光谱；按产生的本质不同，可分为原子光谱、分子光谱；按产生的方式不同，可分为发射光谱、吸收光谱和散射光谱；按光谱表观形态不同，可分为线光谱、带光谱和连续光谱。

E51. 光生伏特效应（photovoltaic effect）

1839 年，法国物理学家 A.E. 贝克勒尔意外地发现，用 2 片金属浸入溶液构成的伏特电池，受到阳光照射时会产生额外的伏特电势，他把这种现象称为光生伏特效应。

1883 年，有人在半导体硒和金属接触处发现了固体光伏效应。后来就把能够产生光生伏特效应的器件称为光伏器件。

E52. 混合物分离（separation of mixtures）

有过滤（分离不溶性固体和液体）、（重）结晶（分离溶解度不同的两种固体）、升华（固体与有升华特点的固体杂质分离）、分馏（分离沸点不同的液体混合物）、液化（利用气体混合物中某组易液化的特点分离）、萃取（利用溶质在两种互不相溶的溶剂里的溶解度不同分离）、分液（不互溶液体的分离）、渗析（分离胶体和溶液）、盐析（利用某些物质在添加某种无机盐时其溶解度降低而凝聚的性质来分离）、洗气（气体混合物除杂）等分离方法。

E53. 火花放电（spark discharge）

在电势差较大的正、负带电区域之间，发出闪光并发出声响的短时间气体放电现象。在放电空间内，气体分子发生电离，气体迅速而剧烈发热、发出闪光和声响。例如，当2个带电导体互相靠近到一定距离时，就会在其间产生火花和声响（它们的电势差越大，则这种现象越显著），结果是2个导体所带的电荷几乎全部消失。实质上，分立的异性电聚积至足够量时，电荷突破它们之间的绝缘体而中和的现象就是放电。中和时产生火花的现象就称为"火花放电"。

E54. 霍尔效应（Hall effect）

通有电流的金属或半导体放置在与电流方向垂直的磁场中时，在垂直于电流和磁场方向上的两个侧面间产生电势差的现象。该现象是1879年由 E. H. 霍尔首次发现。

E55. 霍普金森效应（Hopkinson effect）

霍普金森效应是由霍普金森于1889年发现的。霍普金森效应可在铁和镍的单晶、多晶样本中观察到，也可在很多铁磁合金中观察到。

霍普金森效应由以下3点组成。
1）将铁磁物质放入弱磁场，导磁性会在居里点附近出现急剧增大。
2）磁导率对温度的依赖关系，是由处于居里点附近的铁磁物质的各向异性减弱而导致的。
3）在居里点附近，因为铁磁物质自然磁化的消失，将使导磁性减小。

E56. 加热（heating）

提高物体温度的过程称为加热，也就是将能量转化为物体或物体系统的热的形式。

E57. 焦耳-楞次定律（Joule-lenz Law）

1840年，焦耳把环形线圈放入装水的试管内，测量不同电流强度和电阻条件下的水温。通过这一实验,他发现:导体在一定时间内放出的热量与导体的电阻及电流强度的平方之积成正比。同年12月,焦耳在英国皇家学会上宣读了关于电流生热的论文,提出电流通过导体产生热量的定律。不久之后,俄国物理学家楞次也独立发现了同样的定律,因此,该定律也称为焦耳-楞次定律。

E58. 焦耳-汤姆逊效应(Joule-Thomson effect)

当气流达到稳定状态时,实验指出,对于一切临界温度不太低的气体(如氮、氧、空气等),经节流膨胀后温度都要降低;而对于临界温度很低的气体(如氢),经节流膨胀后温度反而会升高。气体经过节流膨胀过程而发生温度改变的现象,称为焦耳-汤姆逊效应。

E59. 金属覆层润滑剂(metal-cladding lubricants)

金属有机化合物中的金属会在高温下获得释放,金属覆层润滑剂中含有金属有机化合物,这种润滑剂是依靠零件间的摩擦力来进行加热的,使金属有机化合物发生分解,释放出金属,释放的金属会填充到零件表面的不平整部位,以此减小零件间的摩擦力。

E60. 居里效应(Curie effect)

法国物理学家比埃尔·居里发现的磁性材料随温度变化而改变磁性的现象。对于铁磁物质来说,由于磁畴的存在,因此在外加交变磁场的作用下将产生磁滞现象。磁滞回线就是磁滞现象的主要表现。如果将铁磁物质加热到一定的温度,由于金属点阵中的热运动加剧,磁畴遭到破坏时,铁磁物质将转变为顺磁物质,磁滞现象消失,铁磁物质这一转变温度称为居里点。

E61. 克尔效应(Kerr effect)

电光克尔效应:1875年,英国物理学家J.克尔发现,玻璃板在强电场作用下具有双折射性质,该性质称为克尔效应。多种液体和气体都能产生克尔效应。实验表明,在电场作用下,主折射率之差与电场强度的平方成正比,故克尔效应可用来对光波进行调制。液体在电场作用下产生极化,这是产生双折射性的原因。电场的极化作用非常迅速,在施加电场后不到10^{-9}秒内就可完成极化过程,撤去电场后在同样短的时间内重新恢复各向同性。克尔效应的这种迅速动作的性质可用来制造几乎无惯性的光开关——光闸,在高速摄影、光速测量和激光技术中获得重要应用。

磁光克尔效应:入射的线偏振光在已磁化的物质表面反射时,振动面发生旋转的现象,1876年由J.克尔发现。克尔磁光效应分极向、纵向和横向3种,分别对应物质的磁化强度与反射表面垂直、与表面和入射面平行、与表面平行而与入射面垂直3种情形。极向和纵向磁光克尔效应的磁致旋光都正比于磁化强度，一般来说，极向的效应最强，纵向次之，横向则无明显的磁致旋光。克尔磁光效应的最重要应用是观察铁磁体的磁畴。不同的磁畴有不同的自发磁化方向，引起反射光振动面的不同旋转，通过偏振片观察反射光时，将观察到与各磁畴对应的明暗不同的区域。用此方法还可对磁畴变化进行动态观察。

E62. 扩散（diffusion）

由于粒子（原子、分子或分子集团）的热运动使物质自发地迁移的现象称为"扩散"。扩散可以在同一物质的一相或固、液、气多相间进行，也可以在不同的固体、液体和气体间进行。扩散主要由浓度差或温度差引起。一般是从浓度较大的区域向浓度较小的区域扩散，直到相内各部分的浓度达到均匀或两相间的浓度达到平衡为止。若扩散是在物质直接互相接触时发生的，则称为自由扩散。若扩散是经过隔离物质进行时发生的，则称为渗透。

E63. 冷却（cooling）

将物体或系统的热量带走，降低物体温度的过程，称为冷却。

E64. 洛伦兹力（Lorentz force）

磁场对运动点电荷的作用力。

洛伦兹力的公式是 $f=qvB\sin\theta$。式中，q 和 v 分别是点电荷的电量和速度；B 是点电荷所在处的磁感应强度；θ 是 v 和 B 的夹角。洛伦兹力的方向遵循右手螺旋定则，垂直于 v 和 B 构成的平面，为由 v 转向 B 的右手螺旋的前进方向（若 q 为负电荷，则反向）。由于洛伦兹力始终垂直于电荷的运动方向，所以它对电荷不做功，不改变运动电荷的速率和动能，只能改变电荷的运动方向使之偏转。

E65. 毛细现象（capillary phenomena）

毛细管：凡内径很细的管子都称为"毛细管"。通常指的是等于或小于1毫米的细管，因管径有的细如毛发，故称为毛细管。

毛细现象：插入液体中的毛细管，管内、外的液面会出现高度差。当浸润管壁的液体在毛细管中上升（即管内液面高于管外），或者当不浸润管壁的液体在毛细管中下降（即管内液面低于管外），这种现象称为"毛细现象"。

E66. 摩擦力（friction）

相互接触的两个物体在接触面上发生的阻碍这两个物体相对运动的力称为"摩擦

力"。另有两种说法是：一个物体沿着另一个物体表面有运动趋势时，或者一个物体在另一个物体表面滑动时，都会在接触面上产生一种力，这种力称为摩擦力；相互接触的物体，如果有相对运动或相对运动的趋势，则接触表面上就会产生阻碍相对运动趋势的力，这种力称为摩擦力。

按上述定义，摩擦力可分为静摩擦力和滑动摩擦力。接触的物体有相对滑动的趋势时，物体之间就会出现一种阻碍起动的力，这种力称为静摩擦力。接触的物体存在沿接触面的相对滑动，在接触面上就会产生阻碍相对滑动的力，这种力称为滑动摩擦力。因此不能把摩擦力只看做是一种阻力，有时可以是动力。

E67. 珀耳帖效应（Peltier effect）

1834 年，法国科学家珀耳帖发现：当两种不同属性的金属材料或半导体材料互相紧密连接在一起时，在它们的两端通直流电后，只要变换直流电的方向，在它们的接头处就会相应出现吸收或放出热量的物理现象，起到制冷或制热的效果。

E68. 起电（electrification）

通常，同一个原子中的正、负电量相等，因此在正常情况下表现为中性的或不带电的。若由于某些原因（如摩擦、受热或化学变化等）而失去一部分电子，原子就带正电；若得到额外的电子时，原子就带负电。用丝绸摩擦玻璃棒，玻璃棒失去电子而带正电，丝绸得到电子而带负电。

E69. 气穴现象（cavitation）

气穴现象是由机械力导致液体中突然出现低压气泡并破裂的现象。

E70. 热传导（thermal conduction）

热传导也称为"导热"，是热传递 3 种基本方式之一。它是固体热传递的主要方式，在不流动的液体或气体层中层层传递，在流动情况下往往与对流同时发生。热传导实质是大量物质的粒子热运动互相撞击，使能量从物体的高温部分传至低温部分，或者由高温物体传给低温物体的过程。

E71. 热电现象（thermoelectric phenomena）

温差电动势（热电动势）：用两种金属接成回路，当接头处温度不同时，回路中会产生电动势，称为热电动势（或温差电动势）。

热电动势的成因：自由电子热扩散（汤姆逊电动势）、自由电子浓度不同（珀耳帖电动势）、塞贝克效应（第一热电效应）。

E72. 热电子发射（thermoelectric emission）

热电子发射又称为爱迪生效应，是爱迪生 1883 年发现的加热金属会使其中的大量电子克服表面势垒而逸出的现象。与气体分子相似，金属中的自由电子做无规则的热运动，其速率有一定的分布。在金属表面存在着阻碍电子逃脱的作用力，电子逸出需克服阻力做功，称为逸出功（旧称为功函数）。在室温下，只有极少量电子的动能超过逸出功，从金属表面逸出的电子微乎其微。一般当金属温度上升到 1000℃ 以上时，动能超过逸出功的电子数目急剧增多，大量电子由金属中逸出，这就是热电子发射。

E73. 热辐射（heat radiation）

不依赖物质的接触而由热源自身的温度作用向外发射能量，这种热的传递方式称为"热辐射"。与热的传导、对流不同，热辐射不依靠介质而是把热直接从一个系统传给另一系统。热辐射以电磁波辐射的形式发射出能量，温度的高低决定于辐射的强弱。

关于热辐射，其重要规律有 4 个：基尔霍夫辐射定律、普朗克辐射分布定律、斯特藩-玻尔兹曼定律、维恩位移定律。这 4 个定律，有时统称为热辐射定律。

E74. 热敏性物质（heat-sensitive substances）

热敏性物质是受热时就会发生明显状态变化的物质。状态变化通常是相变，如一级相变或二级相变。

由于热敏性物质可在很窄温度范围内发生急速的转变，所以常用来显示温度，以代替温度的测量。以下是可用的热敏性物质：①可改变光学性能的液晶；②改变颜色的热涂料；③溶解合金，如伍德合金；④有沸点、凝固点的水；⑤有形状记忆能力的材料；⑥在居里点可改变磁性的铁磁材料。

E75. 热膨胀（thermal expansion）

物体因温度改变而发生的膨胀现象称为"热膨胀"。在外压强不变的情况下，大多数物质在温度升高时体积增大，温度降低时体积缩小。在相同条件下，气体膨胀最剧烈，液体膨胀次之，固体膨胀最微弱。因为物体温度升高时，分子运动的平均动能增大，分子间的距离也增大，物体的体积随之而扩大；温度降低，物体冷却时分子的平均动能变小，使分子间距离缩短，于是物体的体积就要缩小。也有少数物质在一定的温度范围内，温度升高时，其体积反而减小。又由于固体、液体和气体分子运动的平均动能大小不同，因而从热膨胀的宏观现象来看亦有显著的区别。

E76. 热双金属片（thermo bimetals）

热双金属片是由不同热膨胀系数合金组成的具有特殊功能的复合材料。当温升相同时，不同类型的金属的膨胀程度不同，一侧膨胀大，一侧膨胀小，从而造成双金属片的弯曲，因此，热双金属片受热时发生变形能起到控制和调节温度的作用。

E77. 渗透（osmosis）

被半透膜所隔开的2种液体，当处于相同的压强时，纯溶剂通过半透膜而进入溶液的现象，称为渗透。渗透作用不仅发生于纯溶剂和溶液之间，而且还可以在同种不同浓度溶液之间发生。低浓度的溶液通过半透膜进入高浓度的溶液中。砂糖、食盐等结晶体的水溶液易通过半透膜，而糊状、胶状等非结晶体则不能通过。

E78. 塑性变形（plastic deformation）

所有的固体金属都是晶体，原子在晶体所占的空间内有序排列。在没有外力作用时，金属中的原子处于稳定的平衡状态，金属物体具有自己的形状与尺寸。施加外力，会破坏原子间原来的平衡状态，造成原子排列畸变，引起金属形状与尺寸的变化。外力除去以后，原子间的距离虽然仍可恢复原状，但错动的原子并不能再回到其原始位置，金属的形状和尺寸也都发生了永久改变。这种在外力作用下产生的不可恢复的永久变形称为塑性变形。

E79. 汤姆斯效应（Thoms effect）

在管道中流体流动沿径向分为3部分：管道的中心为紊流核心，包含管道中的绝大部分流体；紧贴管壁的是层流底层；层流底层与紊流核心之间为缓冲区，层流的阻力要比紊流的阻力小。

1948年，英国科学家B.Thoms发现，在流体中添加聚合物可以将管道中的流动从紊流转变成层流，从而大大降低输送管道的阻力，这就是摩擦减阻技术。

E80. 汤姆森效应（Thomsen effect）

1856年，威廉·汤姆森发现第三热电现象：电流通过具有温度梯度的均匀导体时，导体将吸收或放出热量（这将取决于电流的方向），这就是汤姆森效应。由汤姆森效应产生的热流量，称汤姆森热。

E81. 韦森堡效应（Weissenberg effect）

当高聚物熔体或浓溶液在各种旋转黏度计中或在容器中进行电动搅拌时受到旋转

剪切作用，流体会沿着内壁或轴上升，发生包轴或爬杆现象，在锥板黏度计中则产生使锥体和板分开的力。如果在锥体或板上有与轴平行的小孔，流体会涌入小孔，并沿孔所接的管子上升，这类现象统称为韦森堡效应。尽管韦森堡效应有很多表现形式，但它们都是法向应力的反映。

E82. 位移（displacement）

质点从空间的一个位置运动到另一个位置，这种位置变化称为质点在这一运动过程中的位移。位移是有大小和方向的矢量。物体在某一段时间内由初位置移到末位置，则可用由初位置到末位置的有向线段表示位移。它的大小是运动物体初位置到末位置的直线距离，方向是从初位置指向末位置。位移只与物体运动的始、末位置有关，而与运动的轨迹无关。如果质点在运动过程中经过一段时间后回到原处，那么，路程不为零而位移为零。在国际单位制中，位移的单位为"米"。

E83. 吸附（sorption）

各种气体、蒸气及溶液中的溶质被吸在固体或液体表面的现象称为吸附。具有吸附性质的物质称为吸附剂，被吸附的物质称为吸附质。吸附分物理吸附和化学吸附。物理吸附是以分子间作用力相吸引造成的，吸附热少，活性炭对许多气体的吸附属于这一类。被吸附的气体很容易解脱，而不发生性质上的变化，所以物理吸附是可逆过程。

化学吸附则以类似于化学键的力相互吸引，其吸附热较大，许多催化剂对气体的吸附（如镍对氢气的吸附）属于这一类。被吸附的气体往往需要在很高的温度下才能解脱，而且在性状上有变化，所以化学吸附大都是不可逆过程。同一物质，可能在低温下进行物理吸附而在高温下进行化学吸附，也可能两者同时进行。

E84. 吸收（absorption）

物质吸取其他实物或能量的过程称为吸收。吸收包括气体被液体或固体吸取，以及液体被固体吸取。在吸收过程中，一种物质将另一种物质吸入体内并与其融和或化合。吸收气体或液体的固体，往往具有多孔结构。当声波、光波、电磁波的辐射投射到介质表面时，一部分被介质表面反射，一部分被介质吸收而转变为其他形式的能量。当能量在介质中沿某一方向传播时，随入射深度的增加而逐渐被介质吸收。

E85. 形变（deformation）

物体受到外力而发生形状变化的现象称为"形变"。物体受外因或内在缺陷的影响，物质微粒的相对位置发生改变，也可引起形态的变化。

形变有如下常见种类。

纵向形变：物体的两端受到压力或拉力时，长度发生改变。

体积形变：物体体积大小的改变。

切变：物体两相对的表面受到在表面内的（切向）力偶作用时，两表面发生相对位移，称为切变。

扭转：柱状物体两端受方向相反的力矩作用而扭转，称为扭转形变。

弯曲：物体因负荷而弯曲所产生的形变，称为弯曲形变。

E86. 形状（shape）

物体形状：物体的外部轮廓（外观）。

形状的几何参数：体积、表面积、尺寸。

常用的形状：光滑表面、抛物面、球面、皱褶（波状）、螺旋、窄槽、微孔、穗、环、默比乌斯圈。

E87. 形状记忆合金（shape memory alloy）

一般金属材料受到外力作用后，首先发生弹性变形，达到屈服点，就产生塑性变形，应力消除后留下永久变形。但有些材料，在发生了塑性变形后，经过合适的热过程，能够恢复到变形前的形状，这种现象称为形状记忆效应。具有形状记忆效应的金属一般是两种以上金属元素组成的合金，称为形状记忆合金。

形状记忆合金可以分为如下3种。

1）单程记忆效应：形状记忆合金在较低的温度下变形，加热后可恢复变形前的形状，这种只在加热过程中存在的形状记忆现象称为单程记忆效应。

2）双程记忆效应：某些合金加热时恢复高温相形状，冷却时又能恢复低温相形状，称为双程记忆效应。

3）全程记忆效应：加热时恢复高温相形状，冷却时变为形状相同而取向相反的低温相形状，称为全程记忆效应。

E88. 压磁效应（piezomagnetic effect）

当铁磁材料受到机械力的作用时，其内部产生应变，从而产生应力 σ，导致磁导率 μ 发生变化的现象称为压磁效应。

E89. 压电效应（piezoelectric effect）

由物理学知，一些离子型晶体的电介质（如石英、酒石酸钾钠、钛酸钡等）不仅在电场力作用下会产生极化现象，而且在机械力作用下也会产生极化现象，具体表现为如下两方面。

1）在这些电介质的一定方向上施加机械力而使其产生变形时，就会引起它内部正、负电荷中心相对转移而产生电的极化，从而导致其 2 个相对表面（极化面）上出现符号相反的束缚电荷 Q，且其电位移 D 与外应力张量 T 成正比。当外力消失后，电介质又恢复原不带电状态；当外力变向，电荷极性随之而变，这种现象称为正压电效应，或简称为压电效应。

2）对上述电介质施加电场作用，同样会引起电介质内部正、负电荷中心的相对位移而导致电介质产生变形，且其应变 S 与外电场强度 E 成正比。这种现象称为逆压电效应，或称为电致伸缩。

E90. 压强（pressure）

垂直作用于物体单位面积上的压力。

1）受力面积一定时，压强随着压力的增大而成正比例地增大。

2）同一压力作用在支承物的表面上，若受力面积不同，所产生的压强大小也有所不同。受力面积小时，压强大；受力面积大时，压强小。

3）压力和压强是截然不同的 2 个概念：压强是支承面上所受到的并垂直于支承面的作用力，跟支承面面积大小无关。

4）压力、压强的单位是有区别的。压力的单位是牛顿，跟一般力的单位是相同的。压强的单位实际上是一个复合单位，它是由力的单位和面积的单位组成的。在国际单位制中是"帕斯卡"，简称"帕"。

E91. 液（气）体压力（pressure force of liquid/gas）

液体压力：液体受到重力作用而存在向下流动的趋势，受容器壁及底部的阻止才能静止存在，故容器壁及底部受到液体压力的作用。静止液体内以及其接触面上各点所受的压力都遵守下列规律。

1）静止液体的压力必定与接触面垂直。

2）静止液体内同一水平面上各点所受压强完全相等。

3）静止液体内某一点的压强对任何方向都相等。

4）静止液体内上下两点之间的压强差，等于以两点间的垂直距离为高、单位面积为底的液柱重量。

地球表面覆盖着由空气组成的大气层。在大气层中的物体，都要受到空气分子撞击产生的压力，这个压力称为大气压力。也可以认为，大气压力是大气层中的物体受大气层自身重力产生的作用于物体上的压力。

E92. 流体受力（hydrodynamic force）

与流体受力对应的理论体系为流体力学，具体而言，流体力学研究流体的运动规律以及流体与流体中物体之间的相互作用。在流体力学中，一般不考虑流体的分子、原子结构而把流体整体视为连续介质。流体力学处理流体的压强、速度及加速度等问题，包括流体的形变、压缩及膨胀。因此流体力学也是以牛顿运动三定律为基础的，并遵循质量守恒、能量守恒和功能原理等力学规律。流体力学又分为流体静力学和流体动力学。

流体静力学：研究流体静止条件（平衡状态）及物体在流体中的受力情况，研究的主要内容包括密度、压强、液体内部压强、大气压强、帕斯卡定律、浮力及阿基米德定律等。

流体动力学：研究运动流体的宏观状态和规律的学科。研究的主要内容包括流体的速度、压强、密度等的变化规律，黏滞流体的运动规律及黏滞流体中运动物体所受的阻力，以及其他热力学性质。

E93. 液（气）体压强（pressure of liquid/gas）

液体压强：由于液体有重量，因此在液体的内部就存在由液体本身的重量而引起的压强，这个压强等于液体单位体积的质量和液体所处深度的乘积，即 $P=\rho g h$。

大气压强：在从地球表面延伸至高空的空气重量的作用下，地球表面附近的物体单位面积上所受的力称为"大气压强"。大气压强的测量通常以水银气压计的水银柱的高来表示。地球表面标准大气压约等于76厘米高水银柱产生的压强。由于测量地区等条件的影响，所测数值不同。

E94. 一级相变（phasetransition-type I）

物质不同相之间的相互转变，称为"相变"或"物态变化"。在发生相变时，有体积的变化，同时有热量的吸收或释放，这类相变即称为"一级相变"。

E95. 永磁体（permanent magnet）

永磁可以是天然产物，也可是人工制造的产物（最强的磁铁是钕铁硼磁铁）。永磁体是具有宽磁滞回线、高矫顽力、高剩磁，一经磁化即能保持恒定磁性的材料。

E96. 约翰逊-拉别克效应（Johnson-Ranbec effect）

1920年，约翰逊和拉别克发现，抛光镜面的弱导电物质（玛瑙、石板等）的平板，会被一对连接着200伏电源的、邻接的金属板稳固地固定住。而在断电情况下，金属板可以轻易地移开。

对此现象的解释如下：金属和弱导电物质是通过少数的几个点相互接触的，这就导致了过渡区中的大电阻系数、金属板间接触的弱导电物质与金属板自身的小电阻系数（由于横截面大），所以，在金属和弱导电物质间的如此狭小的一个转换空间内存在着电场，并会发生巨大的压降，由于金属和物质之间距离微小（大约1nm），此空间就产生了很高的电位差。

E97. 折射（refraction）

波在传播过程中，由一种介质进入另一种介质时，传播方向发生偏折的现象，称为波的折射。

E98. 振动（vibration）

振动是一种很常见的运动形式。在力学中，指一个物体在某一位置附近做周期性的往复运动，常称为机械振动，有时也称为振荡。一个物理量在某一特定值附近往复变化的过程也称为振动，如交流电电压、电流随时间的变化过程。

E99. 驻波（standing waves）

在同一介质中，两个频率相同、振幅相等、振动方向相同、沿相反方向传播的波叠加而成的波称为"驻波"。

E100. 驻极体（electrets）

电介质在电场中会被极化，许多电介质的极化是与外电场同时存在同时消失的。也有一些电介质，受强外电场作用后其极化现象不随外电场去除而完全消失，出现极化电荷"永久"存在于电介质表面和体内的现象。这种在强外电场等因素作用下，极化并能"永久"保持极化状态的电介质，称为驻极体。

附录 B 功能与科学效应对应表

功能代码	实现的功能	TRIZ 推荐的科学效应和现象	科学效应和现象序号
F1	测量温度	热膨胀	E75
		热双金属片	E76
		珀耳帖效应	E67
		汤姆森效应	E80
		热电现象	E71
		热电子发射	E72

（续）

功能代码	实现的功能	TRIZ 推荐的科学效应和现象		科学效应和现象序号
F1	测量温度	热辐射		E73
		电阻		E33
		热敏性物质		E74
		居里效应（居里点）		E60
		巴克豪森效应		E3
		霍普金森效应		E55
F2	降低温度	一级相变		E94
		二级相变		E36
		焦耳-汤姆逊效应		E58
		珀耳帖效应		E67
		汤姆森效应		E80
		热电现象		E71
		热电子发射		E72
F3	提高温度	电磁感应		E24
		电介质		E26
		焦耳-楞次定律		E57
		放电		E42
		电弧		E25
		吸收		E84
		发射聚焦		E39
		热辐射		E73
		珀耳帖效应		E67
		热电子发射		E72
		汤姆森效应		E80
		热电现象		E71
F4	稳定温度	一级相变		E94
		二级相变		E36
		居里效应		E60
F5	探测物体的位移和运动	引入易探测的物质	标记物	E6
			发光	E37
			发光体	E38

(续)

功能代码	实现的功能	TRIZ 推荐的科学效应和现象		科学效应和现象序号
F5	探测物体的位移和运动	引入易探测的物质	磁性材料	E16
			永磁体	E95
		反射和发射线	反射	E41
			发光体	E38
			感光材料	E45
			光谱	E50
			放射现象	E43
		形变	弹性变形	E85
			塑性变形	E78
		改变电场和磁场	电场	E22
			磁场	E13
		放电	电晕放电	E31
			电弧	E25
			火花放电	E53
F6	控制物体位移	磁力		E15
		电子力	安培力	E2
			洛伦兹力	E64
		压强	液(气)体压力	E91
			液(气)体压强	E93
		浮力		E44
		流体受力		E92
		振动		E98
		惯性力		E49
		热膨胀		E75
		热双金属片		E76
F7	控制液体及气体的运动	毛细现象		E65
		渗透		E77
		电泳现象		E30
		汤姆斯效应		E79
		伯努利定律		E10

（续）

功能代码	实现的功能	TRIZ推荐的科学效应和现象		科学效应和现象序号
F7	控制液体及气体的运动	惯性力		E49
		韦森堡效应		E81
F8	控制浮质的流动	起电		E68
		电场		E22
		磁场		E13
F9	搅拌混合物，形成溶液	弹性波		E19
		共振		E47
		驻波		E99
		振动		E98
		气穴现象		E69
		扩散		E62
		电场		E22
		磁场		E13
		电泳现象		E30
F10	分解混合物	在电场或磁场中分离	电场	E22
			磁场	E13
			磁性液体	E17
		惯性力		E49
		吸附		E83
		扩散		E62
		渗透		E77
		电泳现象		E30
F11	稳定物体位置	电场		E22
		磁场		E13
		磁性液体		E17
F12	产生/控制力，形成高的压力	磁力		E15
		一级相变		E94
		二级相变		E36
		热膨胀		E75
		惯性力		E49
		磁性液体		E17

（续）

功能代码	实现的功能	TRIZ 推荐的科学效应和现象		科学效应和现象序号
F12	产生/控制力,形成高的压力	爆炸		E5
		电液压冲压		E29
		渗透		E77
F13	控制摩擦力	约翰逊·拉别克效应		E96
		振动		E98
		低摩阻		E21
		金属覆层润滑剂		E59
F14	解体物体	放电	火花放电	E53
			电晕放电	E31
			电弧	E25
		电液压冲压		E29
		弹性波		E19
		共振		E47
		驻波		E99
		振动		E98
		气穴现象		E69
F15	积蓄机械能与热能	弹性变形		E85
		惯性力		E49
		一级相变		E94
		二级相变		E36
F16	传递能量	对于机械能	形变	E85
			弹性波	E19
			共振	E47
			驻波	E99
			振动	E98
			爆炸	E5
			电液压冲压	E29
		对于热能	热电子发射	E72
			对流	E34
			热传导	E70
		对于辐射	反射	E41

(续)

功能代码	实现的功能	TRIZ 推荐的科学效应和现象		科学效应和现象序号
F16	传递能量	对于电能	电磁感应	E24
			超导性	E12
F17	建立移动的物体和固定的物体之间的交互作用	电磁场		E23
		电磁感应		E24
F18	测量物体的尺寸	标记	起电	E68
			发光	E37
			发光体	E38
		磁性材料		E16
		永磁体		E95
		共振		E47
F19	改变物体的尺寸	热膨胀		E75
		形状记忆合金		E87
		形变		E85
		压电效应		E89
		磁弹性		E14
		压磁效应		E88
F20	检查表面状态和性质	放电	电晕放电	E31
			电弧	E25
			火花放电	E53
		反射		E41
		发光体		E38
		感光材料		E45
		光谱		E50
		放射现象		E43
F21	改变表面性质	摩擦力		E66
		吸附		E83
		扩散		E62
		包辛格效应		E4
		放电	电晕放电	E31
			电弧	E25
			火花放电	E53

（续）

功能代码	实现的功能	TRIZ 推荐的科学效应和现象		科学效应和现象序号
F21	改变表面性质	弹性波		E19
		共振		E47
		驻波		E99
		振动		E98
		光谱		E50
F22	检查物体的状态和特征	引入易探测的物质	标记物	E6
			发光	E37
			发光体	E38
			磁性材料	E16
			永磁体	E95
		测量电阻值	电阻	E33
		反射和放射线	反射	E41
			折射	E97
			发光体	E38
			感光材料	E45
			光谱	E50
			放射现象	E43
			X 射线	E1
		电-磁-光现象	古登-波尔和 Dashen 效应	E27
			固体发光	E48
			居里效应	E60
			巴克豪森效应	E3
			霍普金森效应	E55
			共振	E47
			霍尔效应	E54
F23	改变物体空间性质	磁性液体		E17
		磁性材料		E16
		永磁体		E95
		冷却		E63
		加热		E56

（续）

功能代码	实现的功能	TRIZ 推荐的科学效应和现象		科学效应和现象序号
F23	改变物体空间性质	一级相变		E94
		二级相变		E36
		电离		E28
		光谱		E50
		放射现象		E43
		X 射线		E1
		形变		E85
		扩散		E62
		电场		E22
		磁场		E13
		珀耳帖效应		E67
		热电现象		E71
		包辛格效应		E4
		汤姆森效应		E80
		热电子发射		E72
		居里效应		E60
		固体发光		E48
		古登-波尔和 Dashen 效应		E27
		气穴现象		E69
		光生伏特效应		E51
F24	形成要求的结构，稳定物体结构	弹性波		E19
		共振		E47
		驻波		E99
		振动		E98
		磁场		E13
		一级相变		E94
		二级相变		E36
		气穴现象		E69
F25	探测电场和磁场	渗透		E77
		带电放电	电晕放电	E31
			电弧	E25
			火花放电	E53

(续)

功能代码	实现的功能	TRIZ 推荐的科学效应和现象		科学效应和现象序号
F25	探测电场和磁场	压电效应		E89
		磁弹性		E14
		压磁效应		E88
		驻极体		E100
		固体发光		E48
		古登-波尔和 Dashen 效应		E27
		巴克豪森效应		E3
		霍普金森效应		E55
		霍尔效应		E54
F26	探测辐射	热膨胀		E75
		热双金属片		E76
		发光体		E38
		感光材料		E45
		光谱		E50
		放射现象		E43
		反射		E41
		光生伏特效应		E51
F27	产生辐射	放电	电晕放电	E31
			电弧	E25
			火花放电	E53
		发光		E37
		发光体		E38
		固体发光		E48
		古登-波尔和 Dashen 效应		E27
		耿氏效应		E46
F28	控制电磁场	电阻		E33
		磁性材料		E16
		反射		E41
		形状		E86
		表面		E7
		表面粗糙度		E8

(续)

功能代码	实现的功能	TRIZ 推荐的科学效应和现象	科学效应和现象序号
F29	控制光	反射	E41
		折射	E97
		吸收	E84
		发射聚焦	E39
		固体发光	E48
		古登-波尔和 Dashen 效应	E27
		法拉第效应	E40
		克尔现象	E61
		耿氏效应	E46
F30	产生及加强化学变化	弹性波	E19
		共振	E47
		驻波	E99
		振动	E98
		气穴现象	E69
		光谱	E50
		放射现象	E43
		X 射线	E1
		放电	E42
		电晕放电	E31
		电弧	E25
		火花放电	E53
		爆炸	E5
		电液压冲压	E29

附录 C 知识效应库

C.1 物理效应指南

1. 理 1 力学效应

理 1.1 惯性力

1) 创造附加压力（509539）⊖。

⊖ 括号内纯数字为原苏联专利编号，后同。

2）惯性离心力：粉末的分类（825190），用可更新的较重颗粒涂层可以保护涡轮箱玻璃（1002030），将研磨条按在物体的凸面上的压板（518322）。

3）旋转体的惯性矩：一种低损伤羽毛球收集机器人（CN210302268U[一]），质心半径变化的飞轮（523213）；加速粉末除气过程（283885），吸附剂的液压（415036），管道软化接头的弯边（517501），抛物面产品的制作（232450）。

4）陀螺效应：摩擦力的确定（487336），机械能的积聚（518381）。

理 1.2　重力

"重力"表（189597）。

理 1.3　摩擦力

1）反常的低摩擦力效应：减小物体在真空中的摩擦力（290131）。

2）无磨损性效应：润滑油的成分（891756，1049529）。

3）对散发出来的热的利用：熔化了的半成品（350577）。

2. 理 2　形变

理 2.1　形变值

用弹性组件测量（232571）。

理 2.2　坡印亭效应

拆卸轴承时扭转芯轴（546456）。

理 2.3　撞击情况下的能量转换（亚历山德罗夫效应）

作用于坚硬物体的机械装置（203557），加重撞击负荷（447496）。

理 2.4　金属放射性膨胀效应

垂直变形金属（395147）。

理 2.5　合金的形状复原效应

对石头的破坏（1153061），活字印版形式（984878），热力发动机（861717，840453），摩擦传动接合器（1137264），千斤顶（840016，1004251），电化学加工用的电极（1007889），对管路中的融化了的冰的控制（1023484），网弦过滤器（1002045），管板中管子的加固方法（1075070），鞋后跟上的防止鞋在薄冰上溜滑的销钉（1044266），熔断保险丝（672674）。

理 2.6　聚合物的形状复原效应

一种可用于爬楼的变形轮机构（CN214688852U），热缩带（1008796），可拆卸的热缩膜（1008788）。

[一] 括号内带"CN"的为中国专利编号，后同。

3. 理 3 分子现象

理 3.1 物质的热膨胀

1）压力的产生（能够达到很大的值）：金属拉丝（471140），挤压（236279），热力发动机（336421），钢筋混凝土结构的预应力（595468）。

2）双金属板（条杆、管道等）：将金属浇铸在钢模里的计数器（175190），在钻井时井筒曲率的变化（247159），给温室通风的玻璃窗扇（383430），迷宫式密封泵缝隙的调节（275751），零件的卡头（645773），扩管口（693102），扩散焊（637214），对岩石的破坏（310811）。

3）物体的微小幅度位移：输油管道的安装（712594），对规则螺钉的操作（424238），杆棒拉伸器（347148），对调节螺钉的调控（218308），测量温度（651208），对小剂量气体的确定（476450），拉制管道后抽取心轴（309758）。

理 3.2 相态转变（让水冻结，让金属和混合物凝结或熔解）

让混合液分层装满容器的方法（509275），冲床的启动装置（207678），在较小温度差条件下工作的发动机（266471），纯铬的温度计（263209），用水冻结方式制成肋形管（190855），锡制的密封器（344197），切割板的凝冻（319389），干冰蒸发快速造压法（518667），用蒸发法自我卸除组装零件（715295）。

理 3.3 毛细-多孔材料

钢印章（452412），石油脱水（118936），分开轻重气体（319326），具有吸音消声功能的板（610956），电动机的冷却装置（187135），熔体添加剂的剂量（283264），焊池上方焊材的提升设备（316534），冷却液的进给装置（710684），防止聚合物沉积在墙上的装置（262092），防火墙（737706）。

理 3.4 吸附作用

压缩机用的两态工作物质（气体和吸附剂）（224743）。

理 3.5 扩散作用

对钢制品的热扩散加工（461774）。

理 3.6 渗透作用

给矿井电力网电缆绝缘干燥的电渗透法（240825）。

理 3.7 热导管

冷却电子仪器（306320），排出的空气热量重新利用法（840602），从立炉中抽取热（1028984），冰箱（1025843），真空泵的冷却（311110），烙铁（616073），离心泵的转轮（1076637），微生物培育仪器（1070137），电极仪（988513），具有自我冷却功能的汽车外胎（410422），轴承滚珠（777273），远距离热传输（340852），热力发动机（1057706），热力开关（566087），热二极管（1028998）。

理 3.8　分子沸石过滤器

半导体的抛光（561233），裂隙型缺陷的界定（812822）。

4. 理 4　流体静力学与空气动力学

理 4.1　阿基米德定律

液体的黏性和稠度的确定（527637），水位的测量（601574），在铁路站台上装木材（205682），在驳船上卸石头（119805），在水中装配飞船（343898），机车的转动圈（505406），在磁性液体中进行焊接操作的浮子（527280）。

理 4.2　液体和气体的流动

1）消防水炮（CN111388924A），一种气动爬杆机器人（CN205769678U），一种新型剪叉式气动爬杆机器人（CN206552139U），一种气动越障机器人（CN210047557U）。

2）湍流运动：对表面粗糙度的控制（523277）。

3）伯努利定律：确定通风设备效能的方法（437846）。

4）汤姆斯效应：减少压力的损失（244032）；超流动氦冷却系统（1064090）。

5）层流运动：丝状晶体的混合（508262）。

理 4.3　液冲压

功率回收型液压恒压装置（CN106438525A），一种液控单向阀（CN106286456B），一种三级变幅机构液压系统（CN209838842U），电极和零件之间缝隙的调整（348806），水进入水力涡轮机前压力的减小（269045），为了获取胶体的电动液冲压（117562），超高压力（119074，129945），压送液体（1070345）。

理 4.4　空化作用

准备粗饲料（443663），去除倒刺（200931），提高液体的侵蚀能力（285394），检测射线的放射性（409569），测量液体消耗量的方法（446757），界定液体中已溶解的气体量（1010543），防止磨蚀和磨损的装置（1016568），零件加工（1021584）。

理 4.5　泡沫（液体和气体的混合物、固态泡沫）

起隔音作用的填料（188228），噪声消除器（473843），避免植物受冻的设备（317364），在运输煤炭的过程中预防灰尘生成的装置（338457），传送带的涂层（329084），播种机（738534），爆破消音器（494901），金属细粒的制造（338293），管道的清洗（426965），寻找渗漏（712713），用肥皂泡模拟外皮和表层（464907），清除石油中的水（707894）。

5. 理 5　振动与波

理 5.1　机械振动

1）自由振动：重心坐标的确定（280014），运动带张力的测量（288383），液体和气体消耗量的测量（246101），压力的测量（274276），鸡蛋中液态部分和凝固部分的确定（348845），消除振动（1134300）。

2）受迫振动：多谐振腔式空化射流喷嘴（CN107051761A），一种具有减振功能的电磁发射装置（CN109489481A），钻头磨损程度的测量（1024227），混凝土的振动成形（271868），测量质量（301551），液体的雾化（460072），气体加热（637597）。

3）共振：传送装置（119132），零件内部张力的消除（508543），弥散性材料的干燥（515006），液化气液面传感器（175265），容器内物体质量的测量（271051），材料的化学稳定性的确定方法（275514），无破坏性的结构试验（509798，900178），质量损耗量的测量（1008617），降低噪声（1007977）。

4）自振：混凝土凝固时间的界定（267993），加速度的测量（279214），气体和液体的混合（1114431）。

理5.2 声学

1）声学振动：飞机表面的监测（647597），蜂窝组织的清洗（612983），会说话的幕娃娃（957926），液体中的条带的清洗（500817），微生物标本的干燥（553419），细小物质的分离（553791），蜜蜂种类的界定（257064）。

2）混响：容器内物体数量的界定（346588）。

理5.3 超声波

燃烧的优化（183574），给液体除气（303084），接触点性能的监测（1010545），溶液浓度的测量（1015291），岩石层离的界定（1008445），金属中杂物的确定（1019309），钻石和水晶的加工（775057），疤痕的消除（910157）。

6. 理6 电磁现象

理6.1 电荷的相互作用

使液滴带电的气压喷射器（1012995），给物体表面打蜡（1005948），自动叠纸器（1013377），用雾化液体冷却压缩机（1013637），竖井中气溶胶的凝固（259019），防止磨光环上产生油污（562418），粉末摩擦电喷散器（1069863），花瓣打开（755247），确定种子电荷的种类和数值（454488），毛皮的干燥（563437），照片上光（311241），物体表面的涂染（544935），涂印聚合物涂层（612710），液体压力的测量（781636），带电粉末流的获得（637164），使用带电液气溶胶加快植物的生长速度（917786），合成纤维线圈形式的灰尘捕捉器（548513），带电喷雾式植物灌溉（695633），将纸张与柱体分离（630180），花粉的采摘（725625），气体中氧化物和悬浮液的清除（891132），将燃料准备好燃烧（918676），沥青的生产（1004515），空气除尘（990311），液体金属的流动性的提高（1026949）。

理6.2 电容器

液体剂量器（493641），稻属作物抗盐碱性的确定（940697）。

理 6.3　焦耳-楞次定律

水泥熟料烧结法（553223）。

理 6.4　电阻

零件尺寸的测量（462067），圆珠笔质量的确定（511233），烟煤品牌的确定（1052899）。

理 6.5　电磁波

自行机器的定位能力（1017180），材料干燥过程的控制（1018000），树枝中针叶的清除（816428），石油湿度的确定（1015287），金属条中氧化皮的清除（682301），从橡胶中分离出金属架（763160），涂层的方法（923643），零件裂缝深度的确定（1022043），保护人免被电流击伤的装置（553707）。

理 6.6　电磁感应

1) 多导轨旋转电磁轨道炮（CN104964600B），一种车臂旋转液压系统（CN209483732U）。

2) 涡流效应：冰箱中冰霜的解冻（235778），非磁性导电零件的定位（434703），机床中轧钢装置的制动（497069）。

3) 趋肤效应：材料在真空中的蒸发（281997），清洗管道中的沉积物（451888）。

4) 交互感应：恒温器（279117）。

7. 理 7　物体的电气属性、电介质

理 7.1　电介参数

固化气体可压缩性的确定（1013817），孔状材料浸透时间的确定（497520）。

理 7.2　电介质击穿

揭翻布层（218805）。

理 7.3　压电效应

带的拉伸（624280），液体的运输（1068656），电动机（1023456），药品成形（1017160），喷雾器（1007752），脉搏传感器（1007653），火花发生器（1015143），电动液压型放大器（1015128），压力传感器（1010473），材料脆性的确定（1017959），加速度计（1015310），打火机（1017881），离合器（1017846），塑料袋的包装（1018880），水压冲击力的消除（1019159），蜗杆传动装置中的摩擦力的减弱（1019143），液体微量剂量计（1268958），人造心脏（857545）。

理 7.4　驻极体

喷射涂染（597429），分离器（831156），粉末混合器（772578），清除气体中的气溶胶（451452），距离的测量（1292936），浓度的测量（873025），直流电压显示器（892325），电流计（481844），聚合物的强度的提高（1014844），盛放颗粒饲料的料

箱（1076372），制冰器（1075062），喷射器的喷嘴（1028373），拌和物的传感器（563744），压力传感器（618666）。

8. 理8　物体的磁性

理8.1　磁性的利用

一种3D打印机打印平台调平机构（CN205631402U），清除眼睛中的金属物体（963520），法兰盘连接（646132），绘画式动画片的拍摄方法（234862），皮带传动（1013659），压力机（1017508），活塞死点的确定（1002877），弹簧（1013649），白色烟煤子的产生（829561），用移动磁场来运输切屑（716937），防止液体金属腐蚀的高炉内衬（577242），用可伸缩的磁性材料制成的地球仪（1072089），防止飞轮腐蚀的装置（1014100），机床中非磁性零件的紧固（1161321）。

理8.2　铁粉

任何形状的零件的夹具（1006058），预防水体冻结（1006598），岩石的粉碎（933927），铁粉流中冷却零件（647343），去除水中的石油污点（866043），土壤的固结（926154），混凝土的磁通路（867899），按疏松度对零件的筛选（1052264），种子的分选（1005911），射箭用的标靶（1068693）。

理8.3　磁性液体

咬合式离合器（894249），密封的触点（1019512），液流中汽缸的称重（1016687），电负载的指示器（1015464），润滑脂（1004710）。

理8.4　超越居里点

太阳能发动机（848737），温度报警器（1015268），用焊料波焊（1013157）。

9. 理9　气体中的放电现象

理9.1　电晕放电

悬浮大气微粒的生成（876182），播种种子的准备（1018588），零件的淘洗（856595），切割边锋利程度的界定（582914），过滤器（886944），气体的净化（856563），静电的中和（433658），分离器（564883），介质材料的剂量计（582459），工作部件的冷却（511484），湿度的测量（266283），气压传感器（217656），真空管中的真空度的监控（486402），微型导线的直径的测量（756188），食品的消毒（459210）。

10. 理10　光与物质

理10.1　可见光

密封性的监控（886105），焊接练习器（871176），禽蛋蛋黄颜色深浅程度的界定

（755253），温度指示器（1015269），温度的测量（1017934），零件直径的测量（1010462），从空气中抽取氧气（1007709），应力强度传感器（1029001），三叶草抗冻性的界定（1014519）。

理 10.2 紫外线

接合金属的方法（489602）。

理 10.3 红外线

干燥过程中湿度的测量（802752），聚合物片材的熔接（1004127），消防监控（269400），沥青覆层的修理（271550），玻璃的成形（509545）。

理 10.4 光压

将气体或蒸汽从一个容器送到另一个容器（17442）。

理 10.5 光的反射和折射

无线电零件焊接时间的界定（521086），透明模型中热应力的界定（280956），温度的测量（287363）。

理 10.6 波纹效应

零件形状偏离的监控（1065683），平面平整性的监控（1021939）。

理 10.7 干扰

物体线形位移的监控（1017916），光学零件的控制（1013754）。

理 10.8 发光

车轮冲击试验实时监控与预警系统（CN202339276U），焊接制品的密封性的控制（331171），飞行器表面压力的界定（320710），有活力的种子的界定（510186），用液体吸收气体速度的界定（1004815）。

C.2 化学效应指南[①]

化 1 气体水合物

在冷冻的水合物中保存气体（270641），气体混合物的离析（206561），天然气中氦的分离（303485，368773），天然气中碳氢化合物的分离（293835），腐蚀性水合物中冷凝液在气压作用下的运输（237770），气压的提高（802604），制冷（376432，452726），冰库（1013709）。

化 2 氢

钢铁在切削时的软化（773157），氢在合金-水合物中的保存（894984，849706，

---

① 根据 H.Л.维肯季耶夫、B·A·弗拉索夫、B·И·叶弗列莫夫、C·H·杰维亚特金等的著作编写。

958317），在氢饱和时膨胀的钛粉末阻止水向井内流（1030542），用金属氢化物显示氢含量（1024816），氢化物蓄能器中冷液的积累和保存（903670）。

化3 臭氧

发电装置中对给水的加工（771026），有机金属杂质的分析（792095），燃气氧气切割的加速（332959），水中气味和杂味的去除（785212）；把石油产品从流水中去除的净化（153013），具有活性表面的物质（607785），氧化物（592761），有机物（718376）；蔬菜储存（934994），水果储存（923505），坚果储存（718072）；对液体的灭菌消毒（1007678），与吸附在轮船水下部分的水生生物的斗争（413664），对面粉的适宜烤制面包特性的优化（839462），土壤的加工和植物生长的加速（917760），提高鱼子的质量（1009358）；溴酸的生产（240700），硫酸盐的生产（350752），氧化铁硫酸盐的生产（715483），含脂量高的酒类的生产（497276），亚铁酸盐的生产（261859）；转炉中钢铁的吹洗（312880），小汽车排出的废气的氧化（791819），通过与乙烯发生反应发光来确定设备的密封性（807098）。

化4 光色物质

由光色玻璃制成的防止阳光的装置（1063793），光学信息的记录（970989），图像记录（442449），张线式传感器粘贴质量的界定（649947）。

化5 凝胶

在易塌陷的土壤上填补打桩留下的孔眼（654749），生产沸石的方法（998342），二氧化硅水凝胶（966004），超声波场的可视化（1004771），便于分解微量的蛋白质而采用凝胶的电离子透入法（1029064），牙齿的治疗（629931），压力指示器（823915）。

化6 亲水性-疏水性

1）亲水性：防止表面黏附溅落的熔化金属滴的装置（1007882），油中除水（1019680）。

2）疏水性：弱磁岩矿在粉碎前的加工（856811），水中溶解氧的确定（922063），电化学氧化的电极（836225），看立体电影用的防水偏光眼镜（834006），预防颗粒板结（833929），钻井中油层水的隔离（829872），预防罐头盖子上的微生物增长的区（1018892）。

化7 放热的混合物

减缓铸件金属的硬化速度（554074），除冰（885417），提高电弧焊接的效率（749810），流动的放热混合物（541864）。

化 8 电解

生产金属薄膜和栅网（110865，111685），生产轴承组件中的金属薄膜（881405），磨损零件的复原（402584），在金属中紧固另类物质（601149，888189），在无电力供给的情况下借助于热电势给有裂隙的物体表面镀铜层（378538），表面相互接触的零件的依次磨合（744761），无机酸的净化（865321），将二价铜还原为一价铜（423755），排水的净化（391064），已经凝固的混凝土的模板的拆除（628266）。

C.3 几何效应指南①

几 1 球形

1）球面上所有的点承受外力是均匀的：有导电涂层的压力传感器（356496），中心可移的锻炼手臂骨骼的拉力器（799711），零件卡头（826000，908548）；利用充气球固定动物（1045887）。

2）在接触点上小面积的接触和对位移的敏感：由小球做成的海洋模型（871181），具有导电性的小球在电介质管中的自动记录器（353143），固定装置（288325），振动传感器（659911，748143，838399）。

3）高阻尼性能（消振）：自动无损地向容器中安放果实的弹性球（552245），水击力的消除（303461）。

4）振动形成：在经过压缩的空气中的振动器（915977，931307）。

几 2 椭圆形

1）聚焦：光的聚焦（167253），超声波的聚焦（980254），液体中的冲击波的聚焦（794578），红外线聚焦中灯泡钨丝的补砌加热（1083253）；聚集从具有共同焦点的若干椭球面发出辐射的聚能器（484588），椭圆环面形的聚能器（1000491）。

2）弯角（旋转）时参数的改变：距离（射线强度的调节（441039）），曲率513129），机械力矩（933409），环箍的坚固性（359034，860857），所留痕迹宽度的改变（701847），两个椭圆内部旋转时的柔性表层内的体积大小（1067243），齿轮的传输系数（186654）。

3）振动：振动的产生（177205），振动的消除（408847），在椭圆的不同点上改变离心力的情况下定向的振动（749449）。

4）在平整表面上的翻滚：曲折的痕迹（1087198），在椭圆倾斜放置的情况下的

---

① 根据 H. JI. 维肯季耶夫、B·A·弗拉索夫、B·VI·叶弗列莫夫、C·H·杰维亚特金等的著作编写。

曲折痕迹（573382）。

5）椭圆的制作：椭圆轴的制作（444628），椭圆形的孔（570489）。

几3 偏心轮

1）加速零件的装配（安装）：削切刀具上的切割片（1097454），机床上的主轴（1227371），切割工具时的调准装置（1234080），可快速拆卸的组合部件（1229466），表面平整的零件的夹头及其准确定位（1064060），绳索的接头（1134822），减少打开弹子锁时所需的力量（1134811）。

2）周期性负荷的形成：用粉末制成空心制品（1205996），提高加工的效率（1217582）。

3）间断性的零件加工：机床上的刨花即粉碎（1156863），管道的切割（1227378），产品的进给装置（1020668）。

4）在不停止电解过程的情况下改变电极和零件间的间隙（1094715）。

5）秘密装置的编码（1062442，1225945）。

6）系统本身振荡频率的改变（970005，1110966）。

7）机械振动的产生（1110974）。

几4 刷（梳子、刷子、毛笔、排针、绒毛）

1）在各种形状的表面粘贴物体的调节：在机械的活动部分涂抹润滑油（1030305），"扫帚式的"接触（759757，792370，1022685），从枝条上滤出果实（401334，578946，685188）。

2）扩大热交换器的面积（1059407）。

3）制造不同外形的物体：由排针拧制成的刀刃（134635），制造图案的工具（460988），空气动力学模型的挑选（453494），跑道曲率的调整（1158888）。

4）运动物体的支撑：在移动建筑结构时（525771），在管道内部的移动（38556，962598）。

5）其他用途：苜蓿播种机无散落的播种（829008），零件翻转器（621626），保存通过管道运输的物质的减振器（1044565），快速拆卸的组合部件（530964），零件的抓取和定位（734433），"刺实植物型"零件的固定（419410，467956），气溶胶生成器（1028373），液体的充气（1037600），药物注射（874066），收集沙漠空气中的水分（582800），防止水利工程项目空化的覆盖物（279443）。

几5 褶皱

一种电磁轨道炮 C 型电枢（CN109443085A），齿轮和轮毂间的弹性关系

（823716），性能优化的换热管（829271），逐个给出原木的装置（644686），洗衣机的机械装置（996569），自动消除近岸的水波纹（1016415），手抓的抹腻子的工具（1008386）。

几6 颗粒体（粉末、颗粒、砂粒、铅砂、种子、膏剂）

1) 沉入它们之中的物体的部分位移：温度移动补偿器（242179）。

2) 不能压缩的特性：用作加工空心零件时的填充物（925500）。

3) 做不同形状的模型：在有弹性的外皮内（907573）。

4) 零件的抓取和定位（1165553），焊接零件的抓取和定位（659318），千斤顶在举重状态下的自我支撑（198662），表面有花纹的零件的自我支撑（677907），切割刀具上的切割片的固定（776761），建筑结构的连杆的固定（222967）。

5) 利用发胀的颗粒：融合氨的氢化物（1085808），给卡普纶加热（478458），遇水发胀的酪蛋白（1009941），制作打桩时不被破坏的桩头（199735），消除振动（697761），使液体表面的振动平静（953291，962693）；无反坐力的打夯机（296615），撞击器（571608）。

几7 单维度的表面（默比乌斯带）

1) 物体棱面的面积或长度加倍：有磁性的带（145029），研磨用的带（236278），持续作用的过滤器（321266）。

2) 物体表面扩大几倍：研磨用的多磨磋面卷带（324137），多瓣形的皮带（745665，908673）。

3) 其他用途：加快混合（903130），从多个条带上分发饲料（886859），均匀分配装载量（863421）。

C.4 效应的技术功能①

1. 积蓄

机械能的积蓄（理1.1），热的积蓄（化2），冷的积蓄（化1，化2），机械能的消除（理3.3，理4.4，理4.5，理5.1，理6.6，理7.3，理8，几1，几2，几4，几5，几6），物体形变（理1.1，理2，理3.1，理3.2，理8，理10.3），物质的剂量（理3.1，理3.3，理6.2，理7.3，理9.1，化1）。

---

① 括号中的效应按 C.1~C.3 节指南的归属分类。"理"表示物理效应，"化"表示化学效应，"几"表示几何效应。

2. 变化

磁性的变化（化2），质量的变化（化1），浓度的变化（化1），容积的变化（理2.4，理2.5，理2.6，理3.1，理3.4，理4.5，化1，化2，化5，几2），密度的变化（理8.3，化1），面积的变化（几7），光学性质的变化（化4），距离的变化（几2），速度的变化（理1.1，理7.3），气体状态的变化（理3.2，理3.4，化1，化8），形状的变化（理2.5），化学性质的变化（化1，化2）。

3. 测量（探测）

真空的测量（理9.1），振动的测量（几1），湿度的测量（理9.1，理7.2），氢的测量（化2），时间的测量（理1.2），黏性和稠度的测量（理4.1，理5.1，理5.3），密封性的测量（理10.1，理10.8，化3），压力的测量（理5.1，理6.1，理7.3，理9.1，理7.4，理10.8，化5，几1），缺陷的测量（理3.8，理6.4），形变的测量（理2.1），磨损度的测量（理5.1），液体和气体数量的测量（理4.4），质量的测量（理5.1，理5.2，理8.3），机械力的测量（理5.1），拉力的测量（理5.1），边的锋利性的测量（理9.1），脉搏的测量（理7.3），消耗量的测量（理4.4，理5.1），尺寸的测量（理6.4，理9.1，理10.1，理10.6），距离的测量（理7.4），偏位的测量（理7.4，理10.7），压缩性的测量（理7.1），温度的测量（理3.1，理3.2，理8.4，理10.1，理10.5），漏水性的测量（理4.5），裂隙的测量（理1.1），应力的测量（理1.1，理7.3），液面的测量（理4.1，理5.1），加速度的测量（理5.1，理7.3），超声波的测量（化5），脆性的测量（理7.3），表面粗糙度的测量（理4.2），电压的测量（理7.4，理8.3）。

4. 其他

燃烧的加强（化3），零件的固定（理3.2，理8.1，理8.2，化8，几1，几3，几4，几6），涂抹物质（化8），物质的无害化处理（理6.1，理9.1，化1，化2，化3，化8），物质的封闭循环的组织（化1，化2）。

5. 获取

球体的形成（理1.1），热量的获取——将热能引入系统（理1.3，理3.7，理5.1，理10.3，化7，几2），冷的获取——将热能排出系统（理3.2，理3.3，理3.7，理7.4，理8.2，理9.1，化1，几4），压力（应力）的形成（理1，理2.3，理2.4，理2.5，理3.1，理3.2，理4.3，理8，化1，化2）。

6. 物体（物质）的位移

物体（物质）的位移（理2.5，理3.1，理3.3，理4.1，理4.3，理5.1，理6.1，

理 6.6，理 7.3，理 8，理 10.4，化 1，化 2，化 8，几 4，几 5，几 6）。

7. 变换

热能变换成机械能（理 2.5，理 3.1，理 3.2，理 3.7，理 8.4，化 1），电能变换成机械能（理 7.3），两种物质变成一种物质（化 1，化 2，化 3），物质的分解（理 1.1，理 3.3，理 5.2，理 5.3，理 7.3，理 7.4，理 8，理 9.1，化 1，化 2，化 5，化 6，化 8），物体（物质）的破坏（理 2.3，理 2.5，理 4.4，理 5，理 7.2，化 1，化 2，化 8），一种物质分布在另一种物质内部（化 1，化 2），物质的雾化（理 6.1，理 7.3，理 7.4，理 9.1，几 4），重复利用热（理 3.7）。

8. 调控

摩擦（液压阻力）的调控（理 1.3，理 4.2，理 7.3，理 8.3，化 8），裂缝的调控（理 3.1），热的调控（理 3.7），气体和液体的混合（理 5.1，理 7.4），不同类型的物质的结合（理 2.5，化 2），静电的流动（理 9.1，化 3），温度的稳定（理 4.5，理 6.6，理 8.2），热开关（理 3.7）。一种物质穿过另一种物质的运输（理 3.2，理 3.3，理 3.6，化 1，化 2），热能的运输（理 3.7），降低物质的活性（化 1，化 3），对液体表面形状的控制（理 1.1，理 1.2）。

参 考 文 献

[1] 柳博米斯基,利特文,伊克万科,等. TRIZ 创新指引：技术系统进化趋势：TESE［M］. 张凯，宋保华，译. 北京：电子工业出版社，2021.

[2] 阿里特舒列尔. 创造是精确的科学［M］. 魏相，徐明泽，译. 广州：广东人民出版社，1987.

[3] 孙永伟，伊克万科. TRIZ：打开创新之门的金钥匙Ⅰ［M］. 北京：科学出版社，2015.

[4] 孙永伟，等. TRIZ：打开创新之门的金钥匙Ⅱ［M］. 北京：科学出版社，2020.

[5] 沈世德. TRIZ 法简明教程［M］. 北京：机械工业出版社，2010.

[6] 张换高. 创新设计：TRIZ 系统化创新教程［M］. 北京：机械工业出版社，2017.

[7] 创新方法研究会，中国 21 世纪议程管理中心. 创新方法教程：初级［M］. 北京：高等教育出版社，2012.

[8] 檀润华. TRIZ 及应用：技术创新过程与方法［M］. 北京：高等教育出版社，2010.

[9] 檀润华，张青华，纪纯. TRIZ 中技术进化定律、进化路线及应用［J］. 工业工程与管理，2003，8(1)：3.

[10] 檀润华，苑彩云，张瑞红，等. 基于技术进化的产品设计过程研究［J］. 机械工程学报，2002，38(12)：6.

[11] 李大鹏. 阿奇舒勒创造思想研究［M］. 沈阳：东北大学出版社，2018.

[12] 阿奇舒勒. 创新 40 法：TRIZ 创造性解决技术难题的法则［M］. 范怡红，黄玉霖，译. 成都：西南交通大学出版社，2004.

[13] 阿奇舒勒. 哇！发明家诞生了：TRIZ 创造性解决问题的理论和方法［M］. 舒利亚克，英译. 黄玉霖，范怡红，汉译. 成都：西南交通大学出版社，2015.

[14] 创新方法研究会，中国 21 世纪议程管理中心编. 创新方法教程：中级［M］. 北京：高等教育出版社，2012.

[15] 创新方法研究会，中国 21 世纪议程管理中心编. 创新方法教程：高级［M］. 北京：高等教育出版社，2012.

[16] 刘训涛，吴卫东，李阳星. 高速带式输送机调偏装置的设计［J］. 黑龙江科技学院学报，2008，18(1)：5-7.

[17] 黑龙江省科学技术厅. TRIZ 理论应用与实践［M］. 哈尔滨：黑龙江科学技术出版社，2008.

[18] 韩提文，董中奇，张莉. TRIZ 创新理论及应用［M］. 天津：天津大学出版社，2020.

[19] 宁玉献，等. TRIZ 理论应用案例［M］. 郑州：河南科学技术出版社，2019.

[20] 赵锋，高必征，王汀. TRIZ 理论及应用教程［M］. 西安：西北工业大学出版社，2010.

[21] 徐鹏，刘训涛，朱力. 基于创新设计方法培养机械专业学生创新能力［J］. 吉林教育：教研，2009(5)：2.

[22] 张明勤，范存礼，王日君，等. TRIZ 入门 100 问：TRIZ 创新工具导引［M］. 北京：机械工业出版社，2012.

[23] 檀润华. 创新设计：TRIZ 发明问题解决理论［M］. 北京：机械工业出版社，2002.

[24] 江帆，黎斯杰. 今天你创新了吗：TRIZ 创新小故事［M］. 北京：知识产权出版社，2017.

[25] 高常青. TRIZ 产品创新设计［M］. 北京：机械工业出版社，2019.

[26] 陈广胜. 发明问题解决理论（TRIZ）基础教程［M］. 哈尔滨：黑龙江科学技术出版社，2008.

[27] 于复生，沈孝芹，师彦斌. TRIZ 工程题解与专利撰写及创造性争辩［M］. 北京：知识产权出版社，2016.

[28] 陶友青. 创新思维：技法·TRIZ·专利实务［M］. 武汉：华中科技大学出版社，2018.

[29] 周苏，张效铭. 创新思维与创新方法［M］. 北京：中国铁道出版社有限公司，2019.

[30] 李瑞星，周苏. 大学生创新思维与创新方法［M］. 北京：中国铁道出版社有限公司，2018.

[31] 周苏，谢红霞. 创新思维与创业能力［M］. 北京：中国铁道出版社有限公司，2017.

[32] 马志洪. TRIZ 发明原理教学参考：北京市西城区创新思维培育协同管理模式研究与应用示范案例［M］. 北京：北京理工大学出版社，2016.

[33] 赵敏，张武城，王冠殊. TRIZ 进阶及实战：大道至简的发明方法［M］. 北京：机械工业出版社，2015.

[34] 卢希美，张付英，张青青. 基于 TRIZ 理论和功能分析的产品创新设计［J］. 机械设计与制造，2010（12）：3.

[35] 张士运，林岳. Triz 创新理论研究与应用［M］. 北京：华龄出版社，2010.

[36] 姚威，韩旭，储昭卫. 创新之道：TRIZ 理论与实战精要［M］. 北京：清华大学出版社，2019.

[37] 赵萍萍，等. 发明问题解决理论（TRIZ）培训教材［M］. 南京：江苏科学技术出版社，2011.

[38] 曹福全，王洪波. ARIZ-85 应用实例分析［J］. 黑河学院学报，2010（1）：5.

[39] 韦子辉，阎会强，檀润华. TRIZ 理论中 ARIZ 算法研究与应用［J］. 机械设计，2008，25（4）：5.

[40] 赵新军. 技术创新理论（TRIZ）及应用［M］. 北京：化学工业出版社，2004.

[41] 萨拉马托夫. 怎样成为发明家：50 小时学创造［M］. 王子羲，等译. 北京：北京理工大学出版社，2006.

[42] 黑龙江省科学技术厅. TRIZ 理论入门导读［M］. 哈尔滨：黑龙江科学技术出版社，2007.

[43] 黑龙江省科学技术厅. TRIZ 理论应用与实践［M］. 哈尔滨：黑龙江科学技术出版社，2008.

[44] 阿奇舒勒. 实现技术创新的 TRIZ 诀窍［M］. 林岳，李海军，段海波，译. 2 版. 哈尔滨：黑龙江科学技术出版社，2011.

[45] 阿奇舒勒. 创新算法：TRIZ、系统创新和技术创造力［M］. 谭培波，茹海燕，李文玲，译. 武汉：华中科技大学出版社，2008.

[46] MANN D, DEWULF S. Evolving the World's Systematic Creativity Methods［J］. The TRIZ Journal，2002（4）：1-9.

[47] 王成军，李家宝. 基于 TRIZ 的冷凝器清洗机器人创新设计［J］. 包装工程，2022，43（13）：158-164.

[48] 王博，于淼，陈领，等. 基于 TRIZ 理论的微量润滑喷嘴设计［J］. 组合机床与自动化加工技术，2022（5）：59-61，66.

[49] 隋荣娟，张洪丽，刘海燕. 基于 TRIZ 理论的应用型高校创新教育教学体系［J］. 创新创业理论研究与实践，2022，5（8）：1-3.

[50] 杨晨，张秀芬，张树有，等. 基于 TRIZ 理论的螺丝刀创新设计［J］. 机床与液压，2022，50（6）：71-74.

[51] 王秀红，贾沛颖，韩心雨，等. 基于 TRIZ/专利规避集成理论的快递无人机载物装置［J］. 包装工程，2022，43（11）：261-271.